W0188237

HelfRecht

Werner Bayer
Christoph Beck

Mitarbeiter und Teams zu Bestleistungen führen

**26 Erfolgsbausteine
für Teamentwicklung
und Mitarbeiterführung**

Mit Führungsimpulsen von
Äbtissin M. Laetitia Fech:

„Führen und leiten
nach der Regel
des heiligen Benedikt"

Werner Bayer / Christoph Beck /
M. Laetitia Fech:
**Mitarbeiter und Teams zu Bestleistungen
führen.** 26 Erfolgsbausteine für Teamentwicklung und Mitarbeiterführung

1. Auflage 2011

ISBN: 978-3-920400-74-7

© 2011 HelfRecht Unternehmerische
Planungsmethoden AG,
D-95680 Bad Alexandersbad/Bayern

www.helfrecht.de

Alle Rechte zur Verwertung sind vorbe-
halten. Dies schließt die Wiedergabe durch
Film, Funk oder Fernsehen ebenso ein wie
jegliche Vervielfältigung und Verbreitung,
die fotomechanische Wiedergabe, den
(auch auszugsweisen) Nachdruck, Über-
setzungen, die Erstellung von Ton- und
Datenträgern sowie die Eingabe, Abspei-
cherung und Verarbeitung in elektronischen
Systemen.

Verlag: HelfRecht Verlag und Druck,
D-95680 Bad Alexandersbad/Bayern

Layout, Satz und Druck: HelfRecht Verlag
und Druck, D-95448 Bayreuth/Bayern

Was Sie in diesem Buch lesen können

-> S. 152

Vorworte

Kapitel 1: Der Teamchef
So werden Sie der Chef, nach dem sich die besten Kräfte reißen

Kapitel 2: Das Team
So haben Sie zur richtigen Zeit die richtigen Kräfte an der richtigen Stelle

Kapitel 3: Das Zusammenspiel von Chef und Team
So nutzen Sie das Know-how Ihrer besten Unternehmensberater

Checklisten, Analysen, Praxistipps

Sonstiges

Vorworte

Vorwort 1

Führen mit System – und mit gesundem Menschenverstand

Pragmatische, handfeste, leicht umsetzbare Hilfestellung für die Herausforderungen des Unternehmerdaseins – das ist seit Jahrzehnten die Kernkompetenz von HelfRecht. Und aus diesem Blickwinkel heraus haben wir auch unser Buch zum Thema Führung geschrieben.

Was Sie von diesem Werk deshalb nicht erwarten sollten, sind akademische Theorien oder neue wissenschaftliche Erkenntnisse. Auch keine philosophischen Betrachtungen über das Für und Wider diverser Führungstheorien. Was Sie von diesem Buch stattdessen erwarten dürfen, ist handfeste Unterstützung für Ihren Führungsalltag. Wissen aus der Praxis für die Praxis, leicht umsetzbare Anregungen, praktikable Checklisten. Basierend auf dem Planungs- und Managementsystem von HelfRecht, auf unserer eigenen unternehmerischen Führungspraxis sowie auf unseren täglichen Gesprächen mit Unternehmern und Führungsverantwortlichen in (vor allem) mittelständischen Unternehmen.

Im HelfRecht-Planungssystem gibt es für Unternehmer und Führungskräfte die permanente Hauptaufgabe B „Ich bin verantwortlich für Auswahl, Führung, Motivation und Training meiner Mitarbeiterinnen und Mitarbeiter". Diese Aufgabe – eine der schwierigsten Herausforderungen, die Führungskräfte zu bewältigen haben – soll durch dieses Praktikerbuch nachhaltig unterstützt werden.

Der Teamchef, das Team und ihr Zusammenspiel

Wir haben unser Buch in drei große Bereiche gegliedert, die das Thema Führung ausmachen:

1. **der Teamchef:** Wie sollte er „gestrickt" sein? Was macht seine Führungskompetenz aus? Welche persönlichen Voraussetzungen braucht er, um als Führungsverantwortlicher akzeptiert und erfolgreich zu sein?

2. **das Team:** Wie ist die optimale Zusammensetzung? Welche Persönlichkeiten mit welchen Begabungen braucht das Team? Wie schafft es der Chef, zur richtigen Zeit die richtigen Menschen an der richtigen Position zu haben?

3. **das Zusammenspiel von Chef und Team:** Wie gestaltet der Chef die Grundlagen für erfolgreiche Teamarbeit, so dass jedes Teammitglied seine individuellen Begabungsstärken bestmöglich für den gemeinsamen Erfolg einbringen kann?

Unser Bestreben ist es, Ihnen für jeden dieser Bereiche möglichst konkrete Anregungen und Impulse zu vermitteln, die Sie in Ihrer täglichen Führungsaufgabe auch wirklich brauchen und anwenden können. Manches davon werden Sie kennen und selber so handhaben. Manches wird Sie anregen, Ihre Art von Führung zu überdenken. Manches wird Ihnen neue, hoffentlich hilfreiche Wege weisen. Unser Vorschlag deshalb: Nutzen Sie das Angebot dieses Buches selektiv. Suchen Sie das heraus, was Ihnen für Ihre Situation geeignet erscheint – hilfreich, anregend, förderlich, Nutzen bietend.

„Werkzeugkasten" für Ihre tägliche Führungsaufgabe

Wir haben dieses Buch bewusst nicht als „Lesebuch" konzipiert, das Sie von vorn bis hinten durcharbeiten sollen. Verstehen Sie es eher als einen „Werkzeugkasten": Wählen Sie gezielt die Themenbereiche, für die Sie aktuell Anregung oder ein geeignetes „Instrument" brauchen. Um dies zu unterstützen, haben wir in die einzelnen Texte zahlreiche Querverweise eingebaut, die Sie zu thematisch passenden weiteren Informationen führen.

Geprägt ist das Buch von vier Aspekten, die zur unerlässlichen Grundausstattung des erfolgreichen Unternehmers gehören:

systematische Herangehensweise, gesunder Menschenverstand, Freude am Umgang mit Menschen und selbstverständliche Bereitschaft zum Nutzenbieten.

Parallelen zu diesem Ansatz haben wir in einem Führungsratgeber entdeckt, der auf den ersten Blick so gar nichts mit modernem Unternehmertum zu tun hat: in der Regel des heiligen Benedikt. In dieser 1500 Jahre alten Schrift erläutert Benedikt von Nursia, der Gründer des Benediktinerordens, auf welche Weise ein Abt sein Kloster und die Gemeinschaft seiner Mönche leiten möge und wie das Miteinander in der Mönchsgemeinschaft geregelt sein sollte. Eine systematische Herangehensweise, der gesunde Menschenverstand, die Freude am Umgang mit Menschen sowie die selbstverständliche Bereitschaft zum Nutzenbieten ziehen sich wie ein roter Faden auch durch diese Führungsgrundsätze der Benediktsregel.

Bereicherung und Vertiefung

Das brachte uns dazu, eine Co-Autorin mit ins Boot zu nehmen, die diese Regel des heiligen Benedikt seit vielen Jahren in eigener Führungsverantwortung vorlebt: Wir freuen uns sehr, dass Maria Laetitia Fech, Äbtissin der Zisterzienserinnen-Abtei Waldsassen, uns bei diesem Buchprojekt äußerst engagiert unterstützt hat. Ihre Texte zum Thema „führen und leiten nach der Regel des heiligen Benedikt" sind für unser Werk eine äußerst belebende Bereicherung und Vertiefung.

Neben einem eigenen Vorwort hat Äbtissin M. Laetitia Fech für jedes der drei Kapitel einen einleitenden Text verfasst, in dem sie das jeweilige Thema aus Sicht der Benediktusregel beleuchtet. Was sie hier vom Abt und seiner Mönchgemeinschaft schreibt, das lässt sich fast 1:1 transferieren aus der klösterlichen Welt in die Welt des mittelständischen Unternehmens.

Unser Tipp deshalb, wenn Sie diese auf grauem Raster abgesetzten Texte lesen: Übertragen Sie den „Abt" auf sich selbst in Ihrer Funktion als Führungsverantwortlicher für Ihr Unternehmen beziehungsweise Ihre Mitarbeiter. Sehen Sie im Kloster das Unternehmen (respektive Ihren Verantwortungsbereich), in der Gemeinschaft der Mönche Ihr Mitarbeiterteam. Und Sie werden feststellen, dass beide Welten in Sachen Führung erstaunlich viele Parallelen aufweisen.

Werner Bayer   Christoph Beck

Ein Hinweis noch: Wegen der besseren Lesbarkeit haben wir in diesem Buch überwiegend auf die Nennung beider Geschlechter verzichtet. Abt steht also gleichbedeutend auch für Äbtissin, Chef für Chefin, Mitarbeiter für Mitarbeiterin.

Führen und leiten nach der Regel des heiligen Benedikt

Immer schneller. Immer größer. Immer mehr. Die Anforderungen des Lebens werden für den Menschen zunehmend zur Belastung. Vor allem für Menschen in verantwortlichen Positionen: Führung wird ständig diffiziler, komplexer, anspruchsvoller, belastender. Kein Wunder, dass immer mehr Menschen auf der Suche sind: „Wo können wir die notwendige Orientierung und Kraft finden, um diesen Anforderungen gerecht zu werden?"

Antworten auf diese Fragen und hilfreiche Anregungen zu den Themen „Führung von Menschen" sowie „Orientierung im Leben" liefern vor allem zwei sehr alte Dokumente: die **Bibel** sowie die **Regel des heiligen Benedikt.**

Die **Bibel** ist für mich eine unerschöpfliche Quelle, in der ich immer wieder neue Weisheiten und Wege entdecke, die in meinem Alltag integriert, diesen fruchtbar werden lassen. Je schneller und komplexer Veränderungen auf unser Leben einwirken, umso wesentlicher wird ja der Weg nach innen zu unseren geistigen Wurzeln und Quellen sein. Auf diesem Weg kann die Bibel ein vielseitig hilfreicher Begleiter sein.

Ein ebenso zeitloses Modell ist für den Schwerpunkt „Organisation und Führung" die **Regel des heiligen Benedikt.** Benedikt von Nursia, der Begründer des Benediktinerordens, lebte etwa von 480 bis 550. Ursprünglich war die „Regula Benedicti" die Haus- und Lebensordnung des von Benedikt gegründeten und als Abt geleiteten Klosters Monte Cassino bei Neapel, dem Stammkloster der Benediktiner. Diese Benediktusregel für das Zusammenleben der Mönchsgemeinschaft prägt heute noch die Welt der Klöster der lateinischen Kirche. Auch für uns Zisterzienserinnen ist sie mit ihren 73 Kapiteln die große Richtschnur unserer Gemeinschaft.

Eine tiefe Quelle der Orientierung

Als Äbtissin darf und muss ich selbst umfassend Führung wahrnehmen – im geistlichen, wirtschaftlichen und in den vergangenen Jahren besonders auch im baulichen Bereich mit der ersten Generalsanierung unseres Klosters seit der Barockzeit. Meine Leitungsaufgabe ist also durchaus mit dem Management eines mittleren Wirtschaftsbetriebes vergleichbar.

Seit mehr als 30 Jahren lebe ich als Zisterzienserin nach der Regel des heiligen Benedikt, mehr als die Hälfte dieser Zeit als Äbtissin. Für meine Führungsposition ist mir diese Regel eine tiefe Quelle der Orientierung. Zwar werde ich dem, was Benedikt über den Abt schreibt, wohl nie ganz gerecht werden, aber ich verstehe seine Darlegungen als Ziel, auf das hin ich unterwegs bin und das mich immer neu fasziniert.

Warum kann eine Schrift, die knapp 1500 Jahre alt ist, uns im 21. Jahrhundert noch etwas sagen? In erster Linie wohl deshalb, weil sie ursprünglich zwar für die klösterliche Gemeinschaft geschrieben war, dennoch aber universell anwendbar ist auf jede Gemeinschaft von Menschen.

Benedikt beschäftigt sich in seiner Regel

- ☐ mit der Organisation einer Gemeinschaft
- ☐ mit der Frage, wie man miteinander umgehen sollte
- ☐ mit Führungsfragen
- ☐ mit der Regelung von individuellen und gemeinschaftlichen Bedürfnissen
- ☐ mit der Aufgabenverteilung im Kloster
- ☐ mit Außenbeziehungen des Klosters

- [ ] mit dem Tagesablauf
- [ ] mit Ernährungsfragen
- [ ] mit Themen wie Fasten und Schweigen

Verhaltenscodex für alle Bereiche des Lebens

Die Regel des heiligen Benedikt ist wie ein Verhaltenskodex, der fast alle Bereiche eines menschlichen Miteinanders abdeckt. Man erkennt in ihr eine große Lebenserfahrung des Autors sowie vor allem auch ein Verständnis für menschliche Schwächen.

Benedikt wollte mit dieser Regel den Mönchen seinerzeit ein stabiles Lebensgerüst hinterlassen. Wer die Regel aufmerksam liest, wird jedoch feststellen, dass sie nicht nur ein Verhaltenskodex für Ordensleute ist, sondern auch ein Lebensmodell für Menschen außerhalb der Klostermauern – und zwar unabhängig von Glaubensanschauungen und Religionszugehörigkeit.

Die Benediktsregel prägt ein Menschenbild, das sowohl von Handeln als auch von Spiritualität charakterisiert ist. Arbeit und Leistung, Tun und Lebenssinn bilden bei ihm keine Gegensätze, sondern stehen komplementär zueinander. Und darum hat sie uns auch heute im 21. Jahrhundert in ihrem elementaren Verständnis einiges zum Thema Arbeit und Leistung zu sagen und zu erschließen.

Zeitgemäße und universelle Führungsregel

Benedikts Führungsregel ist 1500 Jahre alt – aber in unserer modernen Welt absolut zeitgemäß. Sie hat nichts von ihrer Gültigkeit verloren. Zudem ist sie universell anwendbar auf jedes Unternehmen, jede Organisation, jede Gemeinschaft, in der geführt wird. Wer auch immer Menschen zu führen hat, ganz egal, in welcher Funktion, findet hier Anregungen und Empfehlungen. Dies soll in diesem Buch auch deutlich gemacht werden durch das Zusammenwirken der Autoren aus unterschiedlichen Welten: hier die Sicht einer Insiderin aus der Ordenswelt, die seit Jahrzehnten nach der Regel des heiligen Benedikt als Zisterzienserin lebt, dort die Sicht zweier Wirtschaftsleute, die außerhalb der Klostermauern leben.

Als Leserin oder Leser dieses Buches werden Sie merken, dass das Führen und Leiten von Menschen in diesen beiden Welten gar nicht so unterschiedlich ist, wie es auf den ersten Blick scheinen mag.

M. Laetitia Fech

Das lesen Sie in Kapitel 1

Mitarbeiterinnen und Mitarbeiter orientieren sich sehr stark an ihrem Chef. Wer Menschen führt, ist automatisch Vorbild, ob er will oder nicht.

Durch seine Äußerungen, sein Verhalten, sein Handeln, seinen Arbeits- und Führungsstil prägt der Teamchef sein Team. Ein funktionierendes Selbstmanagement sowie eine sehr bewusste Wahrnehmung der Führungsverantwortung helfen ihm, seiner Vorbildrolle gerecht zu werden.

1

Der Teamchef

So werden Sie der Chef, nach dem
sich die besten Kräfte reißen

Das Amt des Abtes bedeutet Dienst und Verantwortung für die ihm anvertrauten Menschen

Wer Menschen führt, hat zweifellos Macht. Er sollte sich aber tunlichst davor hüten, Führung als Ausübung von Macht zu interpretieren – auch wenn wir das in der Wirtschaft leider allzu oft erleben müssen.

Führen nach der Regel des heiligen Benedikt (in den Quellenhinweisen abgekürzt als „RB") heißt vielmehr, Verantwortung und Fürsorge zu übernehmen und im Führungshandeln täglich zu beweisen. Die Beschreibung, wie der Abt seine Führungsrolle leben soll, gilt deshalb außerhalb der Klostermauern ganz genauso: Jeder, der Menschen, ein Team oder ein Unternehmen zu führen hat, findet hierin grundlegende, hilfreiche Orientierung.

„Der Abt muss immer bedenken, was er ist." (RB 2,30) Ein Lehrer braucht kein perfekter Mensch zu sein. Ein Lehrer, ein Vorgesetzter des Herzens, ist und bleibt selber ein Lernender, stellt sich selbst in Frage und ist offen für Neues. Lernen begreift der heilige Benedikt nie als einen abgeschlossenen, sondern stets als einen offenen Prozess. Den individuellen Lebensweg anderer zu unterstützen, ist Aufgabe des Vorgesetzten. Nur wer sich selber für Menschen interessiert, wird gerne bereit sein, mit ihnen zusammen zu arbeiten und zu lernen.

„Der Abt muss ... bedenken, wie man ihn anredet." (RB 2,30) Der Abt ist Mitbruder, Vorgesetzter und Entscheider. Wenn Mitbrüder in einem Kloster nach einer Abtswahl möchten, dass die alten Beziehungen in gleicher Weise fortgesetzt werden, merken sie bald, dass das nicht mehr geht. Nähe und Distanz müssen im Amt neu bedacht werden. In einer Firma ist dies zwischen Vorgesetzten und Mitarbeitern nicht anders.

Partnerschaftliches Lernen heißt nicht, dass sich alle auf einer Ebene befinden müssen, sondern dass Vorgesetzter, Mitbruder, Mitschwester, Lehrer, Schüler, voneinander und miteinander lernen.

Die drei wesentlichen Säulen zisterziensisch-benediktinischer Spiritualität sind:

- ☐ Gehorsam
- ☐ Discretio
- ☐ Demut

Drei Begriffe, die auf den ersten Blick absolut nicht ins 21. Jahrhundert zu passen scheinen. Auf den zweiten Blick aber entfalten sie eine überraschende Aussage und wesentliche Botschaft für alle Menschen, die Leitung, Führung, Verantwortung übernehmen und Seelen leiten:

- ☐ aus Gehorsam wird in der heutigen Zeit: höre genau hin, kommuniziere
- ☐ aus Discretio: finde das rechte Maß, unterscheide
- ☐ aus Demut: erkenne Dich selbst, diene

Diese sechs Imperative könnten als eine Kurzanleitung des Führens und Leitens auf zisterziensisch-benediktinischer Basis verstanden werden.

Das Eigentliche spielt sich im Herzen ab

„Neige das Ohr Deines Herzens" (RB Prolog 1) heißt es bei Benedikt. Ein hörendes Herz fällt einem nicht einfach in den Schoß vom Himmel. Ich muss als Abt, als Leitender, als Führender bereit sein, die Ohren meines Herzens aufzumachen, nicht nur mit den Ohren des Leibes zu hören. Und beim heiligen Benedikt heißt es dann weiter: **„Nimm den Zuspruch des gütigen Vaters willig an und erfülle ihn durch die Tat!"** (RB Prolog 1) Es ist ein Dreischritt, den der heilige Benedikt hier aufzeigt:

- ☐ hören
- ☐ annehmen
- ☐ tun

Das eigentliche Geschehen spielt sich im Herzen ab, im Akt der Annahme. Wenn wir Ordensleute in unseren Gelübden Gehorsam versprechen, geloben wir zuerst, dem Abt (der Äbtissin), der für den Mönch (die Schwester) Christus repräsentiert, aufmerksam zuzuhören. Abt und Äbtissin stehen selbst unter der Autorität der Regel und des Evangeliums, die sie für die Zeit, in der sie leben, situationsgerecht auszulegen haben. Und auch sie sind gehalten, aufmerksam zuzuhören und bei wichtigen Entscheidungen den Rat der Brüder und Schwestern zu hören.

Der heilige Benedikt versteht Amt und Funktion des Abtes nicht als Herrschaft über andere, sondern als Dienst und Verantwortung für die ihm anvertrauten Menschen. Mit seinem Amt und seiner Autorität schafft der Abt die Voraussetzung für die Mönche, ihr gemeinsames Ziel zu verfolgen, Gott zu suchen. Der Weg zur Erkenntnis führt damit über den Dialog unter den Mönchen, über die Kommunikation – und so verstanden bedeutet Gehorsam letztlich Verpflichtung zur Kommunikation.

Zum Führen braucht es innere Ruhe

Ein Mensch, der gestresst ist, hat keine Geduld, sich anderen zuzuwenden, und man vertraut ihm auch nicht gerne etwas an. Unter Stress ist also keine Kommunikation, kein Dialog möglich. Zuhören zu können, setzt innere Ruhe voraus.

Bei uns Zisterziensern/Benediktinern spricht man von „*habitare secum*", was so viel bedeutet wie „bei sich selbst wohnen". Das Problem von Stress und Zeitknappheit ist nicht etwas, was nur unsere heutige Zeit betrifft.

Unser heiliger Vater Bernhard von Clairvaux (1090-1153), unser größter Heiliger des Zisterzienserordens und zweiter Gründer, schreibt an Papst Eugen III., seinen Schüler, der als Zisterzienser den Papstthron bestiegen hat:

„ Wo soll ich anfangen? Am besten bei Deinen zahlreichen Beschäftigungen, denn ihretwegen habe ich am meisten Mitleid mit Dir. Ich fürchte, dass Du, eingekeilt in Deinen zahlreichen Beschäftigungen, keinen Ausweg mehr siehst und deshalb Deine Stirn verhärtest. Dass Du Dich nach und nach des Gespürs für einen durchaus richtigen und heilsamen Schmerz entledigst. Es ist viel klüger, Du entziehst Dich von Zeit zu Zeit Deinen Beschäftigungen, als dass sie Dich ziehen und Dich nach und nach an einen Punkt führen, an dem Du nicht landen willst. Du fragst, an welchen Punkt: An dem Punkt, wo das Herz anfängt, hart zu werden. Frage nicht weiter, was damit gemeint ist. Wenn Du jetzt nicht erschrickst, ist Dein Herz schon so weit. Das harte Herz ist allein, es ist sich selbst nicht zuwider, weil es sich selbst nicht spürt. Was fragst Du mich, keiner mit hartem Herz hat jemals das Heil erlangt, es sei denn, Gott habe sich seiner erbarmt und ihm, wie der Prophet sagt, sein Herz aus Stein weggenommen und ihm ein Herz aus Fleisch gegeben. "

In Stille auf die innere Stimme hören

Bernhard rät dem Papst in seinem Brief noch: „Gönne Dich Dir selbst." Der Mensch muss sich immer wieder von seinen Aufgaben distanzieren, sonst verliert er den Blick für das richtige Maß. Bernhard meint damit: „Höre auf die innere Stimme." Diese innere Stimme zu hören, gelingt uns Menschen vor allem, wenn wir uns in die Stille, in das Schweigen zurückziehen. Von jeher gehört das Schweigen zu den wichtigsten Übungen unserer zisterziensisch-benediktinischen Spiritualität.

So heißt es im 42. Kapitel der Regel Benedikts: **„Immer müssen sich die Mönche mit Eifer um das Schweigen bemühen."** Wir Mönche/Schwestern trainieren unser Hören im Schweigen. Das Hören nach innen ist für uns Ordensleute wichtig, aber nicht nur für uns, sondern für jeden Menschen ist es von existenzieller Bedeutung. Es ist das Kostbarste, was unsere Klöster in der heutigen Zeit zu bieten haben: die Stille. Wer auf sein Gefühl, seine Intuition vertraut, trägt einen ständigen Wegweiser in sich, auf den er sich verlassen kann.

Der heilige Benedikt wusste von der Tendenz des Menschen, in seinen Gedanken abzuschweifen und die innere Mitte zu verlieren. Unser Tagesrhythmus mit dem siebenmaligen Gebet ist nichts anderes als eine Rückbesinnung vom Alltag hin zum Hören auf das Wesentliche. Es ist eine indirekte, ständige Ermahnung an uns Ordensleute: „Mensch, verlier' Dich nicht an äußere Dinge, hör' nach innen!"

Das Prinzip des Gehorsams ist also letztlich eine ständige Umkehr zu sich selbst, zu den eigentlich wesentlichen Dingen im Leben. Und von so her verstanden, ist auch Gehorsam etwas, was dem 21. Jahrhundert viel zu sagen hat.

Hören hat immer zwei Dimensionen:

☐ Nach innen gerichtet achtet es auf einen Ruhepunkt, aus dem heraus dann die Gewissheit in uns wächst, ob etwas zu uns passt, ob es stimmig ist. Das spüren wir beim Hören nach innen.

☐ Beim Hören nach außen geht es um das bessere Zusammenleben mit denen, die um uns sind. Mit den Mitschwestern, Mitbrüdern, Mitmenschen. Hören heißt nicht nur Zuhören, sondern auch andere verstehen zu wollen, was gar nicht so einfach ist im Alltag.

Gegenseitiger Respekt ist lebensnotwendig

Der heilige Benedikt schreibt: **„Kommt einander in gegenseitiger Achtung zuvor."** (RB 63,17) Für den heiligen Benedikt ist der gegenseitige Respekt der Mönche voreinander und zueinander lebensnotwendig. Dem menschlichen Verstehen sind immer wieder Grenzen gesetzt. Ich kann vieles über Kommunikation wissen, ich kann einfühlsam sein, durch Erfahrung und Menschenkenntnis, ein guter Zuhörer sein. Aber es wird immer wieder so sein, dass andere Menschen mir ein Stück weit Geheimnis, unverständlich, fremd bleiben. Bleibe ich mir ja sogar selber oft fremd und unverständlich.

Nur wenn ich den Anderen so achte, wie er ist, wenn ich ihn respektiere und wenn ich ihn nicht so machen möchte, wie ich ihn will, kann ich eine Beziehung zu ihm aufbauen und aufrechterhalten. Es geht darum, achtsam zu sein und die verletzlichen Stellen des Anderen nicht anzutasten, sondern zu akzeptieren. **„Das weite Herz"** (RB Prolog 49) ist ein Sinnbild dieses gegenseitigen Annehmens.

Zweiklang des Lebens: Besinnung und Aktivität

Im Regelkapitel über den Gehorsam steht: **„Sogleich legen sie unvollendet aus der Hand, womit sie eben beschäftigt waren. Schnellen Fußes folgen sie gehorsam dem Ruf des Befehlenden mit der Tat."** (RB 5,8)

Wir Zisterzienser wollen stets Leute der Tat sein. Wo immer die Zisterzienser sich angesiedelt haben, haben sie etwas auf die Beine gestellt. Sie haben wesentlich zur Kultivierung von Landschaften beigetragen, entlang der Wasserläufe Sumpfgebiete urbar gemacht und so zur Kolonisation

Europas wesentlich beigetragen. Die Zisterzienser wussten von Anfang an: Vom Beten allein kann man nicht leben, es heißt *„ora et labora"* – „bete und arbeite".

Wenn man genau hinsieht, steckt das *„ora"* im *„labora"*. Unser geistliches Leben ist nur dann wesentlich und erfüllt, wenn unsere Arbeit durchbetet ist, vom Gebet getragen wird und auf ein klares Ziel hin ausgerichtet ist. Es geht darum, hinzuhören, anzunehmen, aber dann auch Taten folgen zu lassen.

Das zisterziensische *„ora et labora"* meint kein Nebeneinander zweier Lebensperspektiven. Benedikt will, dass das Ohr des Herzens und die innere Stimme mitten im Alltag wirksam sind. Dort, wo es um Entscheidungen, Auseinandersetzungen und die Erfüllung von Aufgaben geht. Das *„ora"* hat nur dann Kraft, wenn es in das *„labora"* hineinreicht. Das *„labora"* bekommt nur dann Tiefgang, wenn es durch das *„ora"* unterbrochen wird und auf sein eigentliches Ziel hin neu ausgerichtet wird. Das Hören nach innen hindert unsere Taten nicht, sondern gibt uns die Richtschnur, das Wesentliche im Blick zu halten.

Die Mitte halten – ein lebenslanger Balanceakt

Das rechte Maß, das der heilige Benedikt fordert, will den Menschen nicht daran hindern, die Höhen und Tiefen des Lebens wahrzunehmen. Wir sollen nicht in Mittelmäßigkeit gefangen gehalten sein, sondern ein tiefes Gespür für unsere eigene Mitte, für das Wesentliche bekommen.

Als „Mutter aller Tugenden" bezeichnet Benedikt die *„discretio"*, die maßvolle Unterscheidung. Das lateinische Wort *„discernere"* bedeutet: scheiden, unterscheiden, entscheiden. Im Regeltext über die Einsetzung des Abtes heißt es: **„In seinen Befehlen sei er vorausschauend und besonnen. Bei geistlichen wie bei weltlichen Aufträgen unterscheide er genau und halte Maß."** (RB 64,17)

Die „*discretio*" schätzt Maß und Ziel ab und sucht in jeder Handlung die Mitte. So muss beispielsweise die Großzügigkeit zwischen den Gegensätzen Geiz und Verschwendung die Waage halten. Der Fleiß zwischen Müßiggang und Arbeitssucht. Die Loyalität zwischen blinder Gefolgschaft und Willkür.

Die Mitte zu halten, ist ein lebenslanger Balanceakt. Die „*discretio*" hilft uns, diese Mitte nicht aus den Augen zu verlieren und nicht in Extreme zu verfallen. Benedikt erinnert den Abt an die maßvolle Unterscheidung des Patriarchen Jakob und spricht: **„Wenn ich meine Herden unterwegs überanstrenge, werden alle an einem Tage zugrunde gehen."** (RB 64,18)

Wenn wir entscheiden, tragen wir Verantwortung. Benedikt rät uns: „Finde das rechte Maß, besinne Dich, wäge ab, was zu viel und was zu wenig ist." Es geht darum, dass wir unser inneres Gleichgewicht halten. Lernen, mit unseren Emotionen zu leben, nicht extrem zu sein, uns bei bestimmten Situationen zurückzuhalten. Wir sollen lernen, langfristig zu denken und so zu entscheiden, wie es für uns und für unser Umfeld passt und richtig ist.

Führung braucht spirituelle und ethische Kompetenzen

Die Führungspersönlichkeit der Zukunft muss den Menschen als Ganzes betrachten. Die meisten Führungskräfte in Wirtschaft, Politik und überhaupt in unserer heutigen Gesellschaft haben einen technischen, ökonomischen oder juristischen Ausbildungshintergrund. Auch auf soziale und kommunikative Kompetenzen wird Wert gelegt. Der spirituelle, ethische Hintergrund jedoch spielt bis jetzt noch eine zu untergeordnete Rolle.

Führen hat immer mit Persönlichkeit zu tun. Die Menschen, die geführt werden, orientieren sich nur bedingt an dem, was der Chef sagt, sondern vielmehr an dem, was er vorlebt. Was er von dem Gesagten oder Geforderten tatsächlich selber umsetzt.

Die Erfolgsgeschichte eines solchen Chefs hat nicht unbedingt mit Schnelligkeit zu tun. Eher hängt sie mit dem nötigen Abstand zu den Dingen zusammen: Der Weise betrachtet eine Entwicklung im Ganzen und hat alles im Blick. Er wird sein Unternehmen so führen, als sollte es die nächste und übernächste Generation übernehmen.

Eine spirituell inspirierte Führungspersönlichkeit will die Folgen ihrer Strategien und Entscheidungen selbst miterleben. Will gestalten und auf ein Ganzes hinlenken, das in einem großen Kontext einer Zeitepoche steht.

Erfolgsbaustein 1

Prototyp des „idealen Chefs": Wandlungsfähiger Tausendsassa mit mannigfachen Begabungen

> „Es ist viel wertvoller, stets den Respekt der Menschen als gelegentlich ihre Bewunderung zu haben."
>
> (Jean-Jacques Rousseau, Schriftsteller und Philosoph)*

Menschenführung ist zweifellos die anspruchsvollste Herausforderung im beruflichen Alltag. Ganz egal, auf welcher Ebene Sie Führungsverantwortung tragen. Sie werden den Druck kennen, der damit auf Ihnen lastet. Vor allem den Erwartungsdruck, „richtig" zu führen.

Unstrittig ist: Wer Menschen führt, sollte Vorbild sein. Doch wie muss eine Führungspersönlichkeit „gestrickt" sein, damit sie diese Forderung erfüllt? Nennen wir sie der Einfachheit halber kurz und knapp den „idealen Chef".

Das eine, allgemein gültige Idealbild, an dem man sich orientieren könnte, gibt es sicher nicht. Zu unterschiedlich sind die Menschen, die Führungsverantwortung tragen. Zu unterschiedlich sind die Situationen, in denen sie Führungsstärke beweisen müssen. Und zu unterschiedlich sind auch die Vorstellungen der von ihnen Geführten.

Der „ideale Chef" muss vielen Erwartungen gerecht werden, muss viele Fähigkeiten und Begabungen in seiner Person vereinen. Gefragt ist also ein wandlungsfähiger Tausendsassa

*Angaben zu den „Zitatgebern"
→ Seiten 274/275

31

mit mannigfachen Talenten und differenzierten Rollen: visionär und gleichzeitig bodenständig soll er sein, motivierend
und kontrollierend, intuitiv und strategisch, tatkräftig und
überlegt, zielstrebig und gelassen, bestimmend und teamfähig, durchsetzungsstark und ausgleichend, konzentriert und
kreativ, ... – all das und noch viel mehr. In seiner Person soll
er Kaufmann, Coach, Psychologe, Erzieher, Personalentwick-
ler, Marketingfachmann, Controller und anderes mehr vereinen. Fachkenntnis soll er ebenso haben wie Menschenkenntnis. Eine positive, charismatische Ausstrahlung ebenso
wie eine überzeugende Seriosität.

Die 10 wichtigsten Qualitäten des „idealen Chefs"

Was die Persönlichkeit der idealen Führungspersönlichkeit
ausmacht, darüber ließen sich viele dicke Bücher schreiben –
beziehungsweise sind diese auch schon zuhauf geschrieben
worden. Wir haben versucht, unsere Gedanken hierzu in einen überschaubaren Rahmen zu bringen und mit zehn sub-
jektiv gewählten Begriffspaaren den Prototypen des „idealen
Chefs" zu charakterisieren, der all die geforderten Qualitäten
verkörpert.

Blicken Sie als Einstieg in dieses Buch doch einmal in den
Spiegel: In welchen dieser Rollen fühlen Sie sich am ehesten
zu Hause – und welche passen vielleicht nicht so ganz zu Ihnen? Natürlich können Sie auch Ihre Führungskräfte mit den
zehn Beschreibungen vergleichen.

1. Ehrbarer Kaufmann: Der „ideale Chef" lässt sich am ehesten mit den Attributen des „ehrbaren Kaufmanns" beschreiben: Anständig, fair und zuverlässig erleben ihn die Menschen, das heißt: aufrichtig, glaubwürdig, wahrhaftig und
berechenbar. Auf sein Wort kann sich jeder verlassen, der
Mitarbeiter ebenso wie der Kunde oder jeder andere Geschäftspartner. Sein Handeln ist getragen von Verantwortungsbewusstsein und einer selbstverständlichen Bereitschaft
zum Nutzenbieten. Die Firmenphilosophie, das Unterneh-
mensleitbild sowie all die Werte, für die das Unternehmen
steht, lebt der Chef aktiv und überzeugend vor.

2. Überzeugender Visionär: Der „ideale Chef" hat große Träume. Er möchte die Zukunft gestalten, ist durchdrungen von dem Wunsch, in seinem Leben wirklich etwas bewegen und zum Besseren verändern zu können. Er will neue Horizonte entdecken, neue Länder und neue Wege erforschen, neue Möglichkeiten erschließen, etwas Bleibendes schaffen – und dies auch mit Begeisterung und Überzeugung seiner Umwelt vermitteln. Die Menschen in seinem Team animiert er ebenfalls zu visionären, kreativen Vorschlägen. Ermuntert sie, auch mal quer zu denken, alte Zöpfe abzuschneiden, neue Wege zu beschreiten.

3. Mitreißender Motivator: Der „ideale Chef" versteht es, andere Menschen für seine beziehungsweise für die gemeinsamen Ziele, die gemeinsame Sache zu begeistern. Von seinen Visionen ist er ansteckend überzeugt und motiviert. So fällt es ihm leicht, die Menschen in seinem Team zu kreativen Ideen und außergewöhnlichen Höchstleistungen zu animieren, ihre Motivation zu stärken, ihren Siegeswillen anzuspornen. Indem er sie sehr selbstständig agieren lässt, stärkt er Eigenverantwortlichkeit, Arbeitsfreude sowie das Wir-Gefühl. Lob und Anerkennung setzt er ebenso souverän ein wie konstruktive Kritik, wenn diese nötig ist und sein Team voranbringt.

4. Kommunikativer Netzwerker: Der „ideale Chef" weiß um die Bedeutung guter Kontakte – und pflegt diese denn auch sehr bewusst (nach innen wie nach außen). Sein Credo: Führung ist der Umgang mit Menschen. Deshalb muss ich so oft wie möglich persönlich bei den Menschen präsent, für Kunden und Mitarbeiter möglichst direkt erreichbar sein. Netzwerken versteht er als partnerschaftliches Nutzenbieten: Ich helfe Dir und Du hilfst mir. Durch seine offene Kommunikation prägt er das Bild seines Unternehmens in der öffentlichen Wahrnehmung.

5. Zielorientierter Stratege: Der „ideale Chef" denkt stets zukunftsorientiert. Er weiß genau, was er gemeinsam mit seinem Team ereichen will, wie er sein Unternehmen positionieren möchte. Für ihn ist es selbstverständlich, Projekte und

Prozesse aus der langfristigen Unternehmensstrategie abzuleiten und auf Basis von konkreten Zielen systematisch zu planen. Der „ideale Chef" besitzt ein feines Näschen für Trends, für kommende Entwicklungen, für die Bedürfnisse von Markt und Kunden. Das erlaubt ihm, frühzeitig zu agieren und die richtigen Lösungen zur richtigen Zeit anzubieten, anstatt abzuwarten, bis er zum Reagieren gezwungen wird.

6. Souveräner Kapitän: Der „ideale Chef" steht für alle sichtbar auf der Brücke. Er bestimmt die Richtung, gibt den Kurs an, hält das Steuerrad fest in der Hand. Ihm ist stets bewusst, wo er sich befindet und wo es lang geht. Wann immer eine Entscheidung getroffen werden muss, weiß er, was zu tun ist. Er steht zu seinen Entscheidungen, fährt einen geraden, nachvollziehbaren Kurs. Mit Verantwortung und Fürsorge kümmert er sich um das Wohlergehen seiner Crew. Die Mannschaft weiß: Er ist für uns da, wenn es darauf ankommt. An ihm können wir uns ausrichten und aufrichten.

7. Vorbildlicher Mannschaftsführer: Der „ideale Chef" weiß: Mit seinen Äußerungen, seinem Verhalten, seinem Auftreten prägt er Äußerungen, Verhalten und Auftreten in seinem Team. Er lebt deshalb vor, was er von anderen verlangt – beispielsweise Pünktlichkeit, Kundenorientierung, Zuverlässigkeit, Sorgfalt, … Sein Bestreben ist es, jeden Mitspieler seines Teams individuell zu fördern, zu entwickeln, zu stärken, zu unterstützen. Mit liebevoller Fürsorge schafft er die Bedingungen, in denen sich jeder Einzelne so wohl und wertgeschätzt fühlt, dass er mit Freude sein ganzes Leistungspotential entfalten kann.

8. Beherzter Entscheider: Der „ideale Chef" übernimmt gerne Verantwortung. Mut und Tatkraft zeichnen ihn aus, dazu die Bereitschaft zu kalkuliertem Risiko und zu entschlossenem, eigenständigem Handeln. Probleme löst er gleichermaßen durchdacht wie kreativ, stets aber auf der Grundlage einer gründlichen Analyse sowie einer sorgfältigen Abwägung unterschiedlicher Lösungsansätze. Er ist offen, Ratschläge und fachliche Hilfe anzunehmen und in seine Entscheidung einfließen zu lassen, dennoch selbstbewusst genug, die eigenen Vorstellungen zu realisieren. Er weiß: Wer führt, muss entscheiden und handeln. Dabei sind Fehlentscheidungen und Misserfolge immer möglich. Planen hilft, dieses Risiko weitgehend zu minimieren.

9. Einfühlsamer Beziehungsmanager: Der „ideale Chef" mag Menschen und den persönlichen Kontakt. Zu seinen großen Stärken gehört die Empathie, also die Fähigkeit, sich in andere Menschen hineinzufühlen. Das hilft ihm, Kundenwünsche ebenso zu erspüren wie die Befindlichkeit seiner Mitarbeiterinnen und Mitarbeiter. Jedem wird er individuell gerecht. Er kann zuhören, ist auch offen für Meinungen und Ratschläge anderer. So gelingt es ihm, eine fruchtbare Basis für den gemeinsamen Teamerfolg zu schaffen. Wie ein guter Dirigent bringt er die unterschiedlichsten Solisten seines „Orchesters" zu einem harmonischen, erfolgreichen Zusammenspiel. Mit Konflikten geht er souverän um: Er spricht sie offen an, vermittelt sehr sachlich und schlichtet Meinungsverschiedenheiten stets so, dass alle ihr Gesicht bewahren.

10. Natürliche Autorität: Der „ideale Chef" wirkt und überzeugt nicht durch die Macht seines Amtes, sondern durch die Kraft seiner Persönlichkeit. Führung ist nämlich keine Frage von Organigrammen und Strukturen. Führung ist – gerade im mittelständischen Unternehmen – eine Frage der natürlichen Autorität, der persönlichen Ausstrahlung, der aus dem Inneren kommenden Kraft, Menschen zu gewinnen. Was den „idealen Chef" noch auszeichnet, ist sein Mut, eigene Fehler einzugestehen (sich selbst und anderen gegenüber) und daraus zu lernen. Er weiß: Jeder Mensch macht Fehler. Eine souveräne, starke Persönlichkeit steht zu ihren Fehlern, versucht nicht, sie zu verleugnen oder zu vertuschen.

In welcher Rolle verspüren Sie Handlungsbedarf?

Soweit der sicher nicht erschöpfende Versuch, die Rollenvielfalt einer Führungspersönlichkeit in komprimierter Darstellung zu beschreiben. Ganz wichtig: Es geht hier nicht um eine Typisierung, aus der Sie den für Sie passenden Typus heraussuchen sollen. Nein, es geht darum, dass Sie in Ihrer Führungsherausforderung auf all diesen Gebieten mehr oder weniger zu Hause sein sollten.

Deshalb unsere Empfehlung: Prüfen Sie selbstkritisch, in welcher dieser zehn Rollen Sie für sich persönlich Handlungsbedarf verspüren. Überlegen Sie auch, warum das so ist. Schreiben Sie sich anschließend auf, was Sie künftig anders machen wollen, um Ihr Führungsverhalten zu verändern, zu verbessern.

Versuchen Sie nicht, „perfekt" zu sein

Jeder Mensch ist einzigartig – jeder Mensch führt auch einzigartig. Die individuelle Persönlichkeit bestimmt Führungsphilosophie, Führungsstil, Führungsverhalten. Versuchen Sie deshalb nicht, der „perfekte Chef" zu sein, der immer alles richtig macht. Das gibt es nicht. Wir alle haben unsere Schwächen, wir alle machen Fehler. Gestehen Sie sich das auch bei Ihrer Führungsaufgabe zu!

Was wir Ihnen allerdings empfehlen: Machen Sie sich Ihre Persönlichkeit (mit all ihren Stärken und Vorzügen, aber auch mit all ihren Ecken, Kanten und Unvollkommenheiten) bewusst und entwickeln Sie auf dieser Grundlage Ihren eigenen Führungsstil. Führen Sie also authentisch, so wie es Ihrer Persönlichkeit entspricht. Das macht Sie zum „guten Chef".

Erfolgsbaustein 2

Klarheit über den eigenen Weg: Als Chef sollten Sie genau wissen, was Sie im Leben erreichen wollen

> *„Nur wenige Führungskräfte sehen ein, dass sie letztlich nur eine einzige Person führen müssen. Diese Person sind sie selbst."*
>
> (Peter F. Drucker, Management-Vordenker)

Mitarbeiter wünschen sich Chefs, die ihnen Orientierung geben. Persönlichkeiten, die Selbstbewusstsein, Gelassenheit und Überzeugung ausstrahlen. Selbstsichere Anführer, die wissen, was sie wollen, und das auch gut vermitteln können. Menschen also, die sich und ihre Aufgaben vorbildlich im Griff haben.

Ein funktionierendes Selbstmanagement gehört für Chefs und Führungskräfte deshalb zur unverzichtbaren Grundausrüstung. Denn nur, wer sich selbst im Griff hat, kann auch andere Menschen gut führen. Diese These von Peter F. Drucker sehen wir in unseren Gesprächen mit Unternehmerinnen und Unternehmern immer wieder bestätigt.

Ein gutes Selbstmanagement, eine gute Selbstorganisation, das ist die Basis für Führungskompetenz. Im Mittelpunkt stehen dabei die persönlichen und beruflichen Ziele: Wer weiß, was er langfristig auf welchem Weg erreichen möchte, kann sein Leben, sein Handeln, vor allem auch sein unternehmerisches/berufliches Engagement daran ausrichten. Und damit viel Druck aus seinem Leben nehmen.

Und das kann viel wert sein. Denn der Alltag bietet Druck und Zeitstress zur Genüge. Wie sagte Goethe sehr trefflich: „Gegenüber der Fähigkeit, die Arbeit eines einzigen Tages sinnvoll zu ordnen, ist alles andere im Leben ein Kinderspiel." Sicher können Sie dies aus eigener Erfahrung nachvollziehen.

Doch woran liegt es eigentlich, dass wir immer weniger Zeit für das wirklich Wichtige finden? Im Privaten für das eigene körperliche und geistige Wohlbefinden, für Familie und Partnerschaften, für gesellschaftliches Engagement? Aber auch im Berufsleben für die Konzentration auf unsere Führungsaufgaben – persönliche Gespräche mit Mitarbeitern, zukunftsorientierte Teamentwicklung, strategische Überlegungen zur langfristigen Positionierung des Unternehmens, weiterer Ausbau des Kundennutzens, ...?

Die Antwort: Meistens liegt die Ursache bei uns selbst. Zu oft verlieren wir unsere Ziele und Prioritäten aus den Augen. Und damit die Basis unserer Orientierung, unserer Selbstsicherheit, unserer Gelassenheit. Ein folgenschwerer Verlust – Klarheit über die (richtigen) eigenen Ziele schützt nämlich vor Fremdbestimmung, Hektik und negativem Stress. Die eigenen Ziele klar festzulegen und zu priorisieren sowie den Weg dorthin zu planen, das ist deshalb die geeignete (und notwendige) Vorbereitung, um zu einem selbst bestimmten, ausgeglichenen und erfolgreichen Leben zu kommen und damit automatisch auch an Führungsstärke zu gewinnen.

Vier Punkte sollten Sie hierfür beachten beziehungsweise einmal für sich bearbeiten:

1. Überprüfen Sie, ob Sie wirklich klare Ziele haben

Wichtig ist erstens, dass Sie sehr genau wissen, wo Sie hin möchten, was Sie also beruflich wie auch ganz persönlich erreichen möchten. Zielklarheit ist ein wesentlicher Bestandteil von Führungskompetenz und Führungsstärke. Prüfen Sie doch mal anhand der Analyse-Checkliste auf den Seiten → Seite 40 40/41, wie es damit bei Ihnen steht. Ihre Ja/Nein-Antworten geben Ihnen erste Hinweise, an welchen Stellschrauben Sie vielleicht drehen sollten.

2. Bestimmen Sie Ihre langfristigen Ziele

Wichtig ist zweitens, dass Sie nicht in dieser persönlichen Analyse stehen bleiben. Richten Sie Ihren Blick vielmehr nach vorn. Und zwar ganz weit nach vorn: Bestimmen Sie die für Sie und für Ihr Leben wirklich bedeutenden langfristigen Ziele. Nehmen Sie sich hierfür Papier und Stift zur Hand und investieren Sie eine ruhige Stunde Zeit, um sich einmal ganz grundsätzlich über Ihr Lebensziel (Ihre Lebensziele) klar zu werden:

- ☐ Wo soll die Reise langfristig hingehen?
- ☐ Welchen Sinn will ich meinem Leben geben?
- ☐ Welche Werte sind mir wirklich wichtig?
- ☐ Welche Wünsche und Visionen will ich realisieren?
- ☐ Was will ich beruflich erreichen?
- ☐ Was will ich privat erreichen?
- ☐ Was will ich für die Gemeinschaft tun, für andere Menschen?
- ☐ Welche Anerkennung will ich erreichen, welche gesellschaftliche Position?
- ☐ Was ist mir außerdem noch wichtig in meinem Leben?

3. Legen Sie den Weg zu jedem Ihrer Ziele fest

Wichtig ist drittens, dass Sie sich klar darüber werden, auf welchem Weg Sie jedes Ihrer Ziele erreichen wollen. Denn entscheidend für die persönliche Stabilität und damit auch für die persönliche Führungsstärke sind nicht allein die Ziele. Was Sie wirklich stark macht, ist das Wissen darum, wie Sie diese Ziele erreichen werden. An dieser Zukunftsplanung lässt sich im beruflichen wie privaten Alltag alles andere ausrichten, so dass Stress, Hektik und unerwünschte Fremdsteuerung weitgehend vermieden werden.

Beantworten Sie sich deshalb für jedes Ihrer Ziele die folgenden Fragen. (Unsere Empfehlung: Tun Sie das schriftlich. Sie schaffen sich damit eine detaillierte To-do-Liste für die spätere Umsetzung.)

- ☐ **Mittel:** Wen und was brauche ich, um das festgelegte Ziel zu erreichen? Welche Kosten entstehen dabei? Wie viel Zeit ist hierfür nötig?

Analyse:
Haben Sie klare persönliche Ziele für Ihr Leben?

Ziele und Visionen

☐ Weiß ich, wo mein Lebensschiff hinsteuern soll? Kenne ich meine **Visionen**, meine **innigsten Wünsche**? Habe ich sie schriftlich formuliert?

☐ Bin ich mir bewusst, welche **Werte und Ideale** mir wirklich wichtig sind?

☐ Habe ich mir langfristige, mittelfristige, aber auch kurzfristige **Ziele** gesetzt, die ich konsequent verfolge?

☐ Kenne ich meine individuellen **Stärken und Begabungen**? (Was mache ich gern und/oder gut?) Kann ich diese in meiner Führungsaufgabe verwerten?

☐ Kenne ich meine individuellen **Schwächen**? Kann ich diese absichern (zum Beispiel Aufgaben delegieren) oder als Chancen zur Verbesserung nutzen (zum Beispiel durch gezielte Qualifizierung)?

Materielle Ziele

☐ Habe ich klare Vorstellungen zur Entwicklung meines Einkommens, meiner Rücklagen, meiner Vermögenswerte?

☐ Was möchte ich bis wann erreichen beziehungsweise verwirklichen? Was muss ich dafür tun?

Mitmenschliche Ziele

☐ Bin ich mit meiner Beziehungspflege zu den Menschen in meinem Umfeld (Chef/Mitarbeiter/Kollegen, Geschäftspartner/-freunde, private Partner/Lebenspartner, Eltern/Kinder/Freunde, sonstige Kontakte) zufrieden?

☐ Wo gibt es Handlungsbedarf? Was kann/sollte ich aktiv dafür tun?

Anerkennungsziele

☐ Wünsche ich mir mehr berechtigtes Lob und ehrliche Anerkennung (beruflich/privat)?

☐ Was kann ich persönlich dazu beitragen? Womit kann ich eine Vorbildfunktion (für wen?) ausüben? Wo sollte ich mehr Lob/Anerkennung geben?

Gesundheitsziele

☐ Tue ich bereits genug für meine Gesundheit?

☐ Will/muss ich in Zukunft mehr dafür tun?

☐ Sehe ich dringenden Handlungsbedarf?

☐ Wenn ja: wo konkret? Was tue ich?

Auswertung

☐ Welche Schlüsse ziehe ich aus dieser Checkliste?

☐ Wo empfinde ich Defizite, wesentliche Herausforderungen?

☐ Wo besteht akuter Handlungsbedarf?

☐ Was will/muss ich warum und wie ändern?

☐ Wo setze ich Prioritäten?

- ☐ **Maßnahmen:** Was muss ich tun, um mein Ziel zu erreichen? Welche Zwischenschritte/Teiletappen sind notwendig? (Wenn Sie jede Maßnahme mit einem „Ich werde … dies und jenes tun/veranlassen" beginnen, nehmen Sie sich selber in die Handlungsverantwortung.)
- ☐ **Zeitplanung:** Was mache ich wann? (Teilen Sie alle Aktivitäten, die zum Erreichen Ihres Zieles notwendig sind, detailliert auf die verfügbare Zeit auf – das ist Ihr Fahrplan zum Ziel.)
- ☐ **Alternativpläne:** Was könnte passieren, wenn …? Was ist dann zu tun? (Bereiten Sie sich mit gedanklichen Zukunftsszenarien auf mögliche Störungen/Hindernisse in der Umsetzungsphase vor.)

Diese Vorgehensweise sollten Sie sich zu einem grundsätzlichen Handlungsprinzip machen. Das heißt: Führen Sie sich vor der Umsetzung von Zielen oder Wünschen immer erst vor Augen, was Sie zur Realisierung des Vorhabens benötigen und wie Sie vorgehen werden. Je gründlicher Sie Ihr Handeln planerisch vorbereiten, umso schneller und besser kommen Sie voran (detaillierte Anregungen zum methodischen Arbeiten gibt Ihnen Erfolgsbaustein 20). Damit steigt die Freude am Tun – und letztlich werden Sie mehr Zeit und Erfolg haben. Mehr Zeit und Ruhe auch, sich intensiv Ihren Führungsaufgaben zu widmen.

→ Seite 220

4. Bedenken Sie jeweils das Nutzenbieten

Wichtig ist viertens, dass Sie Ihre Ziele stets daran orientieren, welchen Nutzen Sie damit für andere Menschen stiften. Nutzen zu bieten ist der direkte Weg zum Erfolg – ein Aspekt, den leider zu wenige Menschen berücksichtigen.

Gerade dauerhafter geschäftlicher Erfolg ist ohne unternehmerische Ethik, ohne ein an moralischen Gesichtspunkten orientiertes Denken und Handeln, also ohne Nutzenbieten nicht möglich. Schon Henry Ford erkannte: „Ein Geschäft, das nur Geld verdient, ist ein schlechtes Geschäft." Für den Privatbereich gilt dasselbe: Anständigkeit, Aufrichtigkeit, Fairness und ein in jeder Hinsicht moralisches und verantwortliches Verhalten sind die wichtigsten Zutaten für erfolgreiches Agieren sowie einen guten Leumund, der ja Ihre persönliche Erfolgsfähigkeit (und auch Ihre Akzeptanz als Vorbild für Ihre Mitarbeiter) stark beeinflusst.

Reflektieren Sie einmal:

☐ Was war mir in der Vergangenheit besonders wichtig? Was ist mir besonders gut gelungen? Warum ist es mir besonders gut gelungen? (Erkennen Sie darin die Nutzenaspekte Ihres Handelns?)

☐ Welches wichtige Vorhaben ist mir misslungen beziehungsweise hat sich als nicht dauerhaft erfolgreich erwiesen? (Bei näherem Hinsehen werden Sie wahrscheinlich feststellen, dass Sie in solchen Situationen nicht ausreichend ans Nutzenbieten gedacht haben.)

Es erweist sich immer wieder: Je mehr Nutzen Sie bieten, desto leichter und schneller werden Sie an Ihr Ziel gelangen, desto erfolgreicher werden Sie sein.

Sicherheit für Entscheidungen im Führungsalltag

Um andere Menschen gut führen zu können, brauchen Sie also Klarheit in Ihrem Leben. Klarheit darüber, was Sie erreichen und schaffen wollen – und wie Sie das tun werden. Klarheit über die Werte, die Ihnen wichtig sind. Klarheit über Ihre Stärken und Schwächen. Klarheit über die Prioritäten in Ihrem Ziele- und Wertesystem. Diese Klarheit gibt Ihnen Orientierung und Selbstsicherheit für Ihr Leben. Und damit auch Sicherheit für Entscheidungen im Führungsalltag.

Schaffen Sie sich Freiräume für Ihre Führungsaufgaben

Was Sie außer der Klarheit über Ihren eigenen Weg noch brauchen, ist ein gutes Selbst- und Zeitmanagement. Es kann Ihnen helfen, auf diesem Weg die Schwerpunkte so zu setzen, dass Ihnen ausreichend Freiraum für Ihre Führungstätigkeit bleibt. Als besonders hilfreich erweist sich dabei die Konzentration auf die fünf strategischen Chefaufgaben. Mehr dazu im folgenden Beitrag.

Erfolgsbaustein 3

Mehr Zeit fürs Führen: Konzentrieren Sie sich auf die wesentlichen Chefaufgaben

> *„Die Weigerung, Unwichtiges zu tun, ist eine entscheidende Voraussetzung für den Erfolg."*
>
> (Sir Campbell Mackenzie, Komponist und Dirigent)

Auf hoher See ist es seit jeher ganz klar: Der Kapitän gehört auf die Kommandobrücke! Sitzt er unten auf der Ruderbank oder schaufelt er im Maschinenraum selbst die Kohlen in den Kessel, kann er sein Schiff nicht führen. Der Kapitän braucht den freien Weit- und Überblick, sollte stets das Fahrwasser im Auge haben. Denn er muss eine klare Vorstellung davon haben, wohin die Reise gehen und wie sie verlaufen soll. Und er muss stets darauf achten, ob sein Schiff in die von ihm bestimmte Richtung fährt, damit er steuernd eingreifen kann, wenn es vom Kurs abkommt.

Übertragen auf die Welt der Wirtschaft lassen sich durchaus viele erfolgreiche Chefs finden, die nach diesem Prinzip handeln: Sie arbeiten mehr **an** als **in** ihrem Unternehmen. Sie steuern, anstatt zu rudern. Das heißt, sie konzentrieren sich auf ihre wesentlichen Führungsaufgaben, die für das Vorankommen, also für Wachstum und Erfolg des Betriebes, unerlässlich sind. Diese Führungspersönlichkeiten blicken über das Tagesgeschäft deutlich hinaus. Sie denken permanent darüber nach, was sie in ihrem Betrieb (beziehungsweise Verantwortungsbereich) verbessern und weiter optimieren können. Sie entwickeln Ideen und Konzepte, wie sie den Kundennutzen steigern und damit die Wettbewerbsfähigkeit erhöhen können. Nicht zuletzt deshalb zählen solche Firmen zu den langfristig erfolgreichsten mit einer hohen Kunden- und Mitarbeiterbindung.

Was diese Persönlichkeiten auf dem Chefsessel also besonders auszeichnet, ist ihre bewusst wahrgenommene Führungsverantwortung. Sie beschäftigen sich in erster Linie mit ihren wesentlichen „Kapitäns"-Aufgaben: weitsichtig planen, umsichtig steuern, motivierend führen.

Als Chef brauchen Sie gedanklichen Freiraum

Nur mit Weitsicht, Überblick und dem nötigen gedanklichen Freiraum gelingt es dem Chef, immer wieder über sein Unternehmen nachzudenken – über die langfristige strategische Ausrichtung, über Firmenphilosophie und Markenpolitik, über unternehmerisches Nutzenbieten, über Kundenorientierung und Bedürfnisbefriedigung, über das Warenangebot, über die Menschen und Aufgaben im Betrieb, über die tägliche Arbeit … – und so letztlich den richtigen Kurs, den eigenen Erfolgsweg zu finden und gemeinsam mit seiner Mannschaft zielstrebig und kontrolliert zu verfolgen.

Für den Chef ist es unverzichtbar, dass er sich seiner Führungsrolle und seiner damit verbundenen Führungsaufgaben auch tatsächlich bewusst ist. Dass er sich also um Strategie und Führung kümmert, das Tagesgeschäft – ob Produzieren oder Verkaufen – aber weitestgehend seinen Mitarbeitern überlässt, die häufig sowieso bessere Detailkenntnisse für die diversen Durchführungsaufgaben besitzen.

Für die zukunftsorientierte Ausrichtung und positive Entwicklung seines Unternehmens muss sich der Chef deshalb darüber im Klaren sein, wo seine Schwerpunkte liegen. Selbst wenn er gerne noch im handwerklichen Bereich oder bei anderen Durchführungsaufgaben mitarbeitet, weil es ihm Freude bereitet: Die weitsichtige Führung und Steuerung seines Betriebes darf darunter auf gar keinen Fall leiden.

Allzu häufig aber erleben wir ein ganz anderes Szenario: Chefs, die sich in einer verwirrenden Vielfalt von Aus- und Durchführungstätigkeiten verschleißen, dadurch den Überblick verlieren und ihre zentralen Leitungsaufgaben vernachlässigen. Führungsverantwortliche, die überhaupt nicht führen können, weil sie im Dschungel der Alltagstätigkeiten gefangen sind.

Wie sieht es bei Ihnen aus? Können Sie bei der Vielzahl Ihrer beruflichen Tätigkeiten überhaupt noch sagen, welches Ihre unternehmerischen Hauptaufgaben sind? Können Sie sich auf diese Führungsaufgaben konzentrieren? Bestimmen Sie wirklich die Geschicke Ihres Unternehmens beziehungsweise Verantwortungsbereiches? Oder sind Sie in erster Linie durch Routine- und Fachaufgaben gebunden? Einen ersten Überblick können Sie sich mit den Fragen der Kurzanalyse unten auf dieser Seite verschaffen.

Bringen Sie Transparenz in Ihren Aufgabenbereich

Mit der **Analyse der Hauptaufgaben** bietet Ihnen das Helf-Recht-System ein äußerst wirkungsvolles Instrument, das Ih-

Kurzanalyse:
Wie nehmen Sie Ihre Führungsaufgaben wahr?

☐ Womit verbringe ich meine Arbeitszeit? (Geben Sie an, wie viel Prozent Sie für welche Aufgaben einsetzen.)

☐ Wie viel Prozent meiner Arbeitszeit investiere ich in Führungsaufgaben?

☐ Wie viel Prozent meiner Arbeitszeit investiere ich in Fachaufgaben (Spezialistentätigkeiten)?

☐ Wie viel Prozent meiner Arbeitszeit investiere ich in Routineaufgaben?

☐ Was muss ich unbedingt selbst tun?

☐ Welche Spezialisten- und Routineaufgaben werde ich in der nächsten Zeit an wen delegieren? Wen muss ich dafür eventuell in welcher Weise qualifizieren?

nen hilft, Transparenz und Klarheit in Ihren Aufgabenbereich beziehungsweise in Ihr ganzes Team oder Unternehmen zu bekommen (frühere Anwender des HelfRecht-Systems kennen diese „Analyse der Hauptaufgaben" vielleicht noch unter der Bezeichnung „berufliche Situationsanalyse"). Mehr dazu, vor allem eine ausführliche Anleitung, lesen Sie im folgenden Beitrag (Erfolgsbaustein 4). Zuvor wollen wir Sie mit einem für Führungskräfte besonders wichtigen Teilaspekt daraus bekannt machen: den fünf strategischen (= permanenten) Führungs-Hauptaufgaben.

→ Seite 56

Die fünf strategischen Führungs-Hauptaufgaben

Für viele Unternehmer und Führungskräfte gehört die persönliche Überlastung heute fast schon selbstverständlich zu ihrem Leben. Sie leiden im Hamsterrad von Stress und Hektik, klagen über zu viel Fremdbestimmung und zu wenig Zeit zum Führen.

Der Weg aus diesem Dilemma führt über einen zentralen Aspekt aus der Analyse der Hauptaufgaben, der gerade für Chefs schon kurzfristig wertvolle Entlastung bringen kann: die **konsequente Konzentration auf die fünf strategischen Hauptaufgaben für Unternehmer** (beziehungsweise für Führungskräfte).

Mit der Konzentration auf diese fünf strategischen Hauptaufgaben (Übersicht auf Seite 55) kommen Sie Ihrer Vormacher-Rolle bereits weitgehend nach. Verstehen Sie diese als Ihr permanentes unternehmerisches „Pflichtprogramm", das für den Erfolg Ihres Unternehmens die entscheidenden Impulse geben kann. Hierzu einige Anregungen:

→ Seite 55

Hauptaufgabe A: Zielplanung

Für Unternehmer: *Ich analysiere die Chancen unseres Unternehmens, entwickle die Unternehmens-Zielpläne und vereinbare mit meinen Mitarbeiterinnen und Mitarbeitern ihre persönlichen Ziele.*

Für Führungskräfte: *Ich wirke an der Unternehmens-Zielplanung mit; in einer Rohfassung für die Geschäftsleitung fasse ich auch die Ideen meiner Mitarbeiterinnen und Mitarbeiter zusammen; unsere Bereichsziele/Abteilungsziele leite ich in Absprache mit der Geschäftsleitung/Bereichsleitung aus dem Unternehmens-Zielplan ab und gebe sie an mein Team weiter.*

Gerade mit dieser Hauptaufgabe A beeinflussen Sie entscheidend den Erfolg Ihrer Firma: Unternehmenschancen regelmäßig analysieren, konkrete Ziele festlegen, Führungskräfte und Mitarbeiter einbeziehen. Damit geben Sie Ihrem ganzen Team Sicherheit („wir wissen, wo wir stehen"), Orientierung („wir wissen, wo es langgeht") und Motivation („wir dürfen mitmachen"). Und auch in der Außenwirkung gewinnen Sie durch dieses Vorgehen. Beispielsweise im Ratinggespräch mit Ihrer Bank: Nur wenn Sie nachweisen können, dass Sie von Ist-Analyse über Zielbestimmung bis Strategiefestlegung Ihre „Hausaufgaben" gemacht haben, werden Sie eine gute Beurteilung und einen guten Kredit bekommen.

Wann haben Sie denn zum letzten Mal schriftlich über die Stärken und Schwächen (und damit über Chancen und Risiken) Ihres Verantwortungsbereiches nachgedacht? Bei der Erstellung des aktuellen Jahreszielplanes? Das wäre schon sehr gut! Gibt es einen schriftlichen Plan für dieses Jahr, der auch zumindest Ihren Führungskräften vorliegt und der einheitlichen Kommunikation dient?

Machen Sie also eine kurze Bestandsaufnahme, wo es gut läuft und wo nicht. Bitte schriftlich! Schreiben Sie spontan auf, wo Ihr Unternehmen einzigartig ist, in welchen Bereichen also Ihre besonderen Stärken liegen. Wie und vor allem wie intensiv informieren Sie Kunden, Markt und Öffentlichkeit über diese Stärken? Woran kann Ihr Kunde oder Interessent erkennen, dass Sie anders, attraktiver, besser, innovativer als Ihre Konkurrenten sind? Ganz wichtig auch: Kennen und leben Ihre Mitarbeiter diese Stärken? Setzen sie diese aktiv im Verkaufsgespräch ein?

Nun zu den Risiken: Wo liegen die kritischen Schwächen Ihres Unternehmens? Was sind jeweils die Ursachen? Welche Gefahr geht von diesen Schwächen aus? Wie wichtig wäre es für den Erfolg Ihrer Firma, dass Sie die einzelnen Mangelpunkte in den Griff bekämen? Gliedern Sie diese deshalb nach ihrer Bedeutung:

☐ Priorität 1: Diese Schwäche müssen wir unbedingt und schnellstmöglich abstellen.

☐ Priorität 2: Diese Schwäche sollten wir in absehbarer Zeit abstellen.

☐ Priorität 3: Wäre gut, wenn wir auch diese Schwäche irgendwann aus der Welt schaffen.

Suchen Sie für die gravierenden Schwächen/Mängel (Priorität 1) jeweils schriftlich nach geeigneten Lösungen – beispielsweise mit einem „methoPlan" (detaillierte Erläuterungen zu diesem vielseitig anwendbaren Planungswerkzeug siehe Erfolgsbaustein 18). Diskutieren Sie diese Ausarbeitungen mit Ihren engsten Mitarbeitern und zapfen Sie deren Know-how an. Das ist der erste wesentliche Schritt in die richtige Richtung. → Seite 199

Hauptaufgabe B: Führung

Für Unternehmer: *Ich bin verantwortlich für Auswahl, Führung, Motivation und Training meiner Mitarbeiterinnen und Mitarbeiter. Innerhalb der Geschäftsleitung arbeiten wir eng und kollegial zusammen.*

Für Führungskräfte: *Ich bin verantwortlich für Auswahl, Führung, Motivation und Training meiner Mitarbeiterinnen und Mitarbeiter. Mit der Geschäftsleitung/Bereichsleitung arbeite ich eng und kollegial zusammen.*

Mit Hauptaufgabe B fördern Sie vor allem Qualität und „Betriebsklima" in Ihrem Haus. Personalarbeit muss deshalb unbedingt Chefaufgabe sein. Dazu gehört, dass zur richtigen Zeit der richtige Mitarbeiter am richtigen Platz verfügbar ist.

49

Dazu gehört aber auch der am Menschen orientierte Umgang: Lob, Anerkennung, Wertschätzung, das persönliche Wort, das Mitmachen-Lassen – so schaffen Sie ein harmonisches Miteinander, fördern ein motivierendes Wir-Gefühl.

Wann haben Sie denn die letzten Mitarbeitergespräche mit den Ihnen unmittelbar zugeordneten Mitarbeiterinnen und Mitarbeitern geführt? Wann haben Sie mit ihnen das letzte Mal über persönliche Befindlichkeiten geredet? Wann haben Sie wen das letzte Mal begründet gelobt?

Hintergrund: Ihre Mitarbeiter sind das wesentliche Bindeglied sowie der entscheidende Meinungs- und Stimmungsbildner zu Ihren Kunden und zur Öffentlichkeit hin. Nur wenn diese gut aufgestellt und zumindest durchschnittlich motiviert sind, werden sie Erfolg im Verkauf haben. Kunden sind meist sehr feinfühlige Menschen, die sofort merken, wenn es in einem Unternehmen schlechte Stimmung gibt und es möglicherweise kriselt. Sie riechen es förmlich, und das ist sicher kein Anreiz zum Kaufen!

Nun rennen Sie aber bitte nicht gleich los und loben wild durch die Gegend. Versuchen Sie, die Menschen in Ihrem Team bei guten Leistungen zu erwischen (da werden Sie fast jeden Tag etwas finden) – und motivieren Sie diese durch berechtigtes (!) Lob und ehrliche Anerkennung (worauf es hierbei ankommt, erfahren Sie im Erfolgsbaustein 21).

→ Seite 232

Hauptaufgabe C: Kontrolle

Für Unternehmer und Führungskräfte: *Ich kontrolliere regelmäßig, ob wir unsere Ziele schon erreicht haben oder wie nahe wir ihnen gekommen sind.*

Eine regelmäßige Kontrolle der Zielerreichung ist ebenfalls eine wichtige Voraussetzung für ein erfolgreiches Rating und für den Unternehmenserfolg generell. Die moderne Technik gibt Ihnen hier vielfältige Unterstützung, ermöglicht etwa den täglichen Abruf der wichtigsten Firmenzahlen über die EDV. Machen Sie es sich zur festen Gewohnheit, vor allem den

Soll/Ist-Stand des Unternehmens-Jahreszielplanes im Auge zu behalten und bei Abweichungen sofort gegenzusteuern. Motivieren Sie Ihre Führungskräfte und Mitarbeiter mit eigenem Verantwortungsbereich, ihrer Eigenkontrolle sehr verantwortlich nachzukommen. Über deren monatlichen Management-Zielplan bleiben Sie auf dem Laufenden und können eingreifen, wenn es nötig sein sollte (Einzelheiten zum Einsatz und Nutzen des Management-Zielplans siehe Erfolgsbaustein 25). → Seite 259

Viele Unternehmen, die ins Trudeln geraten, haben ihr Controlling vernachlässigt. Welche Steuerungsinstrumente nutzen Sie hierfür? Unsere Empfehlung: Halten Sie sich über die wichtigsten Zahlen Ihres Unternehmens permanent auf dem Laufenden. Informieren Sie sich beispielsweise jeden Morgen über Ihre Kontenstände, den Forderungsbestand und die Liquiditätsentwicklung des gesamten Monats. Verstehen Sie vor allem auch die Entwicklung des Auftragsbestandes als ein wesentliches Kontroll- und Steuerungsinstrument. Die monatliche betriebswirtschaftliche Auswertung (BWA) ist zu diesem täglichen Controlling eine selbstverständliche Ergänzung.

Nehmen Sie sich aber nicht nur die reinen Zahlen vor. Prüfen Sie jeden Monat auch einmal, wie weit Sie mit der Umsetzung Ihres aktuellen Unternehmens-Jahreszielplanes vorangekommen sind, insbesondere mit den qualitativen Zielen, also den Projekten, die letztlich zu den gewünschten Zahlenzielen führen sollen. Denn: Quantitativ kontrollieren können Sie erst dann, wenn Sie Sollgrößen zum Messen haben. Und diese sind nun mal die einzelnen Positionen in Ihrem Jahreszielplan mit den dazugehörenden betriebswirtschaftlichen Zahlen. (Mit der Planungssoftware „TarGo" bietet HelfRecht übrigens eine innovative elektronische Unterstützung zum Planen, Terminieren und kontrollierten Umsetzen Ihrer Ziele an.)

Hauptaufgabe D: Organisation

Für Unternehmer und Führungskräfte: *Ich plane und organisiere meinen Verantwortungs- und Arbeitsbereich. Dabei achte ich in Vorbildfunktion auf ein firmengerechtes Erscheinungsbild.*

Mit Hauptaufgabe D erfüllen Sie eine besonders starke Vormacher-Rolle: Wenn Sie Ihren Aufgabenbereich gut im Griff haben, wenn Sie Ihre Arbeit systematisch, zuverlässig und sehr verantwortlich erledigen, dann ist die Chance groß, dass Sie Ihre Mitarbeiterinnen und Mitarbeiter damit positiv anstecken. Sie als Chef müssen zudem das große Ganze im Auge behalten: die Abläufe im Unternehmen und das Zusammenspiel der einzelnen Bereiche.

Betrachten Sie Ihre Arbeit und Ihren Arbeitsplatz deshalb immer mal wieder mit einer guten Portion Selbstkritik: Haben Sie alles im Griff? Wie sieht Ihr Arbeitsplatz aus? Wie würde ihn ein außenstehender Dritter wahrnehmen? Welche Schlüsse würde er daraus ziehen?

→ Seite 56

Oder die organisatorischen Grundlagen: Wie aktuell ist die Analyse Ihrer eigenen Hauptaufgaben (siehe nächster Text)? Gibt es einen aktuellen Jahreszielplan mit klar definierten Zielen und Projekten, der schriftlich verfasst ist und auch den Mitarbeitern vorliegt? Existiert ein aktuelles Organigramm Ihrer Firma/Ihres Verantwortungsbereiches? Merke: Je besser Sie organisiert sind, umso besser können Sie auf Unvorhergesehenes reagieren. Und umso sicherer wirken Sie auch auf Ihre Mitarbeiter.

Beherzigen Sie zudem folgenden HelfRecht-Grundsatz: Lassen Sie uns all das organisieren, was wir selbst organisieren können! Unvorhergesehenes kommt trotz bester Planung immer wieder, und dafür brauchen wir Zeit.

Hauptaufgabe E: Kontaktpflege

Für Unternehmer und Führungskräfte: *Ich schaffe und pflege wertvolle Kontakte.*

Führung ist Kommunikation – und deshalb sollte Hauptaufgabe E für Sie einen ganz besonderen Stellenwert haben. Intern wie extern sind Sie permanent als guter Kontakter gefragt. Arbeiten Sie gezielt an dieser wichtigen Fähigkeit und an Ihrer Vorgehensweise.

Kontakte können Ihren persönlichen Erfolg sowie den Ihrer Firma entscheidend beeinflussen. Sicher haben Sie den Wert von guten Beziehungen schon mehrfach selbst oder in Ihrem Umfeld erfahren. Es lohnt sich also durchaus, sich mit diesem wertvollen Baustein der strategischen Hauptaufgaben näher auseinander zu setzen. Fragen Sie sich beispielsweise:

☐ Wie betreibe ich Kontaktpflege? Gehe ich das Thema systematisch und gezielt an – oder eher nach dem Prinzip Zufall? Wen brauche ich zum Erreichen meiner beruflichen oder privaten Ziele? Wer ist für mich unverzichtbar, wichtig, notwendig, hilfreich? Und: Wem kann ich nützlich sein, wen kann ich bei seinem Erfolg unterstützen?

☐ **Mitarbeiterinnen und Mitarbeiter:** Wie pflege ich derzeit Kontakte mit meinen Mitarbeiterinnen und Mitarbeitern? Nehme ich mir auch ab und zu Zeit für ein offenes privates Wort? Wie kann ich den internen Dialog fördern, das Miteinander verbessern?

☐ **Kunden:** Welche Kundenkontakte sind für mein Unternehmen besonders wichtig? Wer ist Meinungsbildner in unserer Branche? Wer kann uns als Multiplikator/Empfehler wertvolle Hilfe bieten? Wer kann uns dabei helfen, unsere Ziele noch besser zu erreichen?

☐ **Lieferanten und sonstige Partner:** Wer sind unsere Hauptlieferanten? Wer sind Erfolg versprechende Zweitlieferanten, die wir fördern sollten? Wie kann ich meine Kontaktpflege zu ihnen verbessern? Welche Branchenverbände, Meinungsbildner und Funktionsträger in der Branche sind für uns wichtig? Welche Journalisten und Redaktionen? Welche Politiker?

Merke: Erfolgsmenschen sind meist sehr gute Kontakter. Ihre vielfältigen Beziehungen pflegen sie sehr gezielt – und immer unter dem Aspekt des Nutzenbietens: Wer anderen hilft, dem wird geholfen.

Raus aus dem Dschungel der Alltagstätigkeiten

Wenn Sie diese fünf strategischen Hauptaufgaben gewissenhaft wahrnehmen, sind Sie auf einem guten Weg, sich aus dem undurchdringlichen Dschungel der Aus- und Durchführungsaufgaben zu befreien und sich stattdessen auf die für Ihren Unternehmenserfolg bedeutsamen Führungstätigkeiten zu konzentrieren. Sie setzen die wichtigen und damit richtigen Schwerpunkte. Sie können gezielt Aufgaben an hierfür qualifizierte Mitarbeiter delegieren. Sie werden (wieder) mit mehr Überblick agieren. Und dadurch mit mehr Freude und mehr Erfolg! Probieren Sie es einfach mal aus ...

Den größten Nutzen ziehen Sie aus diesen fünf Schwerpunktaufgaben, wenn Sie sich für jede einzelne klar machen, wie Sie diese Aufgabe erledigen und was Sie damit bewirken. Im folgenden Text lernen Sie dies im Rahmen der Analyse der Hauptaufgaben näher kennen.

Übersicht:
Die fünf strategischen (= permanenten) Führungs-Hauptaufgaben für Unternehmer

A: Ich analysiere die Chancen unseres Unternehmens, entwickle die Unternehmens-Zielpläne und vereinbare mit meinen Mitarbeiterinnen und Mitarbeitern ihre persönlichen Ziele.

B: Ich bin verantwortlich für Auswahl, Führung, Motivation und Training meiner Mitarbeiterinnen und Mitarbeiter. Innerhalb der Geschäftsleitung arbeiten wir eng und kollegial zusammen.

C: Ich kontrolliere regelmäßig, ob wir unsere Ziele schon erreicht haben oder wie nahe wir ihnen gekommen sind.

D: Ich plane und organisiere meinen Verantwortungs- und Arbeitsbereich. Dabei achte ich in Vorbildfunktion auf ein firmengerechtes Erscheinungsbild.

E: Ich schaffe und pflege wertvolle Kontakte.

Die fünf strategischen (= permanenten) Führungs-Hauptaufgaben für Führungskräfte

A: Ich wirke an der Unternehmens-Zielplanung mit; in einer Rohfassung für die Geschäftsleitung fasse ich auch die Ideen meiner Mitarbeiterinnen und Mitarbeiter zusammen; unsere Bereichsziele/Abteilungsziele leite ich in Absprache mit der Geschäftsleitung/Bereichsleitung aus dem Unternehmens-Zielplan ab und gebe sie an mein Team weiter.

B: Ich bin verantwortlich für Auswahl, Führung, Motivation und Training meiner Mitarbeiterinnen und Mitarbeiter. Mit der Geschäftsleitung/Bereichsleitung arbeite ich eng und kollegial zusammen.

C bis E: wie oben

Erfolgsbaustein 4

Analyse der Hauptaufgaben: Transparenz und Klarheit für Ihren Aufgabenbereich

> *„Glück gehört zu jeder Karriere, Glück öffnet die Tür. Doch jenseits der Schwelle wartet die Aufgabe – und diese lösen nur Planung, Tatkraft und Führungskönnen. "*
>
> (Hellmuth Buddenberg, ehemaliger Chef der Deutsche BP AG)

Je mehr Verantwortung Führungskräfte tragen, desto mehr Fachkompetenz sollten sie delegieren und desto mehr Konzentration sollten sie den fünf strategischen Führungsaufgaben aus dem vorangegangenen Beitrag widmen.

Doch Hand aufs Herz: Können Sie bei der Vielzahl Ihrer beruflichen Tätigkeiten sagen, welche Ihrer Fach- und Führungsaufgaben Sie tatsächlich persönlich wahrnehmen müssen? Welche Sie auf jeden Fall selbst in der Hand behalten müssen, um Ihrer Leitungsfunktion gerecht zu werden? Und kennen Sie die konkreten Hauptaufgaben Ihrer Mitarbeiter? Alle Zuständigkeiten, alle Arbeitsabläufe in Ihrem Verantwortungsbereich?

Mit der **Analyse der Hauptaufgaben** bekommen Sie Transparenz und Klarheit in Ihre eigene Aufgabenvielfalt beziehungsweise in Ihr ganzes Team oder Unternehmen. Klarheit, die Sie brauchen, wenn Sie Ihren Verantwortungsbereich effizient strukturieren und gut im Griff haben wollen.

Gelebtes Qualitätsmanagementsystem

Worum geht es dabei eigentlich? Zunächst mal ist die Analyse der Hauptaufgaben eine schriftliche Darstellung aller Aufgaben, Verantwortlichkeiten und Abläufe für jeden einzelnen Mitarbeiter. In ihrer Gesamtheit spiegeln die Analysen aller Mitarbeiter also das komplette Team beziehungsweise Unternehmen wider. Die genaue Betrachtung des Status quo schafft zudem die Voraussetzung für eine permanente Verbesserung und Weiterentwicklung. So wirkt die Analyse der Hauptaufgaben quasi als ein äußerst pragmatisches und täglich gelebtes Qualitätsmanagementsystem, das besonders auch in kleinen Firmen mit hervorragenden Ergebnissen eingesetzt werden kann.

Weit mehr als nur eine Stellenbeschreibung

Die Analyse der Hauptaufgaben ist weit mehr als eine bloße Stellenbeschreibung. Sie besteht aus vier aufeinander aufbauenden Elementen:

☐ In der **Liste der Hauptaufgaben** wird für jeden Beschäftigten beschrieben, für welche Aufgaben er mit welchen Befugnissen verantwortlich ist und wer ihn dabei vertritt. Das schafft Klarheit über Zuständigkeiten und Prioritäten. Diese Liste wird in Abstimmung zwischen Chef und Mitarbeiter aufgestellt und regelmäßig daraufhin überprüft, ob eventuell Änderungen notwendig sind. Zusammengenommen ergeben die Hauptaufgabenlisten aller Mitarbeiter ein Spiegelbild Ihrer gesamten Firmenaktivitäten. Zuständigkeiten und Verantwortungsbereiche werden deutlich, und Sie sehen häufig schon auf den ersten Blick, wo Veränderungen und Verbesserungen notwendig sind.

☐ In der **Zweckbeschreibung** erläutert jedes Teammitglied dann ganz persönlich den Sinn und Nutzen der eigenen Arbeit: Wer profitiert in welcher Weise davon, wenn ich meinen Job bestmöglich erledige? Damit macht sich der Mitarbeiter den Wert und die Bedeutung der einzelnen Aufgaben bewusst. Er erkennt, welchen individuellen Beitrag er für den gemeinsamen Erfolg und somit für das Gesamtergebnis leistet. Eine Erkenntnis, aus der sich reiche Motivation schöpfen lässt!

☐ In der **Durchführungsbeschreibung** zu jeder einzelnen Hauptaufgabe erläutert der Mitarbeiter, wie er die Arbeiten im jeweiligen Aufgabenbereich derzeit erledigt und welche Mittel ihm hierfür zur Verfügung stehen. Das dient nicht nur der Know-how-Sicherung, sondern erleichtert auch die Übernahme von Stellvertretungen und das Einarbeiten von Nachfolgern auf dieser Position.

☐ Die detaillierte Beschreibung der Abläufe eröffnet zugleich vielfältige Möglichkeiten, die bisherigen Vorgehensweisen auf den Prüfstand zu stellen: Dadurch stößt der Mitarbeiter automatisch auf Mängel und damit Verbesserungsmöglichkeiten bei den eingesetzten Mitteln und den zur Umsetzung gewählten Maßnahmen. Diese kann er über die **Mängel/Chancen-Liste** gezielt abstellen.

Analyse hilft, Betriebsabläufe effizienter zu gestalten

Als Führungskraft gewinnen Sie durch die Analyse der Hauptaufgaben die notwendige Übersicht über die verschiedenen Arbeitsabläufe in Ihrem Aufgabenbereich sowie dem ihrer Mitarbeiter und Kollegen. Die schriftliche Bestandsaufnahme macht insbesondere Zuständigkeiten, Zuordnungen und Verantwortungsbereiche deutlich und zeigt auf, wo Umstrukturierungen sinnvoll oder nötig sind. Veraltete (überflüssige) Arbeitsabläufe („Das haben wir schon immer so gemacht.") werden offensichtlich, und so kann sehr gezielt daran gearbeitet werden, Betriebsabläufe gründlich zu durchdenken und effizienter zu gestalten.

Die Analyse der Hauptaufgaben schafft Ordnung und Übersicht auch in sehr umfangreichen Aufgabengebieten. Sie dient zudem der Know-how-Sicherung im Team/Unternehmen. Und sie erleichtert die Delegation von Aufgaben, die reibungslose Übernahme von Urlaubs- oder Krankheitsvertretungen sowie die Einarbeitung in ein neues Aufgabengebiet.

Gehen Sie auch hier mit gutem Beispiel voran

Bevor Sie dieses Instrument aber in Ihrem Team einführen, sollten Sie es durch eigenes Tun bereits intensiv kennen gelernt haben. Denken Sie an Ihre Vorbildfunktion: Wenn die Mitglieder Ihres Teams mitbekommen, welch positive Auswirkungen die Analyse auf Ihre Arbeitsfreude und auf Ihre Arbeitsergebnisse hat, dann werden sie eher bereit, vielleicht sogar begierig sein, dieses Instrument kennen zu lernen, als wenn Sie sie damit völlig unvorbereitet überfallen. Haben Sie mehrere Hierarchieebenen in Ihrem Unternehmen? Dann führen Sie die Analyse von oben her ein. Zunächst also bei sich selber, dann bei Ihren Top-Führungskräften. Erst wenn die mit dem Instrument vertraut sind, gehen Sie eine Ebene weiter.

Im Folgenden beschreiben wir die vier Schritte von der **Liste der Hauptaufgaben** über die **Zweck- und Durchführungsbeschreibungen** bis hin zur regelmäßig geführten **Mängel/ Chancen-Liste.** (Eine Kurzfassung dieser Anleitung finden Sie als Checkliste ohne die detaillierten Erläuterungen in Kapitel 3, wenn es um die Einbindung der Mitarbeiter in dieses Instrument geht; siehe Erfolgsbaustein 16.)

→ Seite 181

1. Schritt: Die Liste der Hauptaufgaben

Erster Schritt und Grundlage der weiteren Analyse ist für jedes Teammitglied eine genaue Darstellung seiner aktuellen Hauptaufgaben. Verschaffen Sie sich schriftlich Klarheit: Tragen Sie zunächst einmal all das zusammen, wofür Sie selber zuständig sind, was Sie in Ihrem Aufgabenbereich persönlich erledigen müssen. Dadurch erhalten Sie einen aktuellen Überblick über Ihr Arbeitsgebiet, der Sie dabei unterstützt, künftig gezielte Schwerpunkte bei den tatsächlich entscheidenden Aufgaben zu setzen:

☐ **Notieren Sie alle Tätigkeiten und Aufgaben, die Sie in der letzten Zeit persönlich zu erledigen hatten.** Listen Sie ungeordnet all das auf, was Ihnen spontan einfällt. Etwa: Entscheidung über Neugestaltung des Verkaufsraumes,

Pressegespräch mit Regionaljournalisten, Konzept für Neukunden-Werbung, Produktinformationen zusammenstellen, Analyse der Verkaufszahlen, Mitarbeitergespräche, Telefonate mit A-Kunden, Personalschulung, ... regelmäßig wiederkehrende Termine, spontan anfallende Tätigkeiten, Pflicht- und Küraufgaben.

(Für das Zusammentragen und Strukturieren empfehlen wir Ihnen den „HelfRecht-Sternplan", den Sie zusammen mit einer Anleitung sowie einem ausgefüllten Muster „Vorbereitung zur Liste der Hauptaufgaben" kostenlos im Helf-Recht-Unternehmerzentrum anfordern können: am besten per E-Mail unter redaktion@helfrecht.de oder per Telefon +49 (0) 92 32 / 60 10)

☐ Wichtig: **Beschreiben Sie den aktuellen Ist-Zustand**, also welche Aufgaben/Tätigkeiten Sie derzeit wirklich persönlich zu erledigen haben.

→ Seite 44

☐ Ordnen Sie dann Ihre Aufgaben und fassen Sie diese als **„Liste meiner Hauptaufgaben"** in **etwa zehn Hauptaktivitäten** zusammen. Beginnen Sie mit den **fünf Führungs-Hauptaufgaben A bis E** (siehe Erfolgsbaustein 3). Ergänzen Sie diese dann um **fünf bis maximal sieben weitere (Durchführungs-)Aufgaben**, beispielsweise: „F. Ich bin persönlich verantwortlich für den Bereich Produktion. G. Ich bin zuständig für ..."

☐ Notieren Sie zu jeder Hauptaufgabe, **welche Kompetenz und Entscheidungsbefugnis** Sie hierfür haben und wie jeweils die **Stellvertretung** geregelt ist. Das erleichtert das Delegieren von Aufgaben sowie die Übernahme von Urlaubs- oder Krankheitsvertretungen. Außerdem erkennen Sie, welche Lücken es vielleicht gibt und was verbesserungsfähig ist.

☐ Nicht alle Ihre Hauptaufgaben sind gleich wichtig. Vergeben Sie **Prioritäten**: 1 = Aufgaben, die Sie unbedingt selbst wahrnehmen müssen. 2 = Aufgaben, die Ihnen besonders gut liegen. 3 = Aufgaben, die sich zum Delegieren eignen. Mit dieser Übersicht machen Sie sich bewusst, wo tatsächlich die Schwerpunkte Ihrer Arbeit liegen und welche Lücke(n) es eventuell noch gibt. Außerdem erkennen Sie durch diese Priorisierung, welche Aufgaben Sie eventuell an hierfür qualifizierte Mitarbeiter abgeben können. (Weitere Anregungen und Praxistipps zum Thema Delegieren finden Sie im Erfolgsbaustein 19.) → Seite 208

Bei HelfRecht ist die Hauptaufgabenliste übrigens Bestandteil des Arbeitsvertrages. Somit ist der Aufgabenbereich des Mitarbeiters ebenso vertraglich fixiert wie sein Gestaltungsspielraum. (Natürlich wird dieser Teil des Arbeitsvertrages regelmäßig angepasst.)

2. Schritt: Zweckbeschreibungen

In den Zweckbeschreibungen dokumentieren Sie detailliert den Sinn Ihrer beruflichen Tätigkeiten, indem Sie sich zu jeder Ihrer Hauptaufgaben überlegen, **welchen Nutzen Sie damit bieten.**

In möglichst emotionalen Worten stellen Sie dar, was Sie bei wem und für wen bewirken, wenn Sie Ihre Aufgaben verantwortlich wahrnehmen und gut ausführen. Sie schreiben quasi eine „Liebeserklärung an Ihren Beruf". Das lässt Sie den Wert und den Nutzen erkennen, den genau Ihre Arbeit für Kunden, Mitarbeiter, Kollegen, Vorgesetzte, aber auch für Banken, Ämter, Behörden, Lieferanten – im weitesten Sinne sogar für die gesamte Volkswirtschaft hat. Aus dieser Erkenntnis, wer in welcher Weise von Ihrer Leistung profitiert, gewinnen Sie die Kraft und Begeisterung, die für jede Aufgabe notwendig sind.

Beachten Sie übrigens auch bei der Zweckbeschreibung, dass Sie diese auf Basis des derzeitigen Ist-Zustandes erstellen. Schreiben Sie also nicht, was Sie durch Ihre Arbeit gerne bewirken möchten oder könnten, sondern welchen Nutzen Sie tatsächlich auslösen.

Bedenken und beantworten Sie bei der schriftlichen Zweckbeschreibung zu Ihren Hauptaufgaben unter anderem folgende Fragen:

- [ ] **Für wen/für welche Zielgruppe(n)** erfülle ich diese Aufgabe in erster Linie?
- [ ] Was haben diese Personen/Gruppen davon? **Welchen Nutzen** biete ich ihnen?
- [ ] Welchen Maßstab legen sie an meine Arbeit an? Worauf kommt es ihnen dabei in erster Linie an?
- [ ] Wer hat sonst noch welchen direkten/indirekten Nutzen?
- [ ] Wer baut mit seiner Arbeit auf meiner auf?
- [ ] Welchen Maßstab legt jede dieser Personen an meine Aufgabe an?
- [ ] Worauf kommt es jedem in erster Linie an? (Das heißt aber nicht, dass man jedem alles recht machen kann!)

Sollten Sie auf Anhieb keine befriedigenden Formulierungen finden, so ist es dieser Teil der Analyse der Hauptaufgaben wert, dass Sie über wöchentliche bis monatliche Wiedervorlage an diesen Texten arbeiten, bis Sie zufrieden sind. Prüfen Sie dabei, inwiefern sich Wert und Nutzen jeder einzelnen Aufgabe noch emotionaler, noch motivierender formulieren lässt.

3. Schritt: Durchführungsbeschreibungen

In den Durchführungsbeschreibungen dokumentieren Sie, **wie Sie Ihre Arbeit erledigen** – also wen oder was Sie hierfür brauchen (Mittel) und was Sie bei jeder dieser Aufgaben derzeit tun (Tätigkeiten). So ergeben sich fast von selbst vielfältige Vorschläge für Optimierungen und Innovationen.

Ihre Durchführungsbeschreibungen haben einen mehrfachen Nutzen: Indem Sie Ihre aktuelle Vorgehensweise schriftlich durchdenken, erkennen Sie, wo es noch nicht ideal läuft, wo sich Gewohnheiten und eventuell Nachlässigkeiten eingeschlichen haben – und können gezielt an Verbesserungen arbeiten (deshalb sollten Sie Ihre Beschreibungen auch später periodisch aktualisieren und überarbeiten). Für Ihren Stellvertreter oder Nachfolger sind diese Aufzeichnungen zudem eine äußerst hilfreiche Anleitung, was im Einzelnen zu tun ist.

Wichtig: Beim Formulieren der Durchführungsbeschreibung werden Ihnen viele Dinge auffallen, die Anlass zu Fehlern oder Mängeln sind. **Beschreiben Sie deshalb unbedingt (vor allem bei den Arbeitsabläufen) den aktuellen Ist-Zustand**, nicht den gewünschten Idealzustand. Andernfalls besteht die Gefahr, dass notwendige Änderungen und Innovationen unterbleiben. Denn durch die Beschreibung des Wunschziels wird der wahre Mangel nicht erkannt und kann somit auch nicht behoben werden. Eine richtig bearbeitete Analyse der Hauptaufgaben bewirkt hingegen einen wahren Ideenfluss und einen großen Kreativitäts- und Innovationsschub.

Bei der Beschreibung der tatsächlichen Arbeitsabläufe erkennen Sie auch regelmäßig wiederkehrende Aufgaben. Also Tätigkeiten, die Sie jeden Tag erledigen müssen, wöchentlich, monatlich oder in anderen Rhythmen. Listen Sie diese periodisch wiederkehrenden Aufgaben auf und führen Sie diese Liste in Ihrer Zeitplanung mit. So brauchen Sie diese Arbeiten nicht jedes Mal von neuem in Ihre Tagesplanung zu übernehmen, sondern stoßen beim jeweils richtigen Tag automatisch auf diese Aufgabe.

Beschreiben Sie für jede Ihrer Hauptaufgaben:

☐ Welche **Arbeitsmittel** (Geräte/Maschinen, EDV, Büromaterial, Geld/Budget, Räume, HelfRecht-Planer, …) setze ich zur Erfüllung der jeweiligen Aufgabe ein? (Liste)

☐ Welche **Personen** (Mitarbeiter, Lieferanten, Kunden, Berater, …) sind neben mir an dieser Aufgabe beteiligt? (Liste)

☐ Welche **Arbeitsunterlagen** (Checklisten, Arbeitsanweisungen, QM-Handbuch, Formblätter, Gesetzestexte, …) muss ich beachten/setze ich ein? (Liste)

☐ Welche **Teilaufgaben/Kerntätigkeiten** führe ich zur Erledigung der Aufgabe aus? (detaillierte Beschreibung der Abläufe)

☐ Was tue ich wann? Welche **Termine** habe ich einzuhalten?

☐ Wer muss jeweils **informiert** werden?

☐ Worauf muss ich bei dieser Hauptaufgabe **besonders achten?** Wo lauern Gefahren oder Fallstricke?

☐ Welche regelmäßig **wiederkehrenden Aufgaben** (täglich, wöchentlich, monatlich, vierteljährlich, halbjährlich, jährlich) ergeben sich aus dieser Hauptaufgabe? (Liste)

4. Schritt: Mängel/Chancen-Liste

Beim Formulieren (und späteren regelmäßigen Überarbeiten) der Zweck- und Durchführungsbeschreibungen fallen Ihnen mit Sicherheit immer wieder verschiedenste Mängel im derzeitigen Arbeitsablauf, im Nutzenbieten für den Kunden oder in anderen Bereichen auf. Suchen Sie ganz bewusst danach und fassen Sie diese in einer Mängel/Chancen-Liste zusammen.

Jedes Detail immer wieder auf Optimierungsmöglichkeiten zu durchleuchten, führt automatisch zu einem kontinuierlichen Verbesserungsprozess. Fragen Sie sich also bei jeder Hauptaufgabe, die Sie im Zuge der Zweck- und Durchführungsbeschreibung bearbeiten:

☐ **Welche Mängel = Verbesserungsmöglichkeiten** erkenne ich bei dieser Hauptaufgabe?

Um die Dringlichkeit zu ermitteln, mit der Mängel behoben werden sollten, gibt es zwei Hauptkriterien:

☐ **Welche Rufschädigung** droht mir/unserem Unternehmen durch diesen Mangel?

☐ Welche **Umsatz-/Ertragsminderung** droht mir/unserem Unternehmen durch diesen Mangel?

Prüfen Sie auch, welche Mängel eventuell durch vergleichbare Faktoren ausgelöst wurden, also dieselbe Ursache haben. Gehen Sie dann gezielt den Kern des Problems an. Mangelnder Informationsfluss zu den Mitarbeitern kann beispielsweise eine Fülle von Fehlern verursachen. Hier wäre es dann sinnvoll, den Hauptmangel „schlechte Kommunikation" zu beheben, anstatt sich mit einzelnen Fehlern zu beschäftigen.

Jeder erkannte Mangel bietet die Chance, noch besser zu werden. Scheuen Sie sich darum nicht, möglichst viele zu entdecken und aufzuschreiben. So kann die Mängel/Chancen-Liste für Sie zu einem persönlichen „Schatzkästchen" werden, aus dem Sie immer wieder wertvolle „Perlen" fischen. Behandeln Sie die Liste deshalb auch als vertrauliches, nur für Sie bestimmtes Dokument. Nehmen Sie sich Ihre Aufzeichnungen monatlich einmal vor und bearbeiten Sie systematisch den jeweils wichtigsten Mangelpunkt. So ziehen Sie aus Ihrer Liste den größtmöglichen Nutzeneffekt (eine ideale Unterstützung hierfür ist der „methoPlan"; siehe Erläuterungen im Erfolgsbaustein 18). → Seite 199

Eine äußerst wertvolle Zeitinvestition

Unsere Empfehlung: Nehmen Sie sich Zeit für Ihre Analyse der Hauptaufgaben. Beginnen Sie mit der Liste Ihrer Hauptaufgaben. Wenn die steht, nehmen Sie sich beispielsweise jeden Monat die Zweck- und Durchführungsbeschreibung für eine der Aufgaben vor. Was auf den ersten Blick vielleicht ein wenig zeitaufwändig ausschaut, erweist sich in der Praxis als eine sehr sinnvolle und wertvolle Zeitinvestition. Denn mit diesem Instrument werden Sie Ihren Arbeits- und Verantwortungsbereich immer besser in den Griff bekommen. Wird die Analyse der Hauptaufgaben von allen im Hause „gelebt", verleiht sie dem Unternehmen eine enorme Stabilität – und entfaltet gleichzeitig eine ungeheure Dynamik. (Weitere Anregungen für die Anwendung im Team lesen Sie in Erfolgsbaustein 16.) → Seite 181

Bevor Sie jedoch Ihre Mitarbeiterinnen und Mitarbeiter in das Hauptaufgabensystem einbinden, sollten Sie als Chef selbst erfolgreich damit arbeiten – und durch diese Vorreiterrolle auch andere im Haus vom Nutzen überzeugen. Beschäftigen Sie sich deshalb regelmäßig mit Ihrer Analyse der Hauptaufgaben. Prüfen Sie, ob die Texte noch aktuell sind, wo Sie eventuell etwas ändern oder ergänzen müssen. Schauen Sie insbesondere bei Ihren Durchführungsbeschreibungen genau hin, was Sie in Ihrer Arbeit anders, ökonomischer und besser machen könnten.

Und vergessen Sie bitte eines nicht: **Im Mittelpunkt sollten für Sie vor allem Ihre fünf strategischen Führungs-Hauptaufgaben A bis E stehen** (siehe vorangegangenen Text).

→ Seite 44

Erfolgsbaustein 5

Vorbild in vielerlei Hinsicht:
Als Führungskraft brauchen Sie
vor allem Vormacher-Qualitäten

> *„Ich bin die Galionsfigur. Wenn ich meine Leute enttäusche, ist das Vertrauen weg."*
>
> (Joachim Hunold,
> Ex-Chef von Air-Berlin)

Menschen orientieren sich an Vorbildern. Gerade auch im Unternehmen: Dort registrieren die Mitarbeiterinnen und Mitarbeiter sehr feinfühlig, wie ihre Vorgesetzten sich verhalten. Was sie reden, wie sie handeln, wie sie vor allem andere Menschen (Kunden, Mitarbeiter, Kollegen, Chefs, ...) behandeln.

Die Mitarbeiter registrieren das nicht nur, sie reagieren auch auf das, was sie sehen, hören und erleben. Manches übernehmen sie bewusst, sehr vieles aber wirkt und prägt im Verborgenen. Die Vormacherrolle von Chef und Führungskräften beeinflusst somit wesentlich das Geschehen im Unternehmen: Das Betriebsklima. Den Umgang miteinander. Die Einstellung und das persönliche Engagement eines jeden Einzelnen. Die Kundenorientierung. Die Stimmung im Team. Die Bereitschaft, Verantwortung zu übernehmen. Kurz: die Erfolgsfähigkeit des Unternehmens.

„Das gute Beispiel ist nicht eine Möglichkeit, andere Menschen zu beeinflussen; es ist die einzige", hat Albert Schweitzer einmal geschrieben. Deshalb sollte sich jeder Führende kritisch mit der Frage beschäftigen, wie er die Menschen in seinem Umfeld durch seine Persönlichkeit und durch sein Führungsverhalten beeinflusst. Aufbauend auf dieser Erkenntnis gilt es, kontinuierlich daran zu arbeiten, seiner Vormacher-Rolle noch besser gerecht zu werden. Hierzu einige Anregungen:

Vorbild in Sachen Zielorientierung

Beweisen Sie durch souveränes Handeln, dass Sie wissen, was Sie wollen und dass Sie ebenso wissen, wie Sie das erreichen. Ihr Team erwartet, dass Sie überzeugende Perspektiven vermitteln, lohnenswerte Ziele aufzeigen, eine klare Richtung angeben und stets den Überblick haben. Durch Ihre Zielbegeisterung, durch Ihr Beispiel überzeugen Sie auch Ihre Mitarbeiter von Ziel und Weg.

Was Sie hierfür unbedingt brauchen, ist eine übergeordnete Leitlinie, ob Sie das nun Vision, Unternehmens-Lebensziel oder Firmenphilosophie nennen. Diese Leitlinie muss jeder im Team kennen. Sie ist der Leuchtturm am Horizont, wirkt richtungsweisend für alle strategischen und operativen Entscheidungen. Von ihr werden die mittel- und langfristigen Ziele und Pläne abgeleitet. Lebens-, Perioden- und Jahreszielpläne helfen Ihnen immer wieder, den notwendigen Überblick zu behalten. Orientieren Sie denn auch Ihre Vorhaben und Entscheidungen an diesen Plänen, vor allem an den längerfristigen Zielbeschreibungen. Systematisch und zielorientiert zu agieren, macht Sie für Ihre Mitarbeiter berechenbar und verlässlich.

Wichtig ist ebenso, dass allen im Team bewusst ist, welche positiven Werte und welche Kernkompetenz ihr Unternehmen auszeichnet. Dies erreichen Sie im Wesentlichen durch einen gut durchdachten und schriftlich ausformulierten Lebenszielplan, der möglichst von allen Führungskräften im Unternehmen erarbeitet und – ganz wesentlich! – gemeinsam vorgelebt, sprich: mit spürbarer Leidenschaft verfolgt wird. Vergessen Sie nicht, den Lebenszielplan auch Ihren Mitarbeitern vorzustellen und sie für diese langfristigen Ziele zu begeistern. Ihr Lebenszielplan bietet Ihnen gleichzeitig die Möglichkeit, wichtige Entscheidungen stets an den dort fixierten Werten und Grundsätzen zu messen und diese als Entscheidungshilfe heranzuziehen, wenn wesentliche Neuausrichtungen anstehen.

Ein Zeichen von Souveränität ist es auch, vorbereitet zu sein auf Schwierigkeiten, Probleme, Krisen. Denken Sie bei einer vorausschauenden Planung deshalb immer an Notfallpläne: Was könnte passieren? Und wie reagieren wir dann? Das hilft Ihnen, trotz aller Unwägbarkeiten und Widrigkeiten die eigenen Ziele nicht aus den Augen zu verlieren. Und es bewahrt Sie davor, möglicherweise zu früh zu resignieren.

Treffen Sie ebenso Vorsorge für den Fall, dass Sie selbst oder Leistungsträger Ihres Teams ausfallen. Und informieren Sie Ihre Führungskräfte sowie Ihr Team darüber, wie in einer derartigen Notfallsituation Kompetenzen und Aufgaben geregelt sind, wo benötigte Unterlagen und Informationen (beispielsweise Passwörter oder Berechtigungen) zu finden sind, wie also der möglichst reibungslose Fortgang der Geschäftstätigkeit bewerkstelligt werden soll.

Vorbild in Sachen Selbstorganisation

Sie kennen sicher die Fernsehsendung „Dinner for one", die regelmäßig am Silvesterabend ausgestrahlt wird: Butler James stolpert (je mehr er getrunken hat) immer häufiger über den Tigerkopf und ist sogar verwundert, wenn dies einmal nicht passiert. Er tut aber eines nicht: Er räumt das Hindernis nicht aus dem Weg. Kommt Ihnen das bekannt vor?

Allzu oft fehlt es in den Unternehmen (auch bei Führungskräften) an der Bereitschaft, störende Dinge konsequent zu verändern. „Das sollten wir unbedingt mal angehen!", heißt es dann beispielsweise. Oder: „Ich müsste eigentlich mal … dieses und jenes tun!" Oder: „Wir sollten das endlich mal organisatorisch verbessern!" Absichtserklärungen ohne Verbindlichkeit. Ergebnis: Es wird gar nichts getan, die Sache bleibt, wie sie ist.

Als Führungsverantwortlicher sind Sie gefordert, solche Unverbindlichkeiten gar nicht erst zuzulassen. Gehen Sie mit bestem Beispiel voran. Sagen Sie nicht: „Man müsste mal …!" Sagen Sie stattdessen: „Ich werde …!" Organisieren Sie all das, was Sie in Ihrem Zuständigkeitsbereich selbst organisieren können. Hierzu gehören etwa auch eine vorbildliche Ordnung (Arbeitsplatz, Unterlagen, Projekte, …), ein vorbildliches Terminmanagement, ein vorbildlich effizientes Besprechungsmanagement sowie vor allem eine vorbildliche Konsequenz bei Planung und Erledigung der eigenen Aufgaben. So prägen Sie den Stil Ihres Hauses. Und zudem bekommen Sie den Rücken frei für Ihre bedeutsamen Führungsaufgaben – und für all das, was immer wieder jeden Tag, auch ungeplant, auf Sie zukommt.

Vorbild in Sachen Entschlusskraft

Zur Aufgabe von Unternehmern und Führungskräften gehört es, dass sie Entscheidungen treffen und diese konsequent umsetzen. Die Mitarbeiter wollen sehen, dass „der da oben" sich nicht vor Verantwortung und auch nicht vor schwierigen oder gar unpopulären Entscheidungen drückt (beispielsweise Konflikte lösen, im schlimmsten Fall auch mal Mitarbeiter entlassen), sondern das Heft entschlossen in die Hand nimmt. Zur Führungsstärke gehört es außerdem, dass Sie persönlich verantwortlich zu Ihren Entscheidungen stehen, sich also nicht hinter anderen Personen oder Sachzwängen verstecken. Mitarbeiter akzeptieren unliebsame Entscheidungen – aber nur, wenn Sie ihnen die Ursachen dafür transparent machen.

In diesem Zusammenhang gehört auch, dass Sie Konflikte im Team souverän und überzeugend bewältigen. Vorbild sein in jeder Situation! Eine gute Hilfe kann es für Sie sein, wenn Sie schriftliche „Spielregeln" für das (Zusammen-)Leben in Ihrem Unternehmen aufstellen. So eine Hausordnung oder „Leitlinie für den Umgang miteinander" gibt Orientierung und bewahrt vor unnötigen Konflikten. Und es hilft Ihnen, Ihre Linie des „Vormachens" durchzuziehen. Auch für Teilbereiche der Firma kann eine schriftliche Übereinkunft sinnvoll sein, beispielsweise zur „Zusammenarbeit innerhalb der Geschäftsleitung/Führungsrunde".

Vorbild in Sachen Teamfähigkeit

Erfolgreiche Unternehmensführung ist selten der alleinige Erfolg der Führungspersönlichkeit. Unternehmenserfolg ist in aller Regel Teamerfolg, ein Ergebnis gemeinsamer Anstrengung aller Beteiligten. „Der isolierte Mensch kommt nicht ans Ziel", schrieb Goethe. Dies müssen manche Firmenchefs und Führungskräfte noch lernen.

Nur im Team lassen sich Lösungen erarbeiten, die Qualität, Zuverlässigkeit, Kundenorientierung oder Innovationskraft des Unternehmens weiter steigern. Als Teamchef sind Sie zuständig, hierfür eine schlagkräftige Mannschaft zu bilden und anzuführen (→ Kapitel 2: „Das Team" ab Seite 108). Hilfestellung für diese immer wieder schwierige Herausforderung bietet Ihnen vor allem das Instrument „Analyse der Hauptaufgaben" (siehe Erfolgsbausteine 4 und 16). Allein schon die Auswahl der richtigen Mitarbeiter ist eine Herausforderung erster Güte. Der Chef muss ja nicht alles selber (und das noch dazu am besten) können. Aber er sollte fähig sein, ein Team von fachlich qualifizierten Menschen um sich aufzubauen, das die Aufgaben des Unternehmens so erfüllt, dass die Kunden begeistert und die Firmenziele erreicht werden. Systematisches und zukunftsorientiertes Training rundet Auswahl und Aufbau des Teams ab.

→ Seiten 56 und 181

Ihre Vorbildfunktion in Sachen Teamfähigkeit beweisen Sie auch, indem Sie Ihren Mitarbeitern das Vertrauen und die Verantwortung übertragen, ihre Aufgaben weitgehend selbstverantwortlich zu erfüllen. Als Chef müssen Sie nicht unbedingt der Vormacher im fachlichen Bereich sein. Versuchen Sie also nicht, Ihren Leuten zu sagen, wie sie ihre Arbeit machen sollen, wenn diese die eigentlichen Experten in ihrem Fach sind. Zeigen Sie ihnen vielmehr, dass Sie deren Kompetenz und Erfahrung wertschätzen: Beschränken Sie sich darauf, mit ihnen Ziele und Termine zu vereinbaren und dann darauf zu achten, dass sie diese auch erreichen.

Delegieren und kontrollieren gehört denn auch zu den wichtigsten Eigenschaften vorbildlicher Führungspersönlichkeiten: Geben Sie mit klaren Direktiven den Kurs vor, überlassen Sie das Umsetzen aber den Menschen, die in ihrem jeweiligen Aufgabenbereich ja die hierfür ausgewählten und qualifizierten Spezialisten sein sollten. Ihre vordringliche Aufgabe ist es dann, dass Sie achtsam darüber wachen, dass der von Ihnen vorgegebene Kurs eingehalten wird.

Ein Geschäftsführer drückte das einmal folgendermaßen aus: „Als Chef verstehe ich mich als der Dienstleister meiner Spezialisten." Er sah seine Aufgabe vordringlich darin, im Unternehmen die Voraussetzungen zu schaffen, dass jedes Teammitglied seine individuellen Fähigkeiten möglichst wirksam zur Geltung bringen kann. Für ihn bedeutete dies beispielsweise, die Arbeit seiner Experten im Team zu koordinieren, ihnen den Rücken frei zu halten, sie weiter zu fördern und zu entwickeln oder auch für eine gedeihliche Schaffensatmosphäre im Team zu sorgen. (Weitere Anregungen zum Thema → Seite 208 Delegieren lesen Sie im Erfolgsbaustein 19.)

Vorbild in Sachen Information und Kommunikation

„Führen ist Kommunikation", lautet eine häufig zitierte Führungsprämisse. Wohlgemerkt: Information alleine reicht nicht aus – Kommunikation ist mehr, ist ein Geben und Nehmen im partnerschaftlichen Dialog. Chefs sollten also nicht nur informieren (oder womöglich Befehle erteilen). Sie sollten im Kontakt mit ihren Mitarbeitern auch fragen, zuhören, auf Wünsche und Äußerungen eingehen.

Umfassende Information sollte im Unternehmen eine Selbstverständlichkeit sein. Sie bildet die Grundlage der Arbeit, vor allem der engagierten Mitwirkungsmöglichkeit jedes Einzelnen. Achten Sie darauf, dass Ihre Mitarbeiter die Informationen haben, die sie benötigen:

1. Informationen über alles, was der Mitarbeiter zur Erfüllung seiner Aufgabe wissen muss
2. Informationen über die Ziele und Pläne des Unternehmens (auf jeden Fall Jahres- und Lebensziele)

3. Informationen über die aktuelle Situation des Unternehmens: Kundenwünsche/-bedürfnisse, Marktlage, Absatz- und Umsatzzahlen, Produktentwicklungen, größte Herausforderung, besondere Chancen und ähnliches

Doch, wie gesagt: Kommunikation ist mehr als Information. Führung braucht den offenen Dialog. Schaffen Sie in Ihrem Unternehmen durch das dialogische Miteinander eine moderne, partnerschaftliche Führungskultur. Dazu gehört beispielsweise, dass Sie Ihre Mitarbeiter mitreden lassen, wenn es um die Ziele Ihres Unternehmens geht, dass Sie deren Hauptaufgaben und persönliche Leistungsziele im gemeinsamen Gespräch konkret definieren und abstimmen oder dass Sie ihnen in regelmäßigen Beurteilungs- und Fördergesprächen ein offenes Feedback geben und Perspektiven für ihre persönliche Weiterentwicklung aufzeigen.

Der individuelle Gedankenaustausch mit einzelnen Mitgliedern Ihres Teams kann Ihnen zudem sehr wertvolle Aufschlüsse geben – über den Mitarbeiter ebenso wie für die Weiterentwicklung Ihres Unternehmens. Und sie können Ihnen zeigen, ob Sie es geschafft haben, bei Ihren Mitarbeitern als Vormacher und Vorbild anerkannt zu sein (siehe hierzu auch Analyse-Checkliste „Führen Sie vorbildlich?"). → Seite 78

(Wenn Sie etwas tiefer in diesen Aspekt einsteigen wollen: Weitere Anregungen zum Thema Information und Kommunikation finden Sie im Erfolgsbaustein 22.) → Seite 238

Vorbild in Sachen positive Grundeinstellung

„Wer nicht lächeln kann, sollte kein Geschäft aufmachen", sagt ein chinesisches Sprichwort. Da steckt eine Menge Wahrheit drin. Denn es zeigt sich immer wieder: Die Stimmung des Chefs prägt die Stimmung in seinem Team. Wo ein offenes, partnerschaftliches, von Wertschätzung und Vertrauen getragenes Klima herrscht, da gehen die Mitarbeiter offen und partnerschaftlich auf den Kunden zu, engagiert und liebenswürdig Nutzen bietend. In einem missmutigen, von Unsicherheit oder Angst geprägten Betriebsklima sind diese fröhliche Offenheit und das persönliche Engagement eher die Ausnahme.

Bemühen Sie sich deshalb in Ihrem Verantwortungsbereich um eine motivierende „Kultur des Lächelns". Das setzt voraus, dass Sie selbst möglichst oft in möglichst guter Stimmung sind und die Menschen in Ihrem Umfeld damit anstecken. Freilich, das fällt nicht immer leicht – auch als Chef ist man ja nicht nur gut drauf. Aber wenn Sie sich darauf sensibilisieren, können Sie durchaus bewusst und systematisch an Ihrer persönlichen Grundstimmung arbeiten.

Wichtig für eine positive Grundeinstellung im Team ist auch der realistische Blick auf das Erreichte. Sprechen Sie mit Ihren Führungskräften und Mitarbeitern deshalb nicht nur über Fehler, Mängel, Pannen, nicht erreichte Ziele und ähnliches. Thematisieren Sie immer wieder auch das, was gut gelaufen ist. Zelebrieren Sie die Erfolge, die Sie gemeinsam erreicht haben. Hierfür sind oftmals Kleinigkeiten schon vollkommen ausreichend. Aus diesem Grund beginnt bei HelfRecht jede regelmäßige Besprechung mit einem Reihum-Bericht über die erreichten Erfolge.

Positiver zu denken, lässt sich durchaus trainieren. Wesentlich ist, dass man seine innere Einstellung dazu bringt, Positives überhaupt zu erkennen. Wenn es Ihnen gelingt, diese Einstellung zu erlangen, haben Sie gute Möglichkeiten, ein realistischer Optimist zu werden – und die Stimmung in Ihrem Team damit vielleicht ein wenig „lächelnder" zu gestalten.

Vorbild in Sachen Respekt

Wer Menschen führt, sollte Menschen mögen. Er sollte deren Persönlichkeit ebenso respektieren, wie ihre Meinungen. Ihre Stärken ebenso wie ihre Schwächen, Macken und Eigenheiten. Es fällt nicht immer leicht, ein positives Menschenbild zu haben, gerade wenn Fehler passieren oder man als Chef mit anderen unangenehmen Dingen konfrontiert wird. Manch einer fährt in solchen Situationen schnell aus der Haut. Das kann zu irreparablen Schäden in der Zusammenarbeit führen.

Tipp hierzu: Überlegen Sie einmal schriftlich, welche positiven Eigenschaften die Sie unmittelbar umgebenden Menschen haben. Also Ihre Mitarbeiterinnen und Mitarbeiter, die eng mit Ihnen zusammenarbeiten, aber auch Ihr privates Umfeld. Machen Sie sich die Werte und die positiven Leistungen dieser Menschen bewusst, bevor Sie das nächste Mal aus der Haut fahren. Auch für das nächste Beurteilungs- beziehungsweise Zielvereinbarungsgespräch (Einzelheiten hierzu in den Erfolgsbausteinen 24 und 26) dient Ihnen diese Liste als hilfreiche Vorbereitung.

→ Seiten 252 und 264

Zollen Sie Ihren Mitarbeitern (natürlich auch Kunden und anderen Geschäftspartnern) Respekt, indem Sie sich in Vier-Augen-Gesprächen oder auch größeren Besprechungsrunden wirklich Ihrem Gesprächspartner widmen. Also nicht nebenbei E-Mails auf dem Smartphone abrufen oder in Unterlagen lesen. Lassen Sie die Menschen ausreden, hören Sie nicht nur hin, sondern aufmerksam zu. Respektlos ist es auch, mitten im Gespräch plötzlich ein Handy-Telefonat zu führen.

Zum respektvollen Führungsverhalten gehört es ebenso, dass Sie sich nicht despektierlich über andere Menschen, vor allem nicht über Ihre Mitarbeiter, äußern. Achten Sie sehr feinfühlig darauf, wo Sie was in welcher Form über wen sagen. Geben Sie keinen Anlass zu Gerüchten über Kollegen oder andere Menschen.

Vorbild in Sachen Verhalten

Leben Sie persönlich vor, was Sie von Ihren Mitarbeitern erwarten oder gar verlangen. Handeln Sie auf Basis erkennbarer Werte und ethischer Grundsätze. Setzen Sie auf Ehrlichkeit und Glaubwürdigkeit. Halten Sie vor allem auch Zusagen und Termine ein (Tipp: beim Vereinbaren immer gleich notieren!). Durch Ihr Verhalten bestimmen Sie, welchen Respekt und welche Glaubwürdigkeit Sie in Ihrem Team genießen.

So kann es beispielsweise nicht angehen, dass Sie im Unternehmen Pünktlichkeit fordern, selbst aber bei Besprechungen oder mit Mitarbeitern vereinbarten Terminen zu spät kommen. Zum vorbildlichen Verhalten gehört es auch, nicht anderen Menschen (Mitarbeitern, Partnern) etwas zuzumuten oder aufs Auge zu drücken, was man selbst auf keinen Fall tun wollte. Prüfen Sie dies sehr sorgfältig bei der Vergabe von Aufgaben und Verantwortlichkeiten.

Entscheidend hierfür sind auch charakterliche Eigenschaften wie Fairness, Aufrichtigkeit oder Verlässlichkeit: Wer als Chef unstet und sprunghaft ist, wer heute so, morgen aber ganz anders entscheidet und handelt, wer Zusagen und Vereinbarungen nicht einhält, wer seine Mitarbeiter ungleich behandelt oder sogar gegeneinander ausspielt, der wird in seinem Team nur wenig Akzeptanz, Rückhalt und Unterstützung finden.

Führungskultur beruht wesentlich auch auf Mut: Es braucht Mut, Verantwortung zu übernehmen, zu bestimmen, was wichtig und richtig ist. Es braucht Mut, den Kurs zu korrigieren, eventuell auch gegen Widerstände. Es braucht Mut, Fehler anzusprechen und Mängel zu rügen. Es braucht Mut, Konflikte anzunehmen und zu lösen. Und es braucht Mut, selbstkritisch zu sein, sich für eigene Fehler zu entschuldigen, auch mal kräftig über sich selbst lachen zu können.

Achten Sie darauf, dass Sie auch unter Druck Vorbild bleiben und sich selber gut im Griff haben. Wenn Sie bei erhöhtem Arbeitsanfall, Termindruck, Kundenreklamationen oder ähnlichen belastenden Situationen gereizt und gestresst reagieren, vielleicht sogar wütend aus der Haut fahren und Ihre Mitarbeiter unfair angehen, dann schwächt das Ihre Vorbildposition im Team. Gerade wenn es besonders eng und stressig wird, kommt es darauf an, dass Sie die richtigen Prioritäten setzen, systematisch und überlegt handeln und somit wahre Souveränität beweisen.

Vorbild in Sachen persönliche Stabilität

Führung fängt bei Ihnen selber an. Um Ihrer Vorbildfunktion gerecht werden zu können, ist es wesentlich, dass Sie Ihre eigene Mitte gefunden haben und in ihr leben. Mitarbeiter suchen – bei aller Emanzipation, die man ihnen möglicherweise unterstellt und zugesteht – immer wieder nach Leitbildern. Sie sollen ihnen Halt geben und auch in schwierigen Situationen ein Lotse sein, der sie sicher durch gefährliches Fahrwasser bringt. Diese „Lotsen"-Rolle wird eine Führungskraft umso mehr erfüllen, je mehr sie selbst stabil und mit sich im Reinen ist.

Grundvoraussetzung hierfür ist geistiges und körperliches Wohlbefinden. „Well being" heißt das Zauberwort: Wer sich rundum richtig wohl fühlt, strahlt dies auf seine Umgebung aus. Achten Sie als Chef oder Führungskraft also darauf, dass Sie mental und körperlich fit sind, dass Sie in Harmonie und Gleichgewicht nach innen und außen leben, dass Sie vor allem Beruf und Privatleben möglichst in Balance halten. Neben dem rein gesundheitlichen Aspekt gehören hierzu auch gute mitmenschliche Beziehungen, gesellschaftliche Anerkennung, Selbstentfaltung im und Spaß am eigenen Beruf, Klarheit über den Sinn des eigenen Lebens und ähnliche Voraussetzungen.

Tipp: Wenn Sie etwas tiefer in diesen Aspekt einsteigen wollen, beantworten Sie sich doch einmal schriftlich folgende Frage: Was habe ich für mein seelisches und körperliches Wohlbefinden in den letzten vier Wochen getan? Wie ausgeglichen bin ich? (Weitere Anregungen zu diesem Thema erhalten Sie im Erfolgsbaustein 8.) → Seite 95

Analyse:
Führen Sie vorbildlich? Fragen Sie Ihre Mitarbeiter!

Gespräche mit Mitarbeitern können Ihnen direkte Informationen und indirekte Hinweise geben, wie es um Ihre Firma steht und wo Sie mit Verbesserungen ansetzen könnten/sollten. Aber: Es funktioniert nur, wenn die Mitarbeiter genau wissen, dass sie Ihnen gegenüber offen ihre Meinung sagen können. (Merke: Ein souveräner Chef zeichnet sich dadurch aus, dass er das Mitdenken und die eigene Meinung seiner Mitarbeiterinnen und Mitarbeiter fördert. Nur der schwache Chef bevorzugt Mitläufer und „Ja"-Sager!)

Stellen Sie Ihren Mitarbeiterinnen und Mitarbeitern doch mal die folgenden Fragen:

☐ Würden Sie Ihrem besten Freund/Ihrer besten Freundin die Produkte und Leistungen unseres Unternehmens vorbehaltlos und ohne schlechtes Gewissen empfehlen? Wenn nein: Warum nicht? Wenn ja: Warum?

☐ Wissen Sie, welche Qualitätsanforderungen die Kunden an uns stellen? Wenn nein: Warum nicht? Wenn ja: Welche?

☐ Kennen Sie den Hauptnutzen, den unsere Kunden von uns bekommen? Wenn nein: Warum nicht? Wenn ja: Welchen?

☐ Können Sie den Preis unserer Produkte erklären, ohne sich rechtfertigen oder verteidigen zu müssen? Wenn nein: Warum nicht? Wenn ja: Wie?

☐ Betrachten Sie Ihre Kollegen und Mitarbeiter als interne Kunden? Wenn nein: Warum nicht? Wenn ja: Inwiefern?

☐ Haben Sie das Gefühl, heute wesentlich für Ihre/unsere Kunden gearbeitet zu haben? Wenn nein: Warum nicht? Wenn ja: Inwiefern?

Viele „Nein"-Antworten sollten für Sie Anlass sein, Ihr Führungsverhalten zu überdenken. Welche Ursachen könnte die Unsicherheit der Mitarbeiter haben? Welche Versäumnisse erkennen Sie? Was müssen Sie tun?

Kommen hingegen überwiegend „Ja"-Antworten, spricht das dafür, dass Sie Ihre Führungsrolle vorbildlich erfüllen.

Arbeitsfreude unterstützen: Motivieren Sie Ihre Mitarbeiter im Rahmen Ihrer Möglichkeiten

> „Vergessen Sie das ganze Motivationsgerede. Wenn Sie wirklich etwas für die Leistungsfähigkeit in Ihrem Betrieb tun wollen, bemühen Sie sich jeden Tag aufs Neue, Ihre Mannschaft nicht zu demotivieren."
>
> (Hartmut Volk, deutscher Wirtschaftspublizist)

Ihre Mitarbeiter zu motivieren, sei die vordringlichste Aufgabe von Führungskräften, hört man häufig. „Management ist nichts anderes als die Kunst, andere Menschen zu motivieren", brachte der amerikanische Erfolgsmanager Lee Iacocca diese Forderung einmal kurz und prägnant auf den Punkt.

Andere Praktiker und Autoren bezweifeln, ob das im unternehmerischen Miteinander überhaupt funktionieren kann. „Es gibt nur einen einzigen Menschen, den Sie wirksam motivieren können – und das sind Sie selbst", hat ein Kritiker hierzu einmal lakonisch festgestellt. Und Dr. Reinhard K. Sprenger argumentiert in seinem Buch „Mythos Motivation" sehr plausibel, dass sich Mitarbeiter durch externe Anreize wie etwa Gehaltserhöhung, Prämien oder Incentives nicht dauerhaft zu höheren Leistungen und mehr Begeisterung motivieren lassen. Derartige materielle Motivationsspritzen seien sogar kontraproduktiv, so seine These, weil Mitarbeiter sich an diese Belohnungen gewöhnen und sich nicht mehr aus eigenem Antrieb für ihr Unternehmen engagieren und anstrengen.

Eine anhaltend starke Motivation kann nur aus den Menschen selbst kommen. Sie entsteht im Herzen und im Kopf jedes Einzelnen, wenn die Voraussetzungen günstig sind. Setzen Sie auf diese so genannte „intrinsische Motivation": **Gehen Sie grundsätzlich davon aus, dass Ihre Mitarbeiter von Natur aus motiviert sind und gerne Leistung bringen wollen – und bieten Sie ihnen die Möglichkeit, dies unter Beweis zu stellen.** Bereiten Sie die Grundlage, auf der sie motiviert agieren und sich engagiert für den gemeinsamen Erfolg einbringen können.

Menschen wollen eine Aufgabe, die Sinn verspricht

Das erreichen Sie zum einen durch eine motivierende, an den Vorstellungen der Mitarbeiter orientierte Organisation der Rahmenbedingungen. So erwarten sich die Beschäftigten vor allen Dingen eine Arbeit, die ihnen Sinn verspricht und ihnen Entfaltungs- und Entwicklungsmöglichkeiten bietet. Außerdem wichtig:

- ☐ klar formulierte Ziele (= Orientierung)
- ☐ Mitgestaltungsmöglichkeit (Ziel-/Umsetzungsplanung)
- ☐ selbstständiges und verantwortliches Arbeiten
- ☐ konkret definierte Zuständigkeiten
- ☐ Transparenz und Anerkennung erbrachter Leistungen
- ☐ umfassende Information
- ☐ offene Kommunikation
- ☐ Beruf und Privatleben im Einklang
- ☐ leistungsgerechte Entlohnung
- ☐ und Ähnliches mehr

→ Seite 67 Noch stärker als durch solche Rahmenbedingungen der Arbeit wird die Motivation der Mitarbeiter allerdings durch die Persönlichkeit der Vorgesetzten gefördert. Wie diese ihrer Vorbildfunktion (siehe vorangegangenen Erfolgsbaustein 5) gerecht werden, spielt für Arbeitsklima und Mitarbeitermotivation und damit für die Leistungs- und Erfolgsfähigkeit des

Unternehmens eine ganz entscheidende Rolle: Durch ihre Äußerungen, ihr Verhalten, ihren Führungsstil, kurz: durch ihre Persönlichkeit prägen sie ganz entscheidend die Motivation in ihrem Team sowie den „Geist des Hauses".

Führungskräfte brauchen eine positive Ausstrahlung

Eine der zentralen Chefaufgaben ist die „Stimmungspflege": Führungskräfte sollten durch ihr persönliches Verhalten und ihre Ausstrahlung ein Arbeitsklima schaffen, das es allen Beschäftigten leicht macht, freudig, motiviert, kreativ und engagiert Bestleistungen zu erbringen und somit am gemeinsamen Erfolg mitzuwirken.

Das meint nicht, dass Führungskräfte ständig freudestrahlend durch den Betrieb laufen und gute Laune versprühen müssen. Das meint auch nicht ein kameradschaftliches und kumpelhaftes Miteinander zwischen Chef und Mitarbeiter. Es geht hier vielmehr um eine positive, motivierende, Mut machende Ausstrahlung. Um die Fähigkeit, eine eigene starke, liebenswürdige Stimmung zu gestalten und mit ihr das Team anzustecken. Dazu gehört auch die Fähigkeit, „Krisen" durchzustehen: In schwierigen Zeiten darf der Chef nicht in das allgemeine Wehklagen einstimmen, sondern muss mit guter Stimmung und klaren Zielvorstellungen das Unternehmen leiten, muss Lösungswege aufzeigen, Handlungsanstöße vermitteln.

Mit Sozialkompetenz führen: Menschen statt Zahlen

„Neben fachlichen Qualitäten braucht eine gute Führungskraft vor allem Sozialkompetenz", meint der Ökonomieprofessor Karlheinz Ruckriegel hierzu: „Ausgezeichnete Führungskräfte stellen Menschen statt Zahlen in den Mittelpunkt", erläuterte der Professor der Georg-Simon-Ohm-Hochschule Nürnberg im Interview mit der HelfRecht-Zeitschrift „methodik" seine Einschätzung: „Sie fordern und fördern ihre Mitarbeiter, unterstützen Teamarbeit, lassen aber auch genügend Raum für selbstständiges Arbeiten. Sie schaffen es zudem, Visionen zu entwickeln, so dass die Mitarbeiter einen tieferen Sinn in ihrer Tätigkeit erkennen. Sehr wichtig ist auch Fairness: Wer Beschäftigte gegeneinander ausspielt, ist als Führungskraft ungeeignet."

Diese Idealvorstellung sei in der Realität aber meist nicht gegeben, kritisiert der Wissenschaftler: „In vielen Unternehmen wird zu technokratisch geführt: Die Sachebene dominiert, menschliche Belange kommen zu kurz."

Mitarbeiter fühlen sich zu wenig wertgeschätzt

Diverse Untersuchungen bestätigen diese Kritik des Professors. So kam eine repräsentative Umfrage des Meinungsforschungsinstitutes Toluna (Frankfurt) im August 2011 beispielsweise zu folgenden Ergebnissen: Arbeitnehmer in deutschen Firmen fühlen sich zu wenig wertgeschätzt, vermissen ein gelegentliches Lob für ihre Leistung. 40 Prozent klagen darüber, dass ihr Chef nicht wisse, was sie für das Unternehmen leisten. Personalgespräche werden nur sehr selten geführt. Mehr als die Hälfte (55 Prozent) der Arbeitnehmer hat mit dem Chef noch nie oder nur selten besprochen, welche Mittel zur Weiterentwicklung es im Unternehmen für sie gibt. Mehr als ein Drittel (35 Prozent) hat mit dem Vorgesetzten in den letzten zwei Jahren sogar nie über berufliche Perspektiven gesprochen.

Auch die jährliche **„Engagement-Index"-Studie** des renommierten Gallup-Instituts legt große Versäumnisse bloß, was die Mitarbeiterorientierung in deutschen Firmen anbelangt. Seit zehn Jahren untersucht die „Gallup-Studie" Zufriedenheit und Engagement von Arbeitnehmern. Kernergebnis der im Februar 2011 veröffentlichten aktuellen Untersuchung: „In vielen Unternehmen ignorieren Führungskräfte nach wie vor die zentralen Bedürfnisse und Erwartungen ihrer Mitarbeiter teilweise oder völlig. Die Folge ist eine geringe Motivation der Arbeitnehmer."

Im Detail: Die meisten Beschäftigten in deutschen Unternehmen (66 Prozent) leisten Dienst nach Vorschrift. 21 Prozent (= jeder Fünfte!) haben innerlich bereits gekündigt. Gerade mal 13 Prozent haben eine starke emotionale Beziehung zu ihrem Arbeitgeber, bringen sich also mit großem Engagement ein. Direkte Aussagen, was die Mitarbeiter sich erwarten, macht die Gallup-Studie nicht. Aus den Antworten, was Beschäftigte besonders stört, lässt sich aber im Umkehrschluss ermitteln, auf was sie Wert legen. So wollen sie beispielsweise

☐ mehr mitwirken dürfen (= ihre Meinung ist gefragt, auch Ideen und Vorschläge sind erwünscht, Chefs binden sie in Entscheidungsprozesse ein)
☐ als Mensch wertgeschätzt und behandelt werden (= am Menschen orientierter Führungsstil)
☐ wissen, was der Chef konkret erwartet (= klare Zielabsprachen)
☐ ein Feedback auf ihre Arbeit, ihr Verhalten, ihre persönliche Entwicklung
☐ für gute Leistungen anerkannt und gelobt werden
☐ eine Arbeit/Position, die ihnen auch wirklich liegt
☐ durch ihren Chef gefordert und gefördert werden (= etwa Gespräche über Weiterentwicklungsmöglichkeiten)

(Die aktuelle Studie fürs Jahr 2010 sowie für die beiden Vorjahre finden Sie im Internet unter *http://eu.gallup.com/berlin/118645/gallup-engagement-index.aspx*)

Der **„Fürstenberg-Performance-Index 2011"** gibt ebenfalls durch den Umkehrschluss Hinweise, was Mitarbeiter sich bei ihrer Arbeit am meisten wünschen – gefragt wurde hier nach den größten Belastungen am Arbeitsplatz:

51 % hoher Leistungsdruck
39 % fehlende Anerkennung für die Arbeit
32 % zahlreiche innerbetriebliche Veränderungen
31 % schlechte Führung durch den Vorgesetzten
26 % fehlende Möglichkeiten, die volle Leistung zu bringen
26 % kein Vertrauen in die Unternehmensleitung
24 % fehlende Möglichkeiten, eigene Ideen einzubringen
24 % ungerechte Behandlung im Team
22 % fehlendes Zusammengehörigkeitsgefühl im Team

Eine Veröffentlichung von **„impulse-Online"** (20. Mai 2011) zeigt auf, was Berufsanfängern (Hochschulabsolventen!) bei der Wahl eines Arbeitgebers besonders wichtig ist:

70 % Entwicklungsmöglichkeiten
60 % kollegiale Arbeitsatmosphäre
57 % Work-Life-Balance
49 % Vergütung
44 % Internationalität (Kollegen, Projekte)
38 % Zukünftige Karriereoptionen

Im Internet werden Sie eine Reihe weiterer Umfragen finden, die zu diesem Thema regelmäßig gemacht und veröffentlicht werden (die Google-Suche unter Stichworten wie „Studie Mitarbeiterzufriedenheit" oder ähnlichem verschafft Ihnen reiche Ernte). Eine Menge an Zahlen und Meinungen, die je nach Quelle beziehungsweise Auftraggeber höchst unterschiedlich ausfallen und stets nur eine Momentaufnahme darstellen. Aber die Ergebnisse können Ihnen dennoch zumindest einige Erkenntnisse vermitteln, auf was Sie in Ihrem Unternehmen möglicherweise verstärkt Wert legen sollten.

Eine am Menschen orientierte Unternehmenskultur

Vieles nämlich wiederholt sich in den einzelnen Untersuchungen. Zusammengefasst in einem Satz könnten sich die Wünsche der Mitarbeiter wohl auf diesen kurzen Nenner bringen lassen: Besonders wichtig ist den meisten Beschäftigten, von ihrem Chef als Mensch (statt nur als Arbeitskraft oder gar Kostenfaktor) akzeptiert und behandelt zu werden, sich mit ihren persönlichen Fähigkeiten aktiv einbringen zu dürfen und dafür dann die entsprechende Wertschätzung (auch durch eine angemessene Bezahlung!) zu erhalten. Anders ausgedrückt: Sie wünschen sich verstärkt eine am Mitarbeiter (= am Menschen) orientierte Unternehmenskultur.

Ein Tipp noch: Wenn Sie wissen wollen, auf was die Menschen in Ihrem Team wirklich Wert legen, können Sie natürlich die diversen Studienergebnisse auswerten. Sie können aber auch, und das ist sicher noch ein Stückchen authenti-

Checkliste:
So fördern Sie den Schaffensgeist Ihrer Mitarbeiter

Motivierende Führung zeichnet sich dadurch aus, dass Mitarbeiter zielgerichtet eingesetzt werden, Entfaltungsräume für ihre Begabungsstärken haben, unternehmerisch denken, sich verantwortlich fühlen und somit selbstständig und zielorientiert handeln.

☐ Trauen Sie Ihren Mitarbeitern gute Leistungen zu.

☐ Definieren Sie klar berufliche Aufgaben und Kompetenzen.

☐ Vereinbaren Sie individuell herausfordernde, messbare Ziele.

☐ Pflegen Sie einen typ- und situationsgerechten Führungsstil.

☐ Lassen Sie die Mitarbeiter in ihre Aufgabe hineinwachsen.

☐ Übertragen Sie ihnen Verantwortung und Kompetenzen.

☐ Lassen Sie Ihre Mitarbeiter in Projektgruppen mitwirken.

☐ Leiten Sie Ihre Mitarbeiter zur Selbstständigkeit an.

☐ Ermuntern Sie Ihre Mitarbeiter, Entscheidungen zu treffen.

☐ Beziehen Sie Ihre Mitarbeiter in die Jahreszielplanung ein.

☐ Machen Sie erbrachte Leistungen transparent.

☐ Motivieren Sie mit Lob und Anerkennung.

☐ Erlauben Sie Mitarbeitern, auch einmal Fehler zu machen.

☐ Fördern Sie mit konstruktiver, unterstützender Kritik.

☐ Ermöglichen Sie Fortbildung und Weiterentwicklung.

☐ Setzen Sie auf offene, dialogorientierte Kommunikation.

☐ Führen und überzeugen Sie durch Ihr Vorbild.

☐ Sorgen Sie für beste Arbeitsbedingungen.

scher, den direkten Weg wählen und Ihre Teammitglieder einfach mal fragen.

Tipp 2: Nutzen Sie die Antworten Ihrer Mitarbeiter! Verbessern oder schaffen Sie auf dieser Grundlage in Ihrem Unternehmen gezielt die Voraussetzungen, dass alle Beschäftigten eine anhaltende intrinsische Motivation entwickeln und sich somit wirkungsvoll für die gemeinsame Sache einbringen können.

Unternehmenskultur: Prägen Sie durch werteorientierte Führung den guten Ruf Ihrer Firma

> *„Jemand, der Verantwortung trägt in einer Organisation, lebt natürlich die Kultur des Unternehmens vor, und die Menschen schauen auf ihn. Ich kann doch nicht sagen, meine Mitarbeiter sollen auf dem Teppich bleiben und pflege selbst höfische Rituale. Das geht nicht."*
>
> (Hans-Joachim Watzke, Geschäftsführer von Borussia Dortmund)

Die „Kultur" eines Unternehmens bestimmt ganz maßgeblich dessen guten (oder weniger guten) Ruf und damit dessen Erfolg oder Misserfolg. Geprägt und getragen wird die Kultur durch gelebte Werte. Ob dieser Prozess in Gang kommt, entscheidet das Verhalten von Chef und Führungskräften.

Wir haben täglich Kontakt mit unseren Kunden, kommen bei Besuchen und Trainings in viele Firmen hinein, mit vielen Mitarbeitern zusammen. Da merkt man sehr schnell, welcher „Geist", welche Kultur in diesen Unternehmen herrscht: Wie geht man miteinander und mit dem Kunden um? Welche Werte, Einstellungen und Verhaltensweisen prägen das Handeln? Wie wird Führung praktiziert? Schaut man genauer hin, stellt man einen Zusammenhang zwischen Unternehmenskultur und Unternehmenserfolg fest: Firmen, die sich besonders nach vorne entwickeln, agieren in der Regel auf der Grundlage schriftlich fixierter Ziele und Werte. Das bestätigt die

These, dass sich gelebte Unternehmenskultur in jeder Branche zum entscheidenden Wettbewerbsfaktor entwickelt.

Unternehmenskultur: Alles, was zum guten Ruf beiträgt

Was aber ist die so oft zitierte „Unternehmenskultur"? Was macht sie aus? Was muss man beachten? Auf einen kurzen Nenner gebracht, könnte man kurz und knapp formulieren: Die Kultur eines Unternehmens sind die dort gelebten Werte. Oder auch: alles, was zum guten Ruf beiträgt. Der Erfolg eines Unternehmens zeigt sich ja in guten Zahlen und einem guten Ruf. Beides korreliert teilweise miteinander – ein gutes Image führt meist auch zu guten Zahlen. (Umgekehrt ist diese Folgewirkung allerdings nicht immer gegeben.)

Die Weichen für eine positive Unternehmenskultur muss die Führung stellen. Ausgangspunkt sind vier Fragen:

1. Wer sind wir? (Identität)
2. Was bieten wir wem? (Nutzen)
3. Wo wollen wir hin? (Ziele)
4. Wie handeln wir? (Philosophie)

Aus den Antworten auf diese Fragen, insbesondere auf die vierte, entsteht eine eigene Persönlichkeit des Unternehmens. Und ein ganz individueller Werte-Kanon, der als Handlungsmaxime gleichermaßen den Umgang miteinander wie auch den Umgang mit dem Kunden prägt. Grundlage hierfür ist zunächst mal der Blick auf Identität, Nutzen und Ziele des Unternehmens.

1. Wer sind wir? (Identität): Mitarbeiter, Kunden oder andere Geschäftspartner wollen wissen, „wer" Ihr Unternehmen eigentlich ist, was es verkörpert, für was es steht. Nötig sind also eine eindeutige Definition von Zielgruppe, Kernkompetenz und Positionierung im Markt. Vermitteln Sie diese Informationen vor allem Ihren Mitarbeiterinnen und Mitarbeitern: Jeder von ihnen sollte im Kundengespräch oder im Freundeskreis die Frage nach der Identität oder Persönlichkeit seiner Firma beantworten können.

Ziele einer guten Unternehmenskultur

☐ Das schriftlich formulierte Selbstbild (Corporate Identity) wird aktiv im Unternehmen gelebt (Corporate Culture) und von der Außenwelt so wahrgenommen beziehungsweise interpretiert (Corporate Image).

☐ Begeisterte Mitarbeiter begeistern die Kunden, die somit zu Freunden des Hauses und begeisterten Empfehlern werden.

☐ Das Unternehmen ist dauerhaft (!) erfolgreich.

Kennzeichen einer guten Unternehmenskultur

☐ begeisterte Kunden (viele Stammkunden, „Mund-zu-Mund-Propaganda", hohe Empfehlungsquote)

☐ begeisterte Mitarbeiter („Botschafter" ihres Unternehmens im persönlichen Umfeld, niedriger Krankenstand, geringe Fluktuation)

☐ viele Blindbewerbungen (guter Ruf am Arbeitsmarkt)

☐ hoher Innovationsgrad (nicht nur beim Produkt, sondern auch bei Nutzen, Service, Beratung, Kundenkontakt, …)

☐ eine „gute Presse" (hohe Präsenz in Regional- und Fachmedien)

☐ Unternehmen ist Meinungsführer (Firma wie Unternehmensleitung setzen Trends, bilden Meinungen in Branche und Öffentlichkeit)

☐ gute wirtschaftliche Zahlen (Ergebnis gelebter Unternehmenskultur)

☐ hohe Krisensicherheit (Unternehmenskultur gibt Stabilität)

☐ Chef mit Spaß und Freude (Vorbildfunktion nach innen wie nach außen)

2. Was bieten wir wem? (Nutzen): Nur ein Unternehmen, das seinen Kunden beziehungsweise der anvisierten Zielgruppe einen nachweislichen Nutzen beschert, wird letztlich langfristig erfolgreich sein, sprich seine Ziele erreichen. Ihre Mitarbeiter müssen deshalb sehr genau wissen, worin der eigentliche Nutzen Ihres Angebotes besteht – und vor allem: worin der besondere, der außergewöhnliche, der einzigartige Nutzen Ihrer Firma liegt, den der Kunde bei Ihren Mitbewerbern in dieser Form nicht bekommt. Dieses Wissen stärkt Ihrem Mitarbeiter den Rücken und hilft ihm, den Kunden überzeugt und überzeugend beraten zu können. In diesen Zusammenhang gehört darüber hinaus die Frage, welchen (außergewöhnlichen) Nutzen das Unternehmen beispielsweise für den Arbeitsmarkt oder die Entwicklung der Region bietet.

3. Wo wollen wir hin? (Ziele): Auch die Frage nach der langfristigen Zielsetzung sollten Sie ganz offen beantworten: Wie soll Ihr Unternehmen in zehn oder 20 Jahren dastehen? Wie groß, wie bedeutend, wie bekannt, wie erfolgreich soll es sein? Ihre Mitarbeiter wollen wissen, wofür es sich lohnt, sich jeden Tag aufs Neue anzustrengen. Diese Fernziele können, wenn sie auch für Ihre Mitarbeiter lockend und attraktiv sind, eine dauerhaft motivierende Kraft im Team entfalten. Und nach außen (Banken, Lieferanten, Öffentlichkeit, …) macht es einen sehr kompetenten, überzeugenden Eindruck, wenn Sie durch langfristige Ziele dokumentieren, dass Sie sehr genau wissen, was Sie erreichen wollen.

4. Wie handeln wir? (Philosophie): Wenn Sie sich Klarheit über Identität, Nutzen und Ziele Ihres Unternehmens verschafft haben, müssen Sie noch festlegen, wie Sie diese Identität nach draußen darstellen, wie Sie den Nutzen rüberbringen und wie Sie schließlich Ihre Ziele erreichen. Bei dieser Frage nach dem „Wie" geht es darum, was die Persönlichkeit Ihres Hauses ausmacht. Da kommen beispielsweise Begriffe wie Anständigkeit, Glaubwürdigkeit, Ehrlichkeit, Offenheit, Treue, Vertrauen, Berechenbarkeit, Liebenswürdigkeit, Harmonie, … ins Spiel, all jene Eigenschaften und Werte also, mit denen Sie Ihr Unternehmen auch emotional in der Öffentlichkeit positionieren wollen.

Werte müssen von der Führung vorgelebt werden

Wenn Sie die Antworten auf die vier Fragen für Ihre Firma erarbeiten, idealerweise gemeinsam mit Ihren Führungskräften, vielleicht sogar unter Mitarbeit Ihrer Beschäftigten, schaffen Sie damit ein kraftvolles Instrument. Für jeden Einzelnen in Ihrem Team wirkt es als Orientierungshilfe, Messlatte und Motivationsquelle für sein tägliches Handeln.

Um auch wirklich das ganze Haus durchdringen zu können, müssen die für das Unternehmen festgelegten Werte schriftlich fixiert und intensiv kommuniziert werden. Und: Sie müssen von der Führung vorbildlich vorgelebt werden. Das ist zwar das Allerwichtigste, aber beileibe nicht überall selbstverständlich. Viele Firmenleitungen entwickeln Leitbilder, Visionen, Werte-Kataloge, die sich sehr schön lesen und auf Hochglanz auch ganz toll ausschauen. Leider viel zu häufig finden sie aber nicht den Weg zum Mitarbeiter und in den Unternehmensalltag (und damit auch zum Kunden) – weil sie von der Führung nicht vorgelebt und mit Leben erfüllt werden.

Wenn der Chef die Befolgung der festgelegten Regeln bei seinen Mitarbeitern immer wieder anmahnt, sie aber selber nicht einhält, dann wird sich in diesem Unternehmen keine gesunde Kultur entwickeln. Und noch schlimmer: Die Diskrepanz zwischen Anspruch und Wirklichkeit kommt unweigerlich beim Kunden an, der ganz genau spürt, wenn Versprechungen nicht eingehalten werden. Und auch in der Öffentlichkeit spricht es sich schnell herum. Schlecht für den guten Ruf des Unternehmens!

Fundamentale Voraussetzung, dass Unternehmenskultur überhaupt entstehen kann, ist also die Vorbildfunktion der Führungspersönlichkeiten. Freilich, als Chef permanent Vorbild zu sein, ist nicht einfach. Im (Führungs-)Alltag geht schon mal das eine oder andere verloren. Gerade deshalb sollten Sie sich sehr bewusst auf diesen so bedeutenden Aspekt sensibilisieren. Nehmen Sie sich das doch als monatlich wiederkehrende Aufgabe in Ihre Planung auf: Zu einem festen Termin darüber nachdenken, wie es um die Unternehmenskultur und vor allem um Ihre Vorbildfunktion in diesem Punkt bestellt ist. Prüfen Sie dabei auch selbstkritisch Ihre soziale und personale Kompetenz:

Arbeitsanregungen
zur Verbesserung der Unternehmenskultur

Kreuzen Sie jeweils an, wo Sie in Ihrem Unternehmen Optimierungsmöglichkeiten sehen, und gehen Sie diese Punkte systematisch an.

Welche Voraussetzungen muss ich erfüllen, um unsere Unternehmenskultur zu fördern?

☐ Ich achte darauf, dass ich mit mir selbst im Reinen bin.
☐ Ich entwickle eigene Wertvorstellungen und setze sie um.
☐ Ich entwickle und verfolge lang-, mittel- und kurzfristige Ziele.
☐ Ich bin stets Vorbild – auch oder gerade in schwierigen Situationen.
☐ Ich achte darauf, dass ich stabil und ausgeglichen bin.
☐ Ich sorge für ein intaktes persönliches Umfeld.

Welche Voraussetzungen muss ich fürs Unternehmen schaffen?

☐ Ich formuliere unsere unternehmerische Vision.
☐ Ich entwickle und kommuniziere langfristige Unternehmensziele.
☐ Ich treffe Zielvereinbarungen mit Führungskräften und Mitarbeitern.
☐ Ich gebe die kurzfristigen Unternehmensziele bekannt.
☐ Ich binde die Firmenmitglieder in die Zielgestaltung ein.
☐ Ich lebe unsere Firmen-Werte vor.

☐ Wofür stehen Sie? Welche Werte und Einstellungen sind Ihnen wichtig?
☐ Wie leben Sie diese Werte – vor allem in Ihrem Führungsalltag?
☐ Wie teamfähig sind Sie? Wie gehen Sie mit anderen Menschen um, wie kommunizieren Sie mit ihnen?

Wer sehr dominant führt und nur die eigenen Wünsche und Vorstellungen durchzusetzen versucht, erzeugt eine gänzlich andere Unternehmenskultur als derjenige, der die Menschen um sich herum partnerschaftlich einbezieht. Ebenso entschei-

☐ Ich pflege eine exzellente Kommunikation.
☐ Ich betreibe eine gute Öffentlichkeitsarbeit.
☐ Ich setze auf intensives Nutzenbieten in der Region.

Analyse unserer Unternehmenskultur

☐ Habe ich die langfristigen Ziele und die Philosophie meines Unternehmens klar definiert und sie als Orientierungs- sowie Handlungsgrundlage für alle schriftlich fixiert?
☐ Wie steht es um den guten Ruf meines Unternehmens?
☐ Wie wird in Kunden- und Branchenkreisen über mein Unternehmen gesprochen? Wie hoch ist unsere Empfehlungsquote?
☐ Wie sprechen meine Mitarbeiterinnen und Mitarbeiter über „ihre" Firma?
☐ Für welche Werte stehe ich persönlich?
☐ Wie lebe ich diese Werte vor?

Konkrete Maßnahmen zur Verbesserung unserer Unternehmenskultur

☐ Was kann ich tun, um unsere Unternehmenskultur weiter zu verbessern?
☐ Was werde ich konkret tun?
☐ Wann gehe ich es an?

dend sind beispielsweise die Berechenbarkeit des Führenden, die Kontinuität seines Handelns, sein Menschenbild, seine Kontaktfähigkeit und viele andere Werte und Eigenschaften. Und auch das soziale Engagement außerhalb der Firmenmauern kommt hier zum Tragen.

Der Chef prägt den guten Ruf der Firma

Berücksichtigen Sie bei all dem auch die Wirkungskette: Was Sie im Unternehmen vermitteln und durch Ihr Verhalten bewirken, prägt Mitarbeiter und damit die Unternehmenskultur.

Es geht aber in einem zweiten Schritt auch über die Firmengrenzen hinaus, erreicht Kunden, Geschäftspartner, Öffentlichkeit und die Stammtische in Ihrer Region.

Sie als Chef bestimmen also letztlich auch den guten (oder weniger guten) Ruf Ihrer Firma und Marke. Nehmen Sie das als Maßstab für Ihr Handeln und Verhalten. Denn die Außenwirkung entscheidet in Zukunft verstärkt auch darüber, ob ein Unternehmen gute Mitarbeiter bekommt und neue Kunden gewinnt. Achten Sie deshalb stets darauf, dass Sie sich jederzeit an Ihren Ansprüchen und Zielen messen lassen können.

Selbst- und Zeitmanagement: Sorgen Sie für Stabilität und Ausgewogenheit in Ihrem Leben

> *„Es gibt Wichtigeres im Leben als ständig dessen Geschwindigkeit zu erhöhen. "*
>
> (Mahatma Gandhi, indischer Staatsmann)

Als Chef sollten Sie es verstehen, gut mit Ihrer Zeit umzugehen sowie mit Ihren Kräften zu haushalten. Ein funktionierendes Selbst- und Zeitmanagement gehört wesentlich zu Ihrer Vorbildrolle, mit der Sie das Klima in Ihrem Team prägen.

Kennen Sie Ihre Wirkung auf Ihr Umfeld? Wissen Sie, wie Ihre Mitarbeiter Sie erleben und wie das bei ihnen ankommt? Sind (oder wirken) Sie permanent unter Strom, gehetzt, gereizt? Oder doch eher souverän, gelassen, Herr Ihrer Zeit und Aufgaben? Überzeugen Sie durch persönliche Stabilität? Also durch ein befruchtendes Miteinander von beruflichem und privatem Engagement, ein harmonisches Gleichgewicht zwischen An- und Entspannung? Geht von Ihnen eine ansteckende Vitalität aus?

Freilich: Stress und Hektik lassen sich auch bei sorgfältiger Planung nie ganz vermeiden. Doch entscheidend für Ihre Wirkung und Ausstrahlung auf Ihre Mitarbeiter ist es, wie Sie damit umgehen, wenn es mal wieder eng und unübersichtlich wird.

Gerade Leistungsträger und Führungsverantwortliche neigen ja dazu, ihre Arbeit über alles andere zu stellen. Mit höchster

Intensität und Disziplin widmen sie sich ihrer Aufgabe – und vernachlässigen das Leben außerhalb des Jobs. Wer aber ständig unter Spannung steht, verliert irgendwann seine Spannung, seine Leistungsfähigkeit. Höchste Drehzahlen sind nur über einen begrenzten Zeitraum möglich, nicht als Dauerzustand. Das menschliche Leben braucht ein Gleichgewicht von An- und Entspannung, von schnell und langsam, von Power und Ruhe, von Arbeits- und Freizeit, von Leistung und Faulsein.

Gehören Sie zu den Menschen, die in ihrer Zeitplanung ausschließlich die beruflichen Termine stehen haben? Besprechungen, Projekte, Aktionen, Führungsaufgaben ... – also die alltäglichen unternehmerischen oder beruflichen Pflichten? Die gewichtigen Brocken, die Sie viel Kraft und Energie kosten, die Sie geistig und körperlich stark fordern, die Ihren Leistungspegel nach unten drücken? Dann sollten Sie im Lichte Ihrer Vormacher-Rolle einmal prüfen, ob Sie nicht doch die Schwerpunkte etwas anders setzen wollen. Denn: Ein ausgefüllter Terminkalender ist noch lange kein ausgefülltes Leben!

Sorgen Sie dafür, dass es Ihnen gut geht

Ihr Auto bringen Sie regelmäßig zum Kundendienst und lassen es durchchecken. Es soll ja schließlich jederzeit beste Leistung bringen! Und sobald ein rotes Lämpchen aufleuchtet oder Sie ein ungewohntes Motorengeräusch erahnen, fahren Sie sofort zur Werkstatt und lassen es in Ordnung bringen.

Doch wie steht es mit Ihnen selbst? Mit der Leistungsfähigkeit Ihres persönlichen „Motors"? Kümmern Sie sich regelmäßig darum, dass es Ihnen gut geht, dass Sie fit und leistungsfähig sind beziehungsweise bleiben? Was tun Sie, wenn das erste rote Warnlämpchen blinkt?

Ihr persönliches Wohlbefinden (und damit auch die Wirkung auf Ihr Umfeld) wird aus zwei Quellen gespeist: aus Ihrer körperlichen Gesundheit und Leistungsfähigkeit sowie aus Ihrer mentalen Stabilität. Achten Sie darauf, dass beide Quellen reichlich sprudeln!

Gehen Sie also pfleglich und förderlich mit Ihrem Körper um. Ausreichend Schlaf, eine ausgewogene Ernährung und ausreichend Bewegung sollten deshalb selbstverständlich sein. Ihr mentales Wohlbefinden können Sie wirkungsvoll unterstützen durch soziale Kontakte, die Ihnen mit Freundschaft, Liebe, Zuneigung, Vertrauen, Anerkennung oder Freude vielfältige emotional stärkende Erfolgserlebnisse bringen.

Doch auch durch eine aktive Gestaltung Ihres Arbeitstages können Sie viel für Ihr körperliches wie geistiges „well being" tun. Die wichtigste Empfehlung: Lassen Sie sich Ihr Leben nicht ausschließlich von Anspannung, also von Aufgaben und Pflichtbewusstsein, diktieren. Schaffen Sie durch bewusste

Analyse:
Denken Sie monatlich über Ihre persönliche Stabilität nach

Hier ein paar Aspekte, die Ihre persönliche Stabilität beeinflussen können. Überdenken Sie diese persönliche Kurzanalyse jeden Monat einmal. Gehen Sie dort in die Tiefe, wo Sie aktuell den größten Bedarf verspüren.

- ☐ Wie steht es um mein Wohlbefinden? Geht es mir wirklich gut?
- ☐ Was belastet mich derzeit beruflich oder privat?
- ☐ Was tue ich für meine Gesundheit? Wie halte ich mich fit?
- ☐ Wie sieht es mit der finanziellen Situation aus? Alles im grünen Bereich?
- ☐ Und im mitmenschlichen Bereich (Lebenspartner, Familie, Freunde, Mitarbeiter, Chef, ...)?
- ☐ Kann ich mich ausreichend selbst entfalten? Passt das, was ich tue?
- ☐ Habe ich genügend Anerkennung (privat und beruflich)?
- ☐ Habe ich begeisternde Ziele, die mich stärken und beflügeln?

Auszeiten ein harmonisches Gleichgewicht. Hierzu noch einige Tipps aus der Praxis:

Planen Sie persönliche „Muße-Termine" ein

Gerade wenn Ihr beruflicher Alltag sehr straff organisiert und bis ins Kleinste durchgeplant ist, sollten Sie sich sehr gezielt ein Gegengewicht schaffen. Regelmäßige Auszeiten zum Entspannen, Abschalten und Auftanken. Überlassen Sie solche Momente der Erholung aber nicht dem Zufall: Nehmen Sie die „Muße"-Termine unbedingt neben Ihren „Muss"-Terminen auch mit in Ihre Tagesplanung auf. Blockieren Sie sich beispielsweise die Zeit für sportliche Aktivitäten oder soziale Kontakte – und behandeln Sie diese als Priorität 1!

Verplanen Sie aber nicht jede Minute Ihrer freien Zeit, sondern lassen Sie in Ihrer Tagesplanung ausreichend Luft für ungeplante, spontane Aktivitäten. Und überwinden Sie Ihre Scheu vor dem Nichtstun: Trauen Sie sich auch einmal, sich ungesteuert treiben zu lassen. Genießen Sie es, bewusst faul zu sein, um Ihren Akku wieder aufzuladen.

Gönnen Sie sich wirkliche Entspannung

Wenn Sie beruflich sehr viel leisten müssen, sollten Sie sich zudem nicht auch noch in Ihrer Freizeit unter Leistungsdruck setzen. Also nicht unbedingt jeden Abend nach der Arbeit zwei Stunden extremes Fitnesstraining – weil Sport doch so gesund ist! Und auch nicht eine Fortbildung nach der anderen – weil Sie doch Karriere machen wollen.

Gönnen Sie sich vielmehr wirkliche Entspannungspausen, in denen Sie sich entweder ganz dem süßen Nichtstun hingeben oder spontan entscheiden, worauf Sie gerade Lust und Laune haben. Lernen Sie, den Augenblick zu genießen – wie auch immer Ihnen das angenehm ist: ein gutes Buch oder auch mal eine unterhaltsame Zeitschrift, ein anregendes Gespräch oder ein lustiger Spiele-Abend mit guten Freunden, ein frisch gepresster Saft oder ein Glas Ihres Lieblingsweines, Füße hochlegen oder spazieren gehen, einfach mal Blick und Gedanken schweifen lassen, ... Tun Sie etwas, bei dem Sie sich einfach nur wohl fühlen und so richtig entspannen können.

Nehmen Sie sich die Zeit zum Luftholen

Übrigens sollten Sie Entspannungspausen nicht nur für Abend oder Freizeit vorsehen. Nehmen Sie sich auch bei der Arbeit immer wieder mal Zeit zum Luftholen, zum Durchschnaufen, zum Sammeln, Abschalten und Konzentrieren. Halten Sie beispielsweise während der Arbeit oder Autofahrt inne, um sich kurz zu entspannen:

☐ Schauen Sie einige Minuten aus dem Fenster. Atmen Sie ruhig und tief. Konzentrieren Sie sich auf Ihren Atem. Oder denken Sie an etwas Schönes (Erinnerung, Vorfreude, ...), das Ihnen ein Lächeln auf die Lippen zaubert.

☐ Halten Sie an einem Parkplatz an, um in die Natur zu schauen, sich körperlich zu entspannen, einige Minuten zu laufen oder einen Kaffee zu trinken.

☐ Sprechen Sie mit Menschen, mit denen Sie gut können, die Sie motivieren und beflügeln, aber auch mit Menschen, denen Sie in einer schwierigen Lage helfen können.

☐ Schauen Sie in Ihre persönliche Wünsche-Liste. Prüfen Sie, was Sie demnächst realisieren wollen, oder ergänzen Sie, was an neuen Wünschen hinzugekommen ist.

☐ Schreiben Sie auf, was Sie in Ihrem nächsten Urlaub unternehmen wollen. Legen Sie eine Ideenliste an, was die neuen Urlaubsziele sein könnten, um sie mit Ihrer Partnerin/Ihrem Partner zu besprechen.

☐ Lesen und ergänzen Sie Ihre „Liste der Erfolge". → Seiten 106 und 230

Mehrere kurze Pausen – und vor allem rechtzeitig

Wichtig: Gönnen Sie sich eine Entspannungsphase, bevor Sie eine Erschöpfung spüren und bevor die Leistung abnimmt.

Machen Sie lieber mehrere kurze Pausen als eine größere, die dann vielleicht zu spät kommt. Jede Stunde mal für ein, zwei Minuten unterbrechen, aufstehen, bewegen, eventuell einige tiefe Züge Frischluft tanken – einfach kurz abschalten und entspannen, dann geht es danach gleich wieder besser und leichter. Durch eine sehr bewusste Wahrnehmung und Gestaltung Ihrer Erholungsphasen können Sie Ihr persönliches Wohlbefinden sowie Ihre Leistungskraft und Leistungsfreude wirksam fördern.

Gerade wenn Sie ein sehr strukturierter und gut durchgeplanter Mensch sind: Nehmen Sie sich auch mal ganz spontan eine Auszeit für etwas, was Ihnen Freude macht. Sei es eine ungeplante Wanderung an einem wunderschönen Herbsttag, weil halt die Sonne gerade gar zu schön lacht, sei es der Gang an einen See oder ins Freibad an einem heißen Sommertag, sei es das Bummeln in der Stadt, ein Eis im Straßencafé, … Tun Sie sich und Ihrer Seele von Zeit zu Zeit einfach mal etwas Gutes!

Trauen Sie sich, auch mal auf „Aus" zu drücken

Fühlen Sie sich manchmal als Sklave der modernen Informationstechnik? Sind Sie dank iPhone & Co. immer und überall erreichbar? Per E-Mail, SMS, Facebook, Twitter, Xing und den anderen elektronischen Möglichkeiten untrennbar mit dem Büro verbunden und stets mit der Arbeit vernetzt, auch wenn Sie ganz woanders sind?

Freilich, die tolle Technik der mobilen Alleskönner hat viele Vorteile. Unabhängig von Zeit und Ort können Sie mit Kunden oder Mitarbeitern Kontakt halten, sind stets über Ihr Geschäft auf dem Laufenden, können kurzfristig Entscheidungen treffen, Informationen abrufen, Aufträge abwickeln, Unstimmigkeiten klären, …

Doch so hilfreich das alles manchmal sein mag, so belastend kann es auch wirken: Durch die ständige Erreichbarkeit verdichtet sich die Arbeit. Ihr Takt schlägt schneller, ihr Druck wird stärker. Die Arbeitsrealität wandelt sich, wird zunehmend hektischer, unruhiger, virtueller. Häufige Unterbrechungen durch multimediale Impulse verschlechtern die Konzentration und damit die Qualität der Arbeit.

Der Prozess verselbstständigt sich. Weil Sie ständig erreichbar sein können, erwartet man von Ihnen, dass Sie auch ständig erreichbar sind – sofern Sie nicht konsequent und rechtzeitig gegensteuern.

Haben Sie den Mut, gegenzusteuern! Drücken Sie rechtzeitig auf den „Aus"-Knopf. Schaffen Sie sich Freiräume, indem Sie nicht auf jede E-Mail sofort antworten, indem Sie Ihr Smartphone zeitweise stumm oder ganz ausschalten, indem Sie sich aus Newslettern oder cc-Verteilern streichen lassen, indem Sie Ihre Handynummer von der Visitenkarte nehmen, indem Sie Ihre social-media-Aktivitäten sehr bewusst dosieren, ...

Fahren Sie den Druck aus Information und Kommunikation also sehr bewusst zurück. Nehmen Sie sich die Freiheit, auch mal nicht erreichbar zu sein, ungestört arbeiten zu können – oder einfach nur in aller Ruhe zu relaxen.

Merke: Abschalten hilft Ihnen, abzuschalten!

Erfolgsbaustein 9

Typgerecht und situationsbezogen: Arbeiten Sie systematisch an Ihrem persönlichen Führungsverhalten

> *„Man muss von jedem fordern, was er leisten kann."*
>
> (Antoine de Saint-Exupéry, Flieger und Schriftsteller)

Wer Führungsverantwortung im Kloster trägt, solle „der Eigenart vieler dienen", empfiehlt der heilige Benedikt. Er solle die Verschiedenheit der Menschen in seinem Team berücksichtigen und jeden nach seiner Persönlichkeit individuell führen: „Nach der Eigenart und Fassungskraft jedes einzelnen soll er sich auf alle einstellen und auf sie eingehen. So wird er an der ihm anvertrauten Herde keinen Schaden erleiden, vielmehr kann er sich am Wachsen einer guten Herde freuen."

Gleiches gilt für den Führungsverantwortlichen im Unternehmen: Auch er will sich doch am „Wachsen einer guten Herde" freuen, will mit einem starken Team beste Ergebnisse erreichen. Von daher heißt es auch für ihn, durch eine individuelle Führung der Eigenart und den Stärken jedes Einzelnen gerecht zu werden.

Führung funktioniert nicht nach „Schema F". Verschiedene Menschentypen erfordern vom Chef ein unterschiedliches, zudem noch der Situation angepasstes Führungshandeln: So wird er den einen Mitarbeiter mehr motivieren müssen, einen anderen vielleicht eher bremsen, einen dritten durch Freiheit und Verantwortung fordern, einen vierten durch ganz präzise

Anweisungen lenken (und dies dann auch beaufsichtigen), einen fünften fürsorglich an der Hand nehmen, wiederum einen anderen mit Überzeugungskraft oder geduldigem Erklären auf die richtige Spur führen, ...

Individuell, typgerecht und situationsbezogen richtig zu führen, ist die ganz hohe Schule der Führungskunst. Täglich eine neue Herausforderung, doch kaum jemals hundertprozentig zu schaffen. Wichtig ist, dass Sie sich immer wieder darauf sensibilisieren.

Empfehlung: Legen Sie sich ein individuelles Führungskonzept für Ihr Team fest. Überlegen Sie, wen Sie wie führen und wem Sie welche Mitwirkungs- und Gestaltungsmöglichkeiten einräumen möchten.

Entwickeln Sie Ihren individuellen Führungsstil

Unternehmenserfolg ist das Resultat guter Teamarbeit. Und für gute Teamarbeit braucht es gute Teamführung. Jeder Führungsverantwortliche sollte deshalb seinen Führungsstil immer wieder mal reflektieren und gezielt an seinem Führungsverhalten arbeiten. Hier noch einige Tipps, wie Sie zu Ihrer persönlichen Führungsstrategie finden (eine noch strukturiertere Analyse ermöglicht Ihnen die Checkliste „Durchleuchten Sie Ihr persönliches Führungsverhalten"): → Seiten 104/105

☐ **Analysieren Sie Ihre Persönlichkeit:** Kennen Sie Ihre Stärken und Begabungen – aber auch Ihre Schwächen und „wunden Punkte"? Können Sie sich selbst motivieren? Schreiben Sie auf, was Sie besonders gut und gern machen, in welchen Situationen Sie sich besonders sicher und gut fühlen. Beschreiben Sie ebenso, was Sie nur ungern und auch nicht so erfolgreich tun, wann Sie sich unwohl fühlen.

☐ **Analysieren Sie Ihre Führungssituation:** Sind Sie mit Ihrer Führungsrolle im Bereich Ihrer Begabungsstärken aktiv? Können Sie diese wirksam zur Geltung bringen? Wie äußert sich das? Können Sie sich auf die Aufgaben konzentrieren, die Ihren Begabungen entsprechen? In welchen

Analyse:
Durchleuchten Sie Ihr persönliches Führungsverhalten

Eine gelungene Mitarbeiterführung ist die anspruchsvollste Herausforderung für jeden Vorgesetzten. Es gilt deshalb, das eigene Führungsverhalten immer mal wieder zu spiegeln, kritisch zu hinterfragen – und am eigenen Führungsstil zu arbeiten. Beispielsweise mit folgender Fragenliste:

1. Welche Faktoren charakterisieren **mein heutiges Führungsverhalten** (etwa Begeisterungsfähigkeit, Vorbildfunktion, Kommunikation, Konfliktfähigkeit, …)? Welche Konsequenzen ziehe ich daraus?

2. Welche Schwächen und **Verbesserungsmöglichkeiten** sehen meine unmittelbar geführten Mitarbeiter in meinem Führungsverhalten?

3. Wo sehen meine unmittelbar geführten Mitarbeiter meine **persönlichen Stärken** in meinem Führungsverhalten?

4. Wie arbeite ich mit meinen Mitarbeitern zusammen? Welche **Schwächen** gibt es dabei (etwa mangelnde Information, nicht nachvollziehbare Entscheidungen, Führen nach „Nasenfaktor", …)?

5. Welche **Stärken** gibt es **in der Zusammenarbeit** (etwa offener Informationsfluss, gutes Delegieren, gemeinsame Entscheidungen, Einbezug der Mitarbeiter, …)?

6. Wie beurteile ich mein eigenes **Führungswissen**?

7. Wie charakterisiere ich in wenigen Sätzen meinen **Führungsstil**?

Führungssituationen fühlen Sie sich unsicher und unwohl, wo haben Sie eventuell Probleme? Was fehlt Ihnen, um noch souveräner führen zu können? Was könnten/sollten Sie anders organisieren? Wie könnten Sie sich so für Ihre Führungsaufgabe (weiter) qualifizieren, dass Sie diese künftig mit noch mehr Freude und noch besseren Ergebnissen erledigen können? Welche Aufgaben können/sollten Sie eventuell an wen delegieren?

8. Wie bewertet mein Umfeld die Effizienz meines **Führungsverhaltens**?

9. In welchen Parametern meines Unternehmens (etwa Zielerreichung, betriebswirtschaftliche Zahlen, Fluktuation, Krankheitsstand, Häufigkeit von Konfliktsituationen, …) spiegelt sich mein **Führungsverhalten** auf welche Weise?

10. Gehe ich gerne mit Menschen um? Wie ist meine grundsätzliche Einstellung zu anderen Menschen? Wie wirkt sich das auf den **Umgang mit meinen Mitarbeitern** aus?

11. Welche **wesentlichen Werte** haben wir in unserem Unternehmen vereinbart (maximal 5) und wie leben wir diese?

12. Kennen die Mitarbeiter diese Werte und würden sie diese weitgehend übereinstimmend aufschreiben können? Bei welchem Mitarbeiter habe ich diesbezüglich Zweifel und somit Gesprächsbedarf?

13. Welche Umstände **beeinträchtigen** oder belasten meine **persönliche Leistungsfähigkeit** und meine **Stimmung**?

14. Welche Umstände **fördern** meine **persönliche Leistungsfähigkeit** und meine **Stimmung**?

15. Welche Verbesserungen in meinem Führungsverhalten sind notwendig?

16. **Was werde ich deshalb wann tun?**

☐ **Analysieren Sie Ihr Führungsverhalten:** Haben Sie klare Ziele, können Sie Ihr Team für diese Ziele begeistern? Sind Ihre Entscheidungen und Handlungen berechenbar oder eher von Ihren Launen abhängig? Sind Sie Ihren Mitarbeitern gegenüber sachlich und gerecht oder lassen Sie sich bei Ihren Reaktionen schon mal von Emotionen leiten? Bleiben Sie auch in schwierigen Situationen Herr der Lage? Können Sie bei Meinungsverschiedenheiten vermitteln? Dürfen Ihre Mitarbeiter Entscheidungen in ihrem Bereich weitgehend selber treffen?

☐ **Entwickeln Sie Ihre persönliche Führungsstrategie:** Die Analyse Ihrer Persönlichkeit und Ihres bisherigen Führungsverhaltens führt Sie zu einer realistischen Selbsteinschätzung als Basis für Veränderungen. Planen Sie Ihre persönliche Führungsstrategie schriftlich und gründlich – und verfolgen Sie diese dann konsequent. Bitte überstürzen Sie dabei nichts: Ein konzeptloses Ausprobieren verschiedener Führungsstile und -methoden verunsichert nur Ihre Mitarbeiter.

☐ **Motivieren Sie Ihr Team durch Ihr persönliches Verhalten:** Denken Sie immer daran, dass Sie als Führungskraft mit Ihrer Stimmung den Unternehmenserfolg beeinflussen. „Alles, was ich tue, muss motivieren. Keine meiner Aktivitäten darf demotivieren", lautet die Anforderung an die Führungskraft. Motivieren Sie Ihr Team tagtäglich durch Ihr Verhalten – auch wenn das manchmal sicher nicht so einfach ist, wenn Sie die dicksten Hämmer auf den Tisch kriegen und trotzdem für gute Stimmung sorgen sollen.

☐ **Schöpfen Sie Kraft und Motivation aus Ihrer „Liste der Erfolge":** Gelungene Aktionen, schriftliche Gratulationen und ähnliche Erfolgserlebnisse sollten Sie sammeln. Legen Sie sich hierfür eine „Liste der Erfolge" an. Notieren Sie, was Ihnen besonders gut gelungen ist, wie Sie es geschafft haben, was Sie damit erreicht und bewirkt haben, welche Reaktionen diese Erfolge hervorgerufen haben. Bei Stimmungsbelastungen hilft Ihnen der Blick in diese „Schatzkiste", um Motivation und Stimmung schnell wieder aufzubauen.

Praxistipp:
Wer vom Teammitglied zum Chef wird,
sollte eine klare Linie verfolgen

In der Mitarbeiterführung ist es absolut notwendig, einen klaren Kurs zu fahren. Dies gilt vor allem, wenn Sie vom Teammitglied zum Chef werden. Plötzlich ergeben sich neue Verhältnisse, die zu Verunsicherung führen. So muss die eigene Rolle als Beförderter im Führungskreis erst „verdient" werden. Zudem ist es eine besondere Herausforderung, wenn man einem bisherigen Kollegen, mit dem man vielleicht seit langem per „Du" ist, sagen soll, wo es „lang" geht. Ein heutiger Geschäftsführer erzählt aus seinem Werdegang vom Mitarbeiter zum Chef:

„Sehr geholfen hat es mir, dass ich mir selbst zunächst schriftlich klar gemacht habe, wie ich mit dieser Situation umgehen sollte. Folgende Punkte habe ich dabei für mich bearbeitet:

☐ Wo sehe ich meine Stärken und Schwächen in der Mitarbeiterführung? Wo und womit habe ich Hemmungen gegenüber meinen bisherigen Kolleginnen und Kollegen?
☐ Welche Ziele liegen meiner neuen Aufgabe zugrunde. Welche Zielstellungen ergeben sich daraus für meine einzelnen Mitarbeiter? (Das Führen mit Zielen hat mir immer wieder geholfen, auf einer sachlichen Ebene zu beginnen und so Emotionen in großem Maße nicht entstehen zu lassen.)
☐ Wie sollen mich meine Mitarbeiter wahrnehmen? (Hier geht es insbesondere um die viel gerühmte Vorbildrolle.)
☐ Wie soll die Kommunikation im Team laufen? (Dies ist ein ganz besonderer Schwerpunkt. Ich merke das auch heute immer wieder, wenn ich dieses absolute Top-Thema vernachlässige.)
☐ Welche Stärken und Schwächen hat jedes meiner Teammitglieder?
☐ Welche Hauptaufgaben hat jedes meiner Teammitglieder? (Dies analysierte und besprach ich gemeinsam mit meinen Mitarbeitern.)

Bei der ersten Abteilungsbesprechung zeigte ich dann auf, wie ich meine neue Rolle als Teamchef künftig ausführen werde. Es gab am Anfang zwar immer wieder spezielle Herausforderungen. Doch das ´Spur halten´ bewährte sich."

Das lesen Sie in Kapitel 2

Menschen sind dann besonders motiviert und leistungsfähig, wenn sie im Bereich ihrer persönlichen Begabungsstärken aktiv sind.

Für den Teamchef ergeben sich daraus zwei Herausforderungen: Er muss Menschen gewinnen, die das Team durch ihre individuellen Stärken bedarfsgerecht ergänzen. Und er muss jeden Einzelnen bestmöglich für die anstehenden Aufgaben qualifizieren und damit motivieren.

2

Das Team

So haben Sie zur richtigen Zeit die richtigen Kräfte an der richtigen Stelle

Das Team entwickelt sich durch das Zusammenwirken der vielfältigen Individuen

1500 Jahre nach der Gründung der ersten Benediktinerklöster gehört die Individualisierung zu den Hauptkennzeichen unserer Gesellschaft. Für den modernen Menschen geht kaum etwas über die Durchsetzung seiner eigenen Lebensvorstellungen und es wird für ihn immer schwieriger, sich in ein Team einzubringen, einzuordnen, womöglich auch unterzuordnen.

Der heilige Benedikt möchte die Menschen auf keinen Fall gleichschalten und weiß, dass jeder Mensch anders ist. So schreibt er im Regelkapitel 2,31, der Abt **„muss wissen, welch schwierige und mühevolle Aufgabe er auf sich nimmt: Menschen zu führen und der Eigenart vieler zu dienen."** Das heißt: Der Abt soll sich auf seine Mitbrüder einstellen und die Besonderheit des Einzelnen fördern oder weiterentwickeln.

An den verschiedensten Stellen im Kloster versehen seine Mönche ihre Dienste. Ob als Pförtner, Bibliothekar, Refektoriumsmeister, Gastmeister, Gärtner, Pädagoge, … – es gibt vielfältige Aufgaben, die nach Eignung und Neigung verteilt werden.

Gemeinschaft ändert sich mit jedem Mitglied

Unsere Zisterzienserklöster haben keinen Lehrstellenplan, nach dem neue Mönche, neue Schwestern eingestellt werden. Die Entwicklung eines Klosters und seiner klösterlichen Betriebe hängt davon ab, was die Einzelnen und die

Gemeinschaft daraus machen und welche Berufungen der Herrgott in ein Kloster schickt. Das erfordert auch Kreativität, Flexibilität, Bereitschaft zu innovativen Handlungen innerhalb der Gemeinschaft. Die lebt zwar eine *„stabilitas loci"*, ändert sich aber dennoch beständig, mit jedem Mitglied, das dazukommt. Die klösterliche Gemeinschaft ist also niemals langweilig oder gleich bleibend. Sie lebt und entwickelt sich durch das Zusammenwirken der vielfältigen Individuen, die diese Gemeinschaft bilden.

Wenn neue Arbeitsfelder zu besetzen waren, hat sich in unserer Abtei immer eine der Mitschwestern oder die Äbtissin stark gemacht und dies dann auch verwirklicht. Jede Einzelne soll die Gemeinschaft, gleichsam unser Unternehmen, mit ihrer Hände Arbeit mit prägen und mit gestalten. Jede soll ihre ganz persönlichen Stärken, Vorlieben und Begabungen dort einbringen können, wo sie sinnvoll wirken können. Mir als Äbtissin obliegt es, dies zu erkennen und zu fördern.

Der heilige Benedikt verfährt nach diesem Prinzip, wenn er dem Abt ans Herz legt, er soll maßvoll unterscheiden, **„damit die Starken finden, wonach sie verlangen, und die Schwachen nicht davonlaufen"** (RB 64,19). Die Stärken eines Menschen drängen nach außen und wollen zur Geltung kommen.

Benedikt geht noch weiter: Er würdigt auch die Schwachen. Die unterschiedlichsten Menschen folgen dem heiligen Benedikt ins Kloster, ob Adelige, Handwerker, Bauern, Sklaven. Die Verschiedenartigkeit dieser Menschen blieb Benedikt nicht verborgen, und es gab zum ersten Mal in der damaligen Welt keine Klassenunterschiede, sondern alle waren gleichgestellt, ob sie nun frei geboren oder Sklaven waren.

Individuell auf jeden Einzelnen eingehen

Es war eine verschiedenartige, zusammengewürfelte Gemeinschaft, und Benedikt erlebte, wie jeder Obere, dass es

111

erzieherische Maßnahmen gab, die bei dem Einen greifen und beim Anderen das Gegenteil bewirken. Eine Situation, die viel Einfühlungsvermögen erfordert: **„Er zeige den entschlossenen Ernst des Meisters und die liebevolle Güte des Vaters."** (RB 2,24) Also nicht alle gleich behandeln, sondern einen jeden so, wie es die Situation und dessen Naturell erfordert: **„Muss er doch dem einen mit gewinnenden, dem anderen mit tadelnden, dem dritten mit überzeugenden Worten begegnen. Nach der Eigenart und Fassungskraft jedes einzelnen soll er sich auf alle einstellen und auf sie eingehen."** (RB 2,31/32)

Immer wieder hört man heute die Forderung nach mehr Autorität. Positiv verstandene Autorität gibt tatsächlich Orientierung. Wenn man entsprechend der Bedeutung des lateinischen Wortes *„augere"* (= „vermehren") handelt, dann bedeutet richtig verstandene Autorität: Der Abt versucht die Begabungen, die in jedem Einzelnen stecken, hervorzulocken und zu vermehren, damit sie der Gemeinschaft dienen und der Einzelne zur Selbstentfaltung, zur Selbstverwirklichung kommt und sich voll einbringen kann in die Gemeinschaft.

Dabei ist es ganz wichtig, dass die Führungspersönlichkeit, der Abt, die Äbtissin, die Werte vorlebt, ihnen ein Gesicht gibt und anderen Menschen Orientierung schenkt durch das eigene Leben.

Die Kunst des Leitens besteht im Alltag oft auch darin, Situationen schnell einzuschätzen, kreativ zu handeln. Es gibt Situationen, in denen ich als Vorgesetzte wohlwollend und sanft reagieren muss. In einer andern Lage sind Kritik und Konfrontation notwendig. Es ist eben die Gabe der Unterscheidung, der *„discretio"*, je nach Augenblick, Situation oder Beteiligten angemessen, also möglichst richtig zu reagieren.

Zwar betont der heilige Benedikt die besondere Verpflichtung des Abtes dem Schwachen gegenüber: **„So berück-**

sichtige der Abt die Schwäche der Bedürftigen." (RB 55,21) Doch fordert die *„discretio"*, sich auf alle Mitbrüder, Mitschwestern, Mitarbeiter zu konzentrieren und jedem gerecht zu werden: **„Der Abt soll also alle in gleicher Weise lieben, ein und dieselbe Ordnung lasse er für alle gelten – wie es jeder verdient."** (RB 2,22) Bei allem Bemühen um problematische Mitglieder der Gemeinschaft sollten also die anderen nicht aus den Augen verloren werden.

Fehlern mit Feingefühl und Klugheit begegnen

Der heilige Benedikt rät dem Führenden zu Feingefühl: **„Muss er aber zurechtweisen, handle er klug und gehe nicht zu weit; sonst könnte das Gefäß zerbrechen, wenn er den Rost allzu heftig auskratzen will. Stets rechne er mit seiner eigenen Gebrechlichkeit. Er denke daran, dass man das geknickte Rohr nicht zerbrechen darf. Damit wollen wir nicht sagen, er dürfe Fehler wuchern lassen, vielmehr schneide er sie klug und liebevoll weg, wie es seiner Ansicht nach jedem weiterhilft."** (RB 64,12-14)

Eine weitere Möglichkeit, um einen Mitbruder auf den rechten Weg zu bringen, sieht der heilige Benedikt im Einsatz von **„älteren weisen Brüdern"** (RB 27,2), die positiven Einfluss nehmen können. Doch **„wenn der Ungläubige gehen will, soll er gehen"** (RB 28,7), räumt auch der heilige Benedikt ein. Denn **„ein räudiges Schaf soll nicht die ganze Herde anstecken"** (RB 28,8). Wenn ein Punkt erreicht ist, an dem jede Bemühung um Veränderung nichts mehr bringt, müssen Probleme mit Mitbrüdern frühzeitig beendet werden: **„Vielmehr schneide er die Sünden schon beim Entstehen mit der Wurzel aus, so gut er kann."** (RB 2,26)

Jedem gerecht werden zu wollen, hat nichts damit zu tun, es allen immer recht machen zu müssen. Das wäre zu viel verlangt und ginge auch in die falsche Richtung. Es hat auch nichts damit zu tun, alle gleich behandeln zu müssen. Der heilige Benedikt denkt nicht daran, alle über einen

Kamm zu scheren, sondern versucht, dem Einzelnen nach seinen jeweiligen Fähigkeiten gerecht zu werden.

Es ist nicht jedem die gleiche Begabung, sondern jedem seine persönliche Begabung gegeben. Es ist wichtig, jedem die Entwicklungsmöglichkeiten offen zu halten, die seiner individuellen Leistungs-, Stärken- und Motivationslage entgegenkommen. Jeder Einzelne sollte seine jeweils eigene, ganz persönliche Berufung in seinem Beruf entfalten und entwickeln können, im Dienst an der Gemeinschaft, im Dienst am Anderen, aber auch im persönlichen Dienst vor Gott.

Individualität macht die Farbigkeit einer Gruppe aus

Der Einzelne soll sich der Gemeinschaft unterordnen, sagt Benedikt. Das bedeutet aber nicht, dass die Individualität, die die Farbigkeit einer Gruppe ausmacht, verloren geht.

Auf den ersten Blick mag es erscheinen, dass Ordensleute gleichförmig sind, weil sie die gleiche Kleidung tragen. Sie haben ähnliche Zellen, essen zur gleichen Zeit, haben oft die gleichen Dinge. Wer jedoch mit einem Konvent, mit einer Gemeinschaft näher in Kontakt kommt, ein paar Tage mit ihr verbracht hat, der merkt, dass dies nur ein oberflächlicher Eindruck ist. Kaum an einem Ort gibt es so viele Individuen wie in einem Kloster. Ordensleben fördert Ideenvielfalt. Im Sinn des heiligen Benedikt soll Individualität eben nicht unterdrückt werden. Gleichzeitig geht es aber auch darum, Egoismus nicht Tür und Tor zu öffnen, niemanden zu unterstützen, der sich auf Kosten anderer Menschen profilieren will.

Es geht darum, Begabungen zu fördern, zu motivieren, außergewöhnliche Leistungen zu nutzen, die Gemeinschaft zu unterstützen, so dass sich jeder im rechten Maß für die Gemeinschaft entfalten kann. Nicht anders also als in einem Wirtschaftsunternehmen.

Erfolgreiche Teambildung: Nutzen Sie die individuellen Stärken der unterschiedlichen Charaktere

> *„Das Ideal eines Managers ist der Mann, der genau weiß, was er nicht kann, und der sich dafür die richtigen Leute sucht. "*
>
> (Philip Rosenthal, deutscher Unternehmer)

Der richtige Mitarbeiter an der richtigen Stelle – das ist außerordentlich wichtig für den Erfolg eines Teams. Sie kennen es aus dem Sport: Den Marathonläufer in der 4x100-Meter-Sprintstaffel einzusetzen, dürfte das Quartett spürbar schwächen. Ähnliches gilt, wenn der Fußballtorwart auf einmal als Linksaußen mitstürmen sollte. Und wenn eine Fußballmannschaft nur mit elf Stürmern aufläuft, wird sie wahrscheinlich auch keinen Erfolg haben. Denn ein Team muss heterogen zusammengesetzt sein, braucht auf jeder Position einen Akteur, der genau die dort benötigten Qualitäten mitbringt. Insgesamt also eine passende Mischung aus unterschiedlichen Menschen mit unterschiedlichen Stärken. Wichtig ist zudem, dass jedem einzelnen Mitspieler die gegenseitige Abhängigkeit bewusst ist: Meine eigenen Stärken kann ich nur im Zusammenspiel mit den anderen Teammitgliedern optimal entfalten.

Das sollte auch Ihr Ziel bei der Zusammenstellung Ihres Unternehmensteams sein: jede Position mit einem Mitarbeiter zu besetzen, der aufgrund seiner Persönlichkeit, seiner Ausbildung, seiner Begabungsstärken, seines Temperamentes, seiner Neigungen und seiner Arbeitsweise hierfür bestmöglich geeignet ist. Die Gesamtheit aller Mitarbeiter sollte sämtliche Fähigkeiten abdecken, die Ihr Unternehmen braucht.

Bei personellen Neu- oder Umbesetzungen ist deshalb die Frage entscheidend, welche Schwächen beziehungsweise Defizite es im Team hinsichtlich Qualifikation und Motivation gibt – und welcher Kandidat gerade diesen Mangel ausgleichen (oder mit einem Zusatznutzen vielleicht sogar überkompensieren) kann. Durch die richtige Auswahl können Sie Wirkungsgrad, Wettbewerbsfähigkeit und Wachstumskraft Ihres Teams bedeutend steigern. Dies ist übrigens auch die große Chance, die im Ausscheiden eines bewährten Mitarbeiters liegt. So schmerzlich der Weggang vielleicht sein mag, vor allem wegen des damit verbundenen Verlustes an Erfahrung und Know-how, bietet er Ihnen dennoch die Möglichkeit, durch die Neubesetzung vielleicht sogar noch mehr Qualifikation, Dynamik, Fachkompetenz oder andere Qualitäten an diese Position zu bekommen.

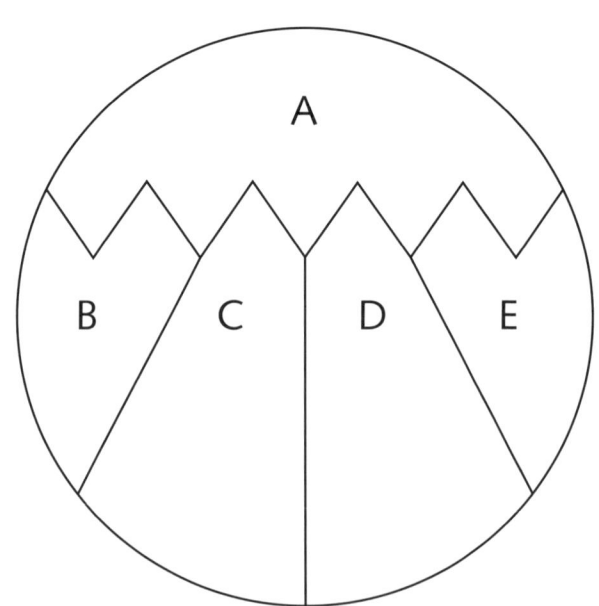

Das Begabungsprofil des Teamleiters (A) bestimmt die Begabungsanforderungen an die Mitglieder des Teams (B bis E).

Ihr Profil bestimmt die Suche nach geeigneten Mitspielern

Wenn Sie sich Gedanken über die optimale Zusammensetzung Ihres Teams machen, sollten Sie sich auf jeden Fall zunächst mal über Ihre eigenen Stärken und Schwächen klar werden. Denn das Begabungsprofil des Chefs bestimmt, welche Begabungen die Teammitglieder brauchen (siehe Grafik auf der linken Seite). Fragen Sie sich also:

- ☐ Welche Kompetenzen (Fähigkeiten und Fertigkeiten) sowie Erfahrungen braucht unser Team?
- ☐ Was kann ich gut? Was kann ich weniger gut?
- ☐ In welchen Bereichen brauche ich Hilfe/Unterstützung?
- ☐ Was müssen diese Menschen können?
- ☐ Wen haben wir hiefür bereits im Team?
- ☐ Welche Menschen brauchen wir zusätzlich?
- ☐ Wie finde ich sie?
- ☐ Wann tue ich was?

Je kleiner der Betrieb ist, desto mehr kommt es darauf an, dass jeder Einzelne möglichst hundertprozentig ins Team passt. Ähnlich beim Zusammenstellen von Projektgruppen: Auch hier muss die Mannschaft fachlich und menschlich harmonieren. Neben der fachlichen Qualifikation sind etwa Einsatzfreude, Kommunikationsfähigkeit, Innovationsbereitschaft, Motivation und „Mannschaftsgeist" entscheidende Kriterien für die Auswahl der Teammitglieder.

Vielfalt im Team: Chaoten, Freidenker, Erbsenzähler

Und natürlich sollten sie sich auch von ihrem Charakter her im Team sinnvoll ergänzen. So braucht ein Unternehmen gleichermaßen kreative Chaoten wie kritische Freidenker und penible „Erbsenzähler". Flexible Persönlichkeiten sind ebenso gefragt wie geradlinig-konsequente, kooperative wie durchsetzungsstarke, dynamische wie überlegte. Wichtig ist nur, die unterschiedlichen Typen an der jeweils passenden Stelle einzusetzen, an der sie ihre Individualität zum Wohle des gemeinsamen Erfolges einbringen können:

☐ Der **Optimist** wird Chancen finden und neue Wege suchen. Der **Pessimist** wird auf Gefahren und Mängel aufmerksam machen. Beides kann für Ihr Unternehmen äußerst wertvoll sein.

☐ In erster Linie brauchen Sie gute **Teamplayer**. Doch eine Mannschaft verträgt auch den einen oder anderen **Solisten** – beispielsweise den Denker oder Tüftler, der besondere Leistungen bringt, wenn er alleine im stillen Kämmerchen vor sich hinarbeiten darf.

☐ Wichtig ist ebenso die Zusammensetzung von **Jugendlichkeit** und **Erfahrung**. Während jüngere Mitarbeiter vielleicht stärker durch Frische, Dynamik und Spontaneität glänzen, können die älteren das Team durch ihre Abgeklärtheit und ihren Erfahrungsreichtum stärken.

☐ **Kreative** Menschen tendieren zum Chaos, arbeiten eher unkoordiniert, sprunghaft, planlos. Sie tun sich oft schwer damit, Termine einzuhalten oder feste Vereinbarungen konsequent zu erfüllen. Ordnung empfinden sie als störendes Korsett. Dafür bringen sie mit ihrem Ideenreichtum viel frischen Wind ins Unternehmen. Sie erforschen neue Wege, eröffnen ungewohnte Perspektiven, stoßen Veränderungen für Produkte und Dienstleistungen an.

☐ **Ordnung liebende** Menschen stehen dagegen eher für Zuverlässigkeit, Stabilität, planvolles Handeln, Termintreue, Disziplin und Konsequenz. Sie setzen auf klare Regeln und Vorgaben, bestechen mit Präzision und Sorgfalt im Detail. Außerdem sind sie gerne die Bewahrer des Bestehenden, hemmen dadurch manchmal innovatives, visionäres Querdenken.

☐ Das Unternehmen braucht beide: Die **kreativen Veränderer**, die ständig auf der Suche nach Neuem und auf dem Sprung in die Zukunft sind. Und als deren Korrektiv die **Bewahrer**: Sie achten auf eine „gesunde" Weiterentwicklung, schauen also darauf, dass sich das Unternehmen vor lauter Veränderung und Innovation nicht selbst entfremdet, sondern seine eigene Identität bewahrt.

Die (schwierige) Aufgabe für Sie als Teamchef ist es nun, in Ihrem Unternehmen solche auf den ersten Blick unvereinbaren Extreme zu einem harmonischen Ganzen zusammenzufügen. Es gilt dabei, die Stärken der unterschiedlichen Charaktere geschickt zu kombinieren, um zu optimalen Lösungen zu gelangen.

Damit dies klappt, müssen Sie Ihre Mitarbeiter gut kennen, müssen wissen, welches Teammitglied welchen Typus verkörpert. Hierzu gibt es vielfältige Analyseinstrumente und Erklärungsmodelle, mit denen sich die Typologie von Menschen sehr viel detaillierter darstellen lässt als wir es gerade mit einem groben Scherenschnitt andeutungsweise versucht haben. Aber vielleicht reichen Ihnen ja die wenigen Hinweise, um jeden Ihrer Mitarbeiter einmal individuell einzuschätzen.

Gute Führung wird der Individualität jedes einzelnen Mitarbeiters gerecht. Je besser Sie Ihre Mitarbeiter mit ihren jeweiligen Stärken und Schwächen sowie ihren Eigenheiten und Wesenszügen kennen, desto erfolgswirksamer können Sie jeden einzelnen einsetzen. Und es hilft Ihnen auch, mögliche Konflikte im Zusammenwirken rechtzeitig zu erkennen und auszuräumen.

Empfehlung: Nehmen Sie sich doch gleich mal einige Minuten Zeit und charakterisieren Sie jeden Ihrer Mitarbeiter mit einigen Stichworten. Prüfen Sie dann, ob die Verteilung in Ihrem Team passt, ob sich also die Unterschiedlichkeit der Charaktere zu einem harmonischen Ganzen zusammenfügt. Falls nicht: Was werden Sie tun?

Unterschiedliche Typen unterschiedlich einsetzen

Das Zusammenspiel unterschiedlicher Typen im Team gelingt in erster Linie, wenn Sie jeden möglichst die Aufgabe bearbeiten lassen, die seinem Naturell entspricht. Oder Sie setzen unterschiedliche Charaktere ganz bewusst ans selbe Thema – mit jeweils unterschiedlicher Aufgabenstellung. Lassen Sie beispielsweise bei der Analyse zur Situation des Unternehmens die sorgfältig ordnenden Menschen solche Fragen bearbeiten, die sich mit dem Bestehenden beschäftigen (situationsorientiert):

1. Welche Mängel hat unser bisheriges Produkt- beziehungsweise Leistungsprogramm?
2. Wie setzt sich unser gegenwärtiger Kundenkreis zusammen, und welche Mängel treten auf?
3. Welche Mängel gibt es bei unseren Umsätzen und Erträgen?

Die Kreativen hingegen können Sie fordern mit der Beantwortung von Fragen, die sich damit beschäftigen, wie das Bestehende verändert werden könnte (innovationsorientiert):

1. Wie könnte/sollte unser ideales Produkt- beziehungsweise Leistungsprogramm aussehen? Welche Verbesserungen wären wichtig für unser bisheriges Programm?
2. Für welche (neue) Zielgruppe wäre das interessant, wen könnten wir damit ansprechen?
3. Wie könnten wir diese erreichen und erfolgreich ansprechen?
4. Welche Umsätze und Erträge streben wir an?

Die analytisch-logisch denkenden Menschen können Sie schließlich wieder daran setzen, aus dem Rohmaterial der Kreativen realisierbare Pläne zu erstellen bis hin zur Zeitplanung für die Umsetzung. Durch diese aufeinander abgestimmte Kombination unterschiedlicher Herangehensweisen können Sie die jeweiligen Stärken Ihrer Mitarbeiter bestmöglich für die Weiterentwicklung Ihres Unternehmens nutzen.

Zusammenstellung des Teams systematisch planen

Ein starkes Team braucht also an den unterschiedlichen Positionen die hierfür jeweils geeigneten Typen. Wie aber ermittelt man die richtige Frau, den richtigen Mann?

Diese Frage wird gerade im Lichte der demografischen Entwicklung immer bedeutender. Der wachsende Mangel an Fachkräften, in kommenden Jahren vielleicht der Mangel an

Praxistipp:
Hauptaufgabenlisten helfen bei der Teambildung

Wollen Sie ein Team zusammenstellen beziehungsweise ergänzen, brauchen Sie zunächst mal Klarheit über die Vielfalt der Aufgaben, die das gesamte Team bewältigen soll. Mit Hauptaufgabenlisten verschaffen Sie sich die nötige Transparenz. Diese Übersicht hilft Ihnen zudem, das Team bedarfsgerecht zu strukturieren und das Engagement der Mitarbeiter in geordnete Bahnen zu lenken.

☐ Bestimmen Sie den Ist-Zustand: Welche Aufgaben nimmt das Team aktuell wahr? Wer ist für was zuständig (= Liste der Hauptaufgaben für jedes Teammitglied)? Tipp: Formulieren Sie die Hauptaufgabenlisten möglichst gemeinsam mit dem jeweiligen Mitarbeiter.

☐ Beschreiben Sie konkret, welche Aufgaben das Team zusätzlich beziehungsweise neu übernehmen soll.

☐ Ordnen Sie diese jeweils den Mitarbeiterinnen und Mitarbeitern zu, die für diese Aufgaben besonders geeignet sind (so sehen Sie auch, ob und an welcher Stelle Sie Ihr Team qualifizieren oder verstärken müssen).

☐ Zu jeder Hauptaufgabe gehört ein Kompetenz-Spielraum, der festlegt, welche Entscheidung jeder alleine treffen kann beziehungsweise welche Abstimmung mit welchen anderen Personen notwendig ist.

☐ Eine Vertretungsregelung sichert schließlich urlaubs- oder krankheitsbedingte Ausfälle ab.

☐ Die Hauptaufgaben aller Mitarbeiterinnen und Mitarbeiter sind ein Spiegelbild sämtlicher Aktivitäten Ihres Teams und somit ein „lebendiges" Organigramm, das die Aufgabenvielfalt transparent macht.

☐ Und wann immer Sie eine Stelle in Ihrem Team neu besetzen müssen, wissen Sie genau, welche Qualitäten und Qualifikationen der Kandidat mitbringen sollte.

(Weitere Anregungen für die Arbeit mit den Hauptaufgabenlisten lesen Sie im Erfolgsbaustein 16 → Seite 181.)

Arbeitskräften generell (auch an Auszubildenden), macht es für Unternehmen zunehmend schwieriger, geeignete Mitarbeiter für freie Stellen zu bekommen. Systematisch zu planen, ist deshalb auch hier der richtige Weg:

☐ Eine wichtige Analyse in eigener Sache sollten Sie an den Anfang stellen: Loten Sie zunächst einmal Ihre eigenen Stärken und Schwächen aus. Beschreiben Sie vor allem, welche Qualitäten Ihnen fehlen. Gestehen Sie sich aber auch offen ein, welche Aufgaben Sie (aus welchen Gründen) nicht selber erledigen wollen. Basierend auf dieser Analyse sowie Ihren Unternehmenszielen können Sie sich dann genau die Mitarbeiterinnen und Mitarbeiter in Ihr Team holen, die zu Ihnen und zueinander passen und die das Unternehmen wirklich zum Ziel voranbringen (siehe Anregungen zur Teambildung auf Grundlage der eigenen Stärken und Schwächen).

→ Seite 124

☐ Holen Sie sich Spezialisten, die besonders stark auf jenen Gebieten sind, auf denen nicht gerade Ihre persönlichen Stärken liegen. Wo Sie der absolute Fachmann sind, ist ein zweiter Experte vielleicht überflüssig oder sogar störend. Die Zusammenarbeit unterschiedlichster Spezialisten im Team verhindert zudem die „Tunnelperspektive", verspricht ungewöhnliche, überraschende, besonders kreative Lösungsansätze.

☐ Bei Ihrer Auswahl sollten Sie auch an das Gleichgewicht zwischen Chaos und Ordnung, an die Ausgewogenheit von Kreativität und Korrektheit denken. Besetzen Sie das Team ausschließlich mit visionären Träumern und kreativen Köpfen, werden Sie es schwer haben, die vielen tollen Ideen planerisch so zu bündeln, dass sie zu erfolgreichen Aktionen führen. Umgekehrt werden Sie auch allein mit den „Ordnungsliebenden", die ihre Arbeit zwar mit Präzision und Sorgfalt, aber nach starren Regeln exerzieren, nicht zum Erfolg kommen.

☐ Die Mischung macht's. Sie brauchen die mutig-visionären Kreativen und die analytisch-logischen Korrekten. Die

Kopfarbeiter, die Handwerker und die Künstler. So bekommen Sie einerseits neue Ideen, frischen Wind und unkonventionelle Lösungen in Ihr Team. So schaffen Sie aber auch die Voraussetzung, dass der Einfallsreichtum Ihrer kreativen Geister in fruchtbare Pläne mündet und schließlich tatkräftig realisiert wird. Erst die richtige Mischung bringt das „große Ganze" voran.

☐ Ein gewisses Maß an innerer Spannung kann die kreative Energie im Team herauskitzeln, Horizonte erweitern, Ideen generieren, eine konstruktive Streitkultur entzünden. Achten Sie deshalb darauf, dass Sie Ihr Team nicht aus dem Wunsch nach möglichst viel Harmonie und Konsens heraus zu einheitlich, zu gleichförmig besetzen, sondern Andersartigkeit bewusst zulassen. Sich in erster Linie mit „Ja"-Sagern zu umgeben, wird Ihr Team, Ihr Unternehmen nicht voranbringen.

☐ Auch eine bewusste Unterstützung durch externe Berater und Fachleute – eventuell zeitlich begrenzt auf die Erfüllung einer konkreten Aufgabe – kann ein Team stärken beziehungsweise ergänzen: Konstruktive Kritik, Anregungen und unvoreingenommenes Expertenwissen eines Außenstehenden sind das beste Mittel gegen Betriebsblindheit der internen Spezialisten. Allerdings sollten Sie Kosten und Nutzen einer externen Unterstützung in einer weiteren Analyse genau abwägen.

Die Kompetenzen sollten klar festgelegt sein

Wichtig für die Teambildung und die erfolgreiche Zusammenarbeit ist Klarheit über die Führungskompetenzen. Jedes Team braucht einen Verantwortlichen, der das Sagen hat. Mannschaftskapitän, Teamchef, Spielführer oder wie auch immer man ihn bezeichnen mag. Sicher kann ein Team viele Lösungsmöglichkeiten finden, natürlich sehen viele Augen und viele Köpfe mehr. Und im eigenen Aufgabenbereich sollte jedes Teammitglied auch weitgehend eigenverantwortlich wirken dürfen. Die Gesamtverantwortung und die letztliche Entscheidungskompetenz bleiben jedoch bei der Per-

Analyse und Planung: Teambildung auf Grundlage der eigenen Stärken und Schwächen

Wer ein schlagkräftiges Team aufstellen möchte, sollte seine eigenen Stärken und Schwächen kennen. Nur so kann er entscheiden, welche Menschen mit welchen Kenntnissen und Fähigkeiten er noch braucht. „Ich habe mir immer Leute gesucht, die gerade das besonders gut konnten, was mir abging", erklärt beispielsweise der Extrembergsteiger Reinhold Messner seinen Weg bei der Zusammenstellung eines starken Teams: „Dadurch wird der Partner unersetzlich und ist motiviert. Er wird bis zum Letzten dabei sein wollen. Genauso funktioniert das bei Unternehmen."

Aus der Kenntnis der eigenen Stärken und Schwächen lässt sich also erkennen, welche Unterstützung nötig ist. Jede Führungspersönlichkeit sollte diese Analyse deshalb sehr sorgfältig für sich selbst und die eigene Situation durchführen. Hierzu folgende Arbeitsempfehlungen:

☐ Nehmen Sie drei DIN-A4-Blätter zur Hand. Beschriften Sie diese jeweils im Kopffeld:
Blatt 1: *Was kann ich aus meinen guten Erfahrungen heraus besonders gut?*
Blatt 2: *Was kann ich aus schlechten Erfahrungen heraus offensichtlich nicht gut?*
Blatt 3: *Was kann ich aufgrund meiner Lebenserfahrung nur durchschnittlich gut?*

☐ Listen Sie auf diesen Blättern alles auf, was Ihnen zur jeweiligen Frage einfällt. Damit erkennen Sie, wo Sie die Hilfe anderer Menschen benötigen, um Ihre Erfolgsziele zu verwirklichen. Und Sie sehen, was Sie am besten selbst machen, wenn die Zeit Ihnen dafür ausreicht.

☐ Kennzeichnen Sie dann in Ihren Unternehmens-Zielplänen (Jahres-, Perioden-, möglicherweise sogar Lebenszielplan), welche Ihrer Ziele wohl nur mit fremder Hilfe zu Erfolgen werden und welche Sie mit eigener Leistung erreichen können.

☐ Notieren Sie zu jedem Ihrer Ziele, welche Menschen Ihnen mit ihrem Können deutlich voranhelfen können. Wen haben Sie, wen brauchen Sie zusätzlich?

☐ Wenn Sie im eigenen Unternehmen oder in Ihrem Umfeld keine geeigneten Persönlichkeiten dafür finden, so schreiben Sie statt des Namens die erforderliche Begabung, das erforderliche Können, die erforderliche Qualifikation auf. Damit wissen Sie, für welche Ziele Sie geeignete Frauen und Männer haben und welche „Mitspieler" mit welchen Qualitäten Sie noch suchen müssen, um Erfolge zu gestalten.

☐ Ergeben sich damit Veränderungen in Ihren eigenen Hauptaufgaben? Welche Hauptaufgaben können oder müssen Sie abgeben, welche auf jeden Fall selber behalten?

☐ Wie sieht es mit den Hauptaufgaben jener Frauen und Männer in Ihrem Team aus, die Sie als Mitspieler unbedingt benötigen? Ist jeder von ihnen für jede seiner Aufgaben begabt und qualifiziert? Oder ist eine Veränderung notwendig? Mit welchen Weiterbildungsmaßnahmen lassen sich Mitarbeiter aus dem eigenen Hause eventuell für die Übernahme verantwortungsvollerer Hauptaufgaben qualifizieren?

☐ Beschreiben Sie auch die Hauptaufgaben jener Menschen, die Sie für Ihre Zielerfolge noch suchen und finden müssen. Was müssen diese im Detail tun, was müssen sie hierfür wissen und können?

☐ Welche konkreten Aufgaben und Detailziele drängen sich nun kurz-, mittel- und langfristig für Sie auf, um das bis hierher Erarbeitete in erfolgreiche Aktivitäten umzusetzen? Legen Sie in bewährter Weise Zielfindungen und gegebenenfalls Wieplanskizzen an (zum Vorgehen siehe Erfolgsbaustein 20 → Seite 220).

son, die die Führung innehat. Sie muss die Zügel in der Hand behalten.

Zwei oder mehr Köpfe gleichberechtigt an der Spitze zu haben, das kann gut gehen. Es kann aber auch zu Spannungen führen, wenn sich die beiden in einer Führungsfrage nicht einigen können. Solange die Rollen und Entscheidungskompetenzen an der Spitze nicht verbindlich definiert sind, solange sind Differenzen und Streitigkeiten vorprogrammiert. Erst wenn die Kompetenzen klar geregelt sind, klappt das harmonische Zusammenspiel im Team, weil die Mitarbeiter stets wissen, wer für bestimmte Themen und Fragen zuständig ist und wer letztlich die verbindliche Entscheidung trifft. Es sollte deshalb trotz aller demokratischen Elemente immer einen geben, der „den Hut aufhat".

Erfolgsbaustein 11

Personalmanagement: Sie brauchen ein maßgeschneidertes Mitarbeiter-Entwicklungskonzept

> *„Von den Unsicherheiten der Zukunft hängt ab, wer nicht versteht, in der Gegenwart für die Zukunft zu sorgen."*
>
> (Lucius A. Seneca, römischer Dichter und Philosoph)

Unternehmensführung ist Mannschaftssport. Nötig sind das Know-how, die Fähigkeiten, die Erfahrung, die Kreativität und vor allem das engagierte Mitmachen vieler Menschen in einem konstruktiven Zusammenwirken. Erste Aufgabe des Teamchefs ist es also, für ein bestens aufgestelltes Team zu sorgen, in dem an jeder Position der hierfür am besten geeignete Spieler eingesetzt ist und für seine Aufgabe kontinuierlich weiter qualifiziert wird. Und natürlich braucht es gute Ersatzspieler, die im Bedarfsfall einspringen können, ohne dass die Mannschaftsleistung allzu sehr darunter leidet.

Zu den zentralen Herausforderungen Ihrer Führungsaufgabe gehört deshalb ein für Ihr Unternehmen maßgeschneidertes Mitarbeiter-Entwicklungskonzept. Fragen Sie sich hierzu beispielsweise:

☐ Wie ist die Personalsituation im Unternehmen heute (qualitativ und quantitativ!)?
☐ Wie wird sie sich entwickeln?
☐ Welche Kräfte mit welchen Kenntnissen und Fähigkeiten sind wann an welchen Positionen nötig, um die definierten Ziele zu erreichen?

☐ Wie kann ich sie gewinnen, wie kann ich sie motivieren und stärken, wen kann ich auf welche Weise für Führungsaufgaben qualifizieren?

Wer aus solchen Fragen eine klare Personalstrategie für seine Firma erarbeitet, ist gewappnet für die Herausforderungen der Zukunft.

Die langfristige Ausrichtung wird zunehmend entscheidender, um überhaupt noch ausreichend viele und ausreichend geeignete Mitspieler zu bekommen. Schon zu Zeiten einer sehr hohen Arbeitslosigkeit klagten kleine Firmen und Mittelstandsunternehmen, dass sie keine qualifizierten Mitarbeiter finden, um offene Stellen zu besetzen. Für viele Unternehmen war und ist der Fachkräftemangel ein wesentliches Hemmnis für Konkurrenzfähigkeit, Wachstum, positive Geschäftsentwicklung und Innovation.

Nötig ist eine maßgeschneiderte Strategie

→ Seite 136

Die demografische Entwicklung ist dabei, den Engpass weiter zu verstärken. Sie wird die Unternehmen zu kreativen Lösungen zwingen, wie sie künftig Mitarbeiter finden, fördern und möglichst dauerhaft begeistern (siehe hierzu den folgenden Erfolgsbaustein 12). Zum einen liegt das sicher daran, dass es gute Kandidaten schon immer eher zu Großfirmen zieht, wo sie vermeintlich bessere Perspektiven sehen. Zum anderen aber auch daran, dass in vielen kleineren Unternehmen eine systematische, zukunftsorientierte und vor allem maßgeschneiderte Personalentwicklung fehlt. „Für uns zu teuer und zu aufwändig, wir haben dafür keine Zeit und keine Ressourcen...", heißt es dort meistens als Begründung für den Verzicht auf längerfristige Personalstrategien.

Eine Einschätzung allerdings, die von kurzsichtigem Denken zeugt und das Wohlergehen des Unternehmens gefährdet. Chefs müssen zukunftsorientiert denken und planen, sollten dabei eben auch die Personalentwicklung als eine ihrer originären Chefaufgaben verstehen. Das darf sich nicht auf sporadische Weiterbildungsangebote beschränken – womöglich erst dann, wenn's brennt. Systematische Personalentwicklung sorgt vielmehr dafür, dass zu jeder Zeit für jede Aufgabe im Unternehmen die jeweils am besten geeignete Mitarbeiterin beziehungsweise der jeweils am besten geeignete Mitarbeiter zur Verfügung steht. Auch hier empfiehlt es sich, in drei Schritten (analysieren, planen, umsetzen) vorzugehen:

1. Analyse

Basis für alle weiteren Schritte ist eine gründliche Betrachtung des Status quo. Nur mit einer individuellen Analyse wird es Ihnen möglich sein, die Weichen im Personalbereich frühzeitig in die gewünschte Richtung zu stellen.

Analysieren Sie schriftlich die Chancen und Notwendigkeiten in Ihrem Unternehmen: Welche Mitarbeiterin, welcher Mitarbeiter verfügt über welche Kenntnisse und Fähigkeiten? Wo liegen schlummernde Potentiale? Wie können diese aktiviert und gefördert werden? Wo besteht aktueller, wo zukünftiger Mitarbeiterbedarf, der durch das Schaffen neuer Stellen oder durch das Ausscheiden von Mitarbeitern begründet wird?

Eine Anleitung für eine systematische, detaillierte Analyse finden Sie auf der folgenden Doppelseite.

→ Seiten 130/131

Ihre Analyse sollten Sie regelmäßig aktualisieren – mindestens einmal jährlich. Zudem empfiehlt es sich, dass Sie die Fragen vor wichtigen Entscheidungen im Personalbereich kurz überlesen; vielleicht stoßen Sie dabei auf einen Aspekt, den Sie unbedingt berücksichtigen sollten.

2. Planung

Mit der Analyse haben Sie beschrieben, wo Sie heute stehen. Sie haben herausgefiltert, in welchen Bereichen Sie gut besetzt sind und wo Sie in Ihrem Unternehmen aktuellen oder kommenden Handlungsbedarf haben.

Als nächstes sollten Sie Ihre Personalziele definieren. Die müssen natürlich in Einklang stehen mit Ihren kurz-, mittel- und

Analyse:
Grundlage Ihrer zukunftsfähigen Personalentwicklung

Die richtige Frau/den richtigen Mann mit der richtigen Qualifikation zur richtigen Zeit am richtigen Arbeitsplatz im Unternehmen zu haben, ist eine wesentliche Voraussetzung für einen optimalen Arbeitsablauf. Den Anfang einer gezielten Personalentwicklung macht eine gründliche Analyse der Ist-Situation:

1. In welchen Arbeitsbereichen/Abteilungen haben wir zurzeit Personalbedarf (quantitativ/qualitativ)? Was sind die Gründe hierfür?

2. Welches Anforderungsprofil (Fähigkeiten/Kenntnisse) hat die jeweilige Stelle?

3. Wo werden wir in den nächsten Monaten/Jahren welchen Personalbedarf haben? Gründe?

4. Welches Anforderungsprofil hat die jeweilige Stelle?

5. Wo haben wir personelle Überkapazitäten? Gründe?

6. Wie und wo lassen sich Mitarbeiter an anderen Arbeitsplätzen einsetzen?

7. Welche Aufgaben sind für Teilzeit-Arbeitsplätze geeignet?

8. Welche Auszubildenden lernen wann aus? Welche Eignung/Begabung lassen sie erkennen? Welches Aufgabengebiet würde ihnen besonders entsprechen? An welcher Stelle im Team können wir sie übernehmen?

9. Welche Mitarbeiterinnen/Mitarbeiter fallen in absehbarer Zeit wegen Mutterschafts-/Erziehungsurlaub, Weiterbildung, Sabbatical oder aus anderen Gründen längerfristig aus? Wann beziehungsweise in welchen Zeiträumen?

10. Welche Mitarbeiterinnen/Mitarbeiter kommen wann von Mutterschafts-/Erziehungsurlaub oder anderen Abwesenheiten ins Unternehmen zurück?

11. Welche Führungspositionen gilt es in nächster Zeit zu besetzen? Welche Anforderungen stellen sie?

12. Wer ist für diese Führungspositionen geeignet? Welche Fähigkeitsprofile haben die möglichen Kandidaten?

13. Welche Mitarbeiter haben welche Kenntnisse/Fähigkeiten/Fertigkeiten, die wir in Zukunft noch stärker für den Unternehmenserfolg nutzen können?

14. Welche Mitarbeiter haben welchen Weiterbildungsbedarf (fachlich/methodisch/sozial/persönlich; siehe → Seite 133)? Kosten und Zeitbedarf möglicher Weiterbildungsmaßnahmen?

15. Welcher Weiterbildungsbedarf besteht aus demografischer Sicht?

16. Welche Mitarbeiter werden wir auf welche Weise fördern? Wohin/wie kann sich jeder von ihnen entwickeln? Welche Fördermaßnahmen sind geeignet?

17. Von welchen Mitarbeitern sind wir aus welchen Gründen abhängig? Was bedeutet diese Abhängigkeit fürs Unternehmen?

18. Welche Aufgaben haben wir derzeit extern vergeben? Wie sind unsere Erfahrungen? Müssen oder wollen wir daran etwas ändern? Weshalb beziehungsweise weshalb nicht?

19. Welche Aufgaben können wir in Zukunft an externe Partner vergeben? Welche Vorteile/Nachteile sind damit verbunden?

20. Welche konkreten Notwendigkeiten ergeben sich aus dieser Analyse?

21. Von welchen Mitarbeitern sollten wir uns trennen?

langfristigen Unternehmenszielen: Ob Sie in den nächsten Jahren eine Expansion oder eine Verkleinerung des Betriebes anstreben, ob Sie neue Geschäftsfelder erschließen oder sich weiter spezialisieren wollen, ob Sie an eine Kooperation oder an eine Firmenübergabe denken – all diese Überlegungen und Planungen sollten natürlich in Ihre Personalentwicklungsplanung einfließen. Betrachten Sie deshalb grundsätzlich jeden Punkt Ihrer unternehmerischen Planung auch unter dem Aspekt, welchen Einfluss dieser auf den Mitarbeiterbereich hat.

Beschreiben Sie dann konkret, welche Personalziele Sie im nächsten Jahr (Jahreszielplan) beziehungsweise in den nächsten Jahren (Periodenzielplan) erreichen wollen. Ein Tipp hierzu: Es hat sich bewährt, die Unternehmenspläne mit einer Vierer-Struktur zu gliedern, wobei die Personalziele einen eigenen Punkt bekommen:

1. Leistungsangebot (Veränderungen/Verbesserungen bei Ihren Dienstleistungen sowie deren Vermarktung)

2. Organisation und Planung (Zusammenarbeit zwischen Funktionsbereichen, Engpässe und Leerlauf reduzieren, ...)

3. **Mitarbeiterinnen und Mitarbeiter (Fort- und Weiterbildung, Neueinstellungen, Umbesetzungen, ...)**

4. Investitionen (Kosten/Nutzen von nötigen und sinnvollen Anschaffungen, Reparaturen, Weiterbildungsmaßnahmen, Aktionen, ...)

(Sie können die Struktur Ihrer Zielpläne natürlich durch weitere „Schubladen" noch verfeinern und Ihren Bedürfnissen individuell anpassen. Beispielsweise: Marketing, Verkaufsaktivitäten, Finanzierung, Kommunikation, Einsparpotentiale, Marktauftritt, Vertrauliches, ...)

Also: Listen Sie auf, was Sie im kommenden Jahr (in den kommenden Jahren) im Personalbereich angehen, schaffen, erreichen wollen oder müssen. Legen Sie fest, bis zu welchem Termin die einzelnen Ziele, Projekte und Aufgaben erledigt sein sollen, welche Priorität (1 bis 3) sie haben und wer für Detailplanung sowie Durchführung jeweils verantwortlich ist. Delegieren Sie Aufgaben, die Sie nicht unbedingt selber erledigen müssen.

Sprechen Sie auch mit Ihren Mitarbeitern, damit diese ihre Entwicklungsmöglichkeiten im Unternehmen kennen und gemeinsam mit Ihnen einen entsprechenden Plan erarbeiten.

Investieren Sie in puncto Weiterbildung übrigens nicht nur in die fachliche, sondern ebenso in die soziale, methodische und persönliche Kompetenz der Mitarbeiter:

- ☐ **Soziale Kompetenz.** Bedeutet: für andere mitdenken und -handeln, Ansprechpartner sein. Nötig hierfür: Teamfähigkeit, die Fähigkeit, Kontakte zu knüpfen und zu tragfähigen Beziehungen auszubauen, die Bereitschaft, Aufgaben oder Vertretungen zu übernehmen, die Fähigkeit, zielorientiert zu kommunizieren, Informationen auszutauschen, Konflikte konstruktiv zu lösen.

- ☐ **Fachliche Kompetenz.** Bedeutet: wissen, wo und wann man wie anpacken muss. Nötig hierfür: Kenntnisse (Wissen) und Fähigkeiten (Begabungen) für die Wahrnehmung der anstehenden Aufgaben, fachgerechter Einsatz von Arbeitsmitteln.

- ☐ **Methodische Kompetenz.** Bedeutet: systematisch und zielgerichtet arbeiten, nach Qualität streben. Nötig hierfür: gute Selbstorganisation, selbstständige Erledigung von Aufgaben gemäß der vereinbarten Zielsetzung, Fähigkeit, Probleme selber zu lösen, zielgerichtetes Planen und Entscheiden, Ordnung und Sauberkeit.

- ☐ **Persönliche Kompetenz.** Bedeutet: zeigen, welche eigenen Werte man vertritt, wofür man steht; von sich aus sehen, was zu tun ist. Nötig hierfür: Zuverlässigkeit, Überzeugungsfähigkeit, Durchsetzungsfähigkeit, Bereitschaft,

Verantwortung zu übernehmen, selbstständiges Arbeiten, Belastbarkeit, Kritikfähigkeit, sicheres und situationsgerechtes Auftreten, positive Ausstrahlung und Wirkung.

3. Umsetzung

Nehmen Sie sich Ihren Jahreszielplan jeden Monat einmal vor. Prüfen Sie, welche Ihrer Ziele im Personalbereich Sie in den nächsten Wochen angehen wollen, welche Maßnahmen notwendig sind, welche Entscheidungen Sie treffen müssen. Sehen Sie jedes Ihrer Jahresziele als ein eigenes Projekt, das mit einer schriftlichen Planung vorbereitet und dann systematisch und konsequent abgearbeitet wird.

Gehen Sie vor allem beim Einstellen neuer Mitarbeiterinnen oder Mitarbeiter sehr sorgfältig und systematisch vor. Die falsche Wahl kann sehr teuer werden – die richtige Wahl kann Ihre Firma hingegen spürbar voranbringen. Bereiten Sie sich insbesondere auf die Bewerbergespräche gründlich vor (siehe → Seite 146 Erfolgsbaustein 13).

Praxistipp:
Einarbeiten eines bewährten Mitarbeiters
in eine verantwortungsvollere Aufgabe

Führungskräfte, die befördert werden, stehen häufig vor der Herausforderung, ihre bisherige Position gut zu besetzen. Anregungen hierfür in einem Praxisbericht aus dem Führungsalltag:

„Als ich selbst die Position des kaufmännischen Leiters übernahm, stand die Aufgabe an, einen anderen Mitarbeiter in meine bisherigen Aufgaben einzuarbeiten. Er war seit einigen Jahren im Unternehmen tätig und stand auf meiner Liste für weiterführende Aufgaben. Auf diese Liste gelangte er durch folgende Analyse: Wie ist seine tatsächliche Bereitschaft und Fähigkeit, mehr Verantwortung zu übernehmen? Wie sind seine soziale Kompetenz, sein Anspruch an Qualität und sein Stand im fachlichen Bereich?

Über meine Ergebnisse sprachen wir offen und entwickelten eine Art Fahrplan für die weitere Einarbeitung. So vereinbarten wir zwei tägliche ‚Sprechstunden'. Eine gegen die Mittagszeit und eine am Spätnachmittag. Diese Zeit nutzten wir, um intensiv Fragen und Unsicherheiten, die den Tag über aufgetreten waren, zu klären. Bei den fachlichen Themen ging das meistens sehr schnell, wie in diesem Bereich die Einarbeitung überhaupt sehr rasch erhebliche Fortschritte machte. Längere Diskussionen gab es im Bereich Führung/Kommunikation mit Mitarbeitern und Kunden. Hier war meine Analyse, die wir bei der Aufgabenübergabe diskutiert hatten, sehr hilfreich. Anhand von Beispielen konnten wir aktuelle Geschehnisse sehr gut zuordnen und zu anderen Ansätzen gelangen.

Die Einarbeitung in fachlicher Hinsicht kann ich rückblickend mit etwa einem Drittel bewerten. Die anderen zwei Drittel spielten sich überwiegend im Bereich soziale Kompetenz/Kommunikation ab.

Es dauerte etwa drei Monate, bis sich mein Nachfolger hervorragend etabliert hatte und begann, meiner früheren Tätigkeit gemäß seinen Begabungen und Erfahrungen neue, eigene Konturen zu geben."

Erfolgsbaustein 12

Demografiemanagement: Individuelle Personalstrategien gegen den Nachwuchsmangel

> *„Bis zum Jahr 2015 werden 1,5 Millionen Arbeitskräfte weniger zur Verfügung stehen als im Jahr 2010."*
>
> (Infodienst „Trendletter",
> Prognose im Juli 2011)

Die deutsche Gesellschaft altert – und mit ihr die Belegschaften in den Betrieben. Immer weniger junge Menschen bedeuten immer weniger nachrückende Arbeitskräfte. Weniger Auszubildende, weniger Studenten, weniger Fachkräfte. Am anderen Ende der Skala das umgekehrte Bild: Die Zahl der älteren Arbeitnehmer steigt. Zum einen durch das heraufgesetzte Renteneintrittsalter, zum anderen auch durch die weggefallenen Altersteilzeit-Regelungen. Zudem wandern nach wie vor viele hoch qualifizierte (junge!) Fachkräfte ins Ausland ab.

Die Unternehmen sind deshalb verstärkt gefordert, sich durch eine motivierende und mitarbeiterorientierte Führungskultur als attraktiver Arbeitgeber zu profilieren. Zum anderen sollten sie sich mit einer systematischen, zukunftsorientierten Personalstrategie und einem individuellen Mitarbeiter-Entwicklungskonzept rechtzeitig auf die erwarteten Engpässe einstellen. Ganz wichtig werden dabei altersgerechte Personalstrategien, um Leistungsfähigkeit und Motivation der älteren Beschäftigten dauerhaft auf hohem Niveau zu halten. Berücksichtigen sollten sie auch, dass künftig nicht mehr nur junge Spitzenkräfte von der Konkurrenz umworben werden dürften, sondern vermehrt auch die „Altgedienten".

Analyse und Planung:
Sie brauchen für Ihr Unternehmen
altersgerechte Personalstrategien

Zu einem zukunftsorientierten Mitarbeiter-Entwicklungskonzept gehören verstärkt altersgerechte Personalstrategien, um Leistungsfähigkeit und Motivation der älteren Beschäftigten dauerhaft auf hohem Niveau zu halten. Beantworten Sie sich hierfür beispielsweise folgende Fragen:

☐ Wie können wir Gesundheit und Wohlbefinden unserer älteren Beschäftigten fördern und damit deren Leistungsfähigkeit möglichst lange erhalten? (z.B. Betriebssport, Zusammenarbeit mit Physiotherapeuten, Fitnessstudios oder Sportvereinen, Stressmanagement)

☐ Wie können wir die Arbeitsplätze so gestalten, die Arbeitsbedingungen so organisieren, dass die Mitarbeiter bei ihrer Tätigkeit möglichst wenig belastet werden? (z.B. Ergonomie, flexible Arbeitszeitmodelle, Pausenregelungen. – Tipp: Fragen Sie Ihre Mitarbeiter!)

☐ Können älter werdende Mitarbeiter eventuell auf einer anderen Position sinnvoller eingesetzt werden und ihre spezifischen Kompetenzen und Erfahrungen dort noch besser zum Nutzen des Unternehmens einbringen?

☐ Durch welche Förderprogramme und Weiterbildungsmaßnahmen können wir Know-how und Motivation der Älteren up to date und anhaltend hoch halten?

☐ Können wir eventuell die jeweiligen Stärken von Alt und Jung in altersgemischten Teams kombinieren? Wie gehen wir vor?

☐ Wie können wir die Erfahrung ausscheidender Mitarbeiter noch weiter nutzen – beispielsweise als externe Berater oder Projektmitarbeiter, als Mentoren für den Nachwuchs oder in anderer Form?

☐ Wie können wir vor allem die Leistungsträger möglichst langfristig an unser Unternehmen binden? Wie können wir den Zusammenhalt in unserem Team so stärken, dass die für unseren Erfolg wichtigen Mitarbeiter gegen Abwerbeversuche von außen möglichst resistent sind?

Die vorhandenen Arbeitskräfte fit und leistungsfähig zu erhalten, ist das eine. Daneben sollten Sie aber eine ebenfalls für Ihr Unternehmen maßgeschneiderte Strategie entwickeln, wie Sie auch in Zukunft trotz geringerem Arbeitskräftepotential an ausreichend viele und ausreichend gute Auszubildende sowie Fach- und Führungskräfte gelangen wollen.

Das gestaltete sich ja schon in den vergangenen Jahren nicht gerade einfach. „Chefs finden keine Fachkräfte", schrieb beispielsweise die Unternehmerzeitschrift „impulse" im August 1998: „Rund 46 Prozent der mittelständischen Betriebe können derzeit freie Stellen nicht besetzen." Und das, obgleich zu dieser Zeit mehr als vier Millionen Arbeitslose gemeldet waren. Größtes Problem: Den meisten Bewerbern mangele es an der Qualifikation, einem Großteil zudem an der Motivation, so „impulse".

Heute, 13 Jahre später, liegen zwar die Arbeitslosenzahlen deutlich unter drei Millionen. Doch die Personalverantwortlichen in den Betrieben klagen nach wie vor über Qualifikations- und Motivationsmängel vieler Bewerber. „Noch immer verlassen jedes Jahr über 50.000 Menschen die allgemein bildenden Schulen ohne Abschluss – das sind fast sieben Prozent aller Schulabgänger. Selbst Absolventen mit Abschluss haben häufig elementare Bildungslücken." (Institut der deutschen Wirtschaft, Juli 2011)

Nichtsdestoweniger müssen die Unternehmen auch auf diese Jugendlichen setzen. Denn die Auswahl ist viel kleiner geworden, die Firmen können nicht mehr so aus dem Vollen schöpfen, können sich nicht mehr die Besten herauspicken. Vielmehr müssen sie auch mal mit den Zweit- oder Drittbesten vorlieb nehmen. Vielleicht sogar mit einem Kandidaten von den hinteren Rängen des kleiner gewordenen Bewerberfeldes.

Dass dies nicht unbedingt die schlechteste Lösung sein muss, beweist das Beispiel eines Unternehmers in Berlin: Schon mehrfach vergab er Ausbildungsstellen in seinem Kfz-Fachbetrieb und -handel ganz bewusst an Jugendliche mit schlechten Schulnoten. „Als Obermeister der Kfz-Innung komme ich mit vielen Kollegen zusammen. Wenn ich frage, ob sie ausbilden, höre ich immer wieder die gleichen Ausreden: 'Das ist zu teuer' oder 'Die Jugendlichen sind alle zu blöd.' Ich wollte beweisen, dass es auch anders geht." Die Aktion sorgte für überregionales Aufsehen. Als „Berlins mutigster Chef" ging der Kfz-Unternehmer durch die Medien. Für ihn eine positive Nebenwirkung seiner Initiative: „Ich habe eine Diskussion in Gang gebracht. Und ich habe gezeigt, dass auch jemand mit ungünstigen Voraussetzungen sich im Handwerk hervorragend bewähren kann."

Wenn also auf dem Ausbildungs- und Arbeitskräftemarkt nicht mehr ausreichend viele gut qualifizierte Bewerber für Ihr Unternehmen verfügbar sind, werden Sie auf Sicht nicht umhin kommen, deren Qualifikation mit einer gezielten Personalentwicklungsstrategie noch mehr selber in die Hand zu nehmen. Auch hierfür sollten Sie ein eigenes Konzept haben, mit dem Sie festlegen, wie Sie Ihren betrieblichen Nachwuchs künftig bedarfsgerecht ausbilden, entwickeln und fördern – und zwar nicht nur in fachlicher Hinsicht, sondern verstärkt auch im elementaren Bildungsbereich (Schreiben und Rechnen) sowie hinsichtlich der sozialen und emotionalen Kompetenzen (siehe hierzu auch Erfolgsbaustein 11). → Seite 127

Reputation wird verstärkt zum Wettbewerbsfaktor

In Zeiten hoher Arbeitslosigkeit und starker Jahrgänge auf Seiten der Ausbildungs- und Arbeitssuchenden konnten Unternehmen aus dem Vollen schöpfen. Das wird sich im Zuge der demografischen Entwicklung stark verändern: Nach dem Prinzip von Angebot und Nachfrage sitzen in den kommenden Jahren die (weniger werdenden) Jobsuchenden am längeren Hebel. Zumindest die guten Kräfte können sich weitgehend die Firma auswählen, die ihnen am ehesten zusagt.

Sie wollen Ihre Erfolgsaussichten für diese Wahl erhöhen? Dann sollten Sie sich eine zentrale Frage immer wieder stellen und beantworten: „Warum sollten gut ausgebildete Fachkräfte oder warum sollten fähige Bewerber um einen Ausbildungsplatz ausgerechnet mein Unternehmen auswählen? Was kann sie überzeugen, sich für unsere Produkte und Dienstleistungen, für unsere Kunden, für unsere Unternehmensziele zu engagieren?"

Um für Bewerber interessant zu sein, wird die Reputation Ihres Unternehmens, also das Ansehen, der gute Ruf, das positive Image, zu einem der entscheidenden Wettbewerbsfaktoren. Wer bei potentiellen Mitarbeitern positiv bekannt ist, idealerweise auch als attraktiver Arbeitgeber, hat damit schon mal den ersten dicken Pluspunkt.

Schaffen Sie deshalb die Voraussetzungen, dass man positiv über Ihre Firma spricht. Auch hier gehen Sie am besten systematisch in der bekannten Art und Weise vor:

☐ **Analyse:** Beschreiben Sie, wofür Sie derzeit bekannt sind, für welche Werte und Vorteile Ihr Unternehmen heute in der Öffentlichkeit steht.

☐ **Zielplanung:** Beschreiben Sie wofür Sie positiv bekannt sein wollen, für welche Werte und Vorteile Ihr Unternehmen stehen soll, damit sich auch in Zukunft die richtigen Kräfte für Sie entscheiden. (Diese Beschreibung sollten Sie auch in Ihre mittel- und langfristige unternehmerische Zielplanung aufnehmen.)

☐ **Vorgehensplanung:** Legen Sie Mittel und Maßnahmen fest, mit denen Sie diese öffentliche Wahrnehmung und Wertschätzung erreichen wollen.

Betreiben Sie aktives Reputationsmanagement

Der gute Ruf Ihres Unternehmens ist nicht zuletzt das Ergebnis einer aktiven Öffentlichkeitsarbeit, vor allem durch persönliche Kontaktpflege und direkte Ansprache der Zielgruppe. Zu einer vorausschauenden Personalplanung gehört deshalb auch der „gute Draht" zu den Kreisen und Organisationen, in denen mögliche Kandidaten zu finden sind. „Vermarkten" Sie sich als interessantes Unternehmen, als attraktiver Arbeitgeber. Engagieren Sie sich beispielsweise an den Hochschulen, die für Sie wichtig sind. Nehmen Sie an den Veranstaltungen von Wirtschaftsjunioren, IHK oder regionalen Fachkräftekreisen teil. Präsentieren Sie Ihr Unternehmen bei Ausbildungsmessen oder Infotagen an Fach- und Hochschulen. Oder mit einem Tag der offenen Tür für die interessierte Bevölkerung. Halten Sie Kontakt zu den Journalisten in Ihrer Region und Ihrer Branche. Betreiben Sie also Öffentlichkeitsarbeit in eigener Sache, um bei Bedarf sofort einen Kontakt zu den richtigen Persönlichkeiten zu haben.

Vergessen Sie auch nicht ein aktives Reputationsmanagement in den diversen Online-Medien und sozialen Netzwerken:

☐ So sollten Sie auf Ihrer Firmenwebsite nicht nur Ihre Leistungen und Produkte darstellen, sondern für Außenstehende, vor allem für potentielle Mitarbeiter, als lebendiges Unternehmen und attraktiver Arbeitgeber wahrnehmbar sein.

☐ Verfolgen Sie, was im Internet über Ihr Unternehmen geschrieben wird – über Betriebsklima, Führungsstil oder auch Kundenorientierung. Auf hierauf spezialisierten Webseiten beschreiben Beschäftigte sehr offen, weil in der Regel anonym, wie es in den Betrieben wirklich zugeht.

☐ Vielleicht können Sie ja motivierte Mitarbeiter aus Ihren Reihen dafür gewinnen, auf diesen Bewertungsplattformen (unter Nennung Ihrer Firma und der Angabe, dass sie selbst dort arbeiten!) einen positiven Kommentar zu schreiben. Vorausgesetzt, diese positiven Aussagen sind auch tatsächlich berechtigt! Geschönte Berichte werden schnell als solche entlarvt.

☐ Prüfen Sie, ob ein aktives Kommunizieren über Facebook oder andere Social-Media-Kanäle dazu beitragen kann, Ihr Image bei den für Sie interessanten Menschen zu verbessern.

Weitsichtig ausbilden und Talente fördern

Jedes Unternehmen sollte sich also frühzeitig überlegen, wie es die Begleiterscheinungen der demografischen Entwicklungen am besten bewältigen kann. Nötig ist eine individuelle Personalentwicklungsstrategie mit zwei Zielstellungen:

1. Sie muss sicherstellen, dass auch künftig ausreichend Personal vorhanden ist, um alle im Unternehmen anstehenden Aufgaben bewältigen zu können.
2. Sie muss sicherstellen, dass die Menschen im Unternehmen gezielt gefördert und qualifiziert werden, um ihre jeweiligen Aufgaben optimal erledigen zu können.

Eine Maßnahme, die sich hierfür besonders anbietet, ist die Ausbildung im eigenen Haus, möglichst sogar über den eigentlich erwarteten Bedarf hinaus. Das bedeutet zwar zunächst mal eine Investition, aber doch eine Investition in die eigene Zukunft. Denn Sie können die Ausbildung so steuern, dass Sie zu gegebener Zeit exakt die Fachkräfte zur Verfügung haben, die Sie brauchen. Mitarbeiter, die Sie nach der Ausbildung in Ihr „reguläres" Team übernehmen, kennen Ihre Firma, Ihre Produkte, Ihre Kunden, können Ihnen also sofort höchsten Nutzen bringen. Neue Mitarbeiter, die Sie von außen holen, brauchen doch einige Zeit, ehe sie diesbezüglich auf dem gleichen Level sind.

Ein Nachteil der Ausbildung ist die mangelnde Flexibilität: Sie müssen bis zu drei Jahre warten, ehe Sie die neuen Mitarbeiter auf dem Ausbildungsstand haben, der vielleicht für die vorgesehene Aufgabe notwendig ist. Was aber, wenn Sie vorher schon dringend fachlich qualifizierte Unterstützung brauchen? Auch für diese Situation können Sie sich vorbereiten. Zum einen durch einen so genannten „Talentpool", zum anderen durch externe Unterstützung.

Zunächst zum Talentpool: Sammeln Sie systematisch die Daten von interessanten Kandidaten, die Sie vielleicht später einmal für bestimmte Aufgaben oder Projekte brauchen oder als neue Mitarbeiter einstellen könnten.

Identifizieren Sie hierfür beispielsweise die „High Potentials" in Ihrem Team, also Mitarbeiter, die nach entsprechender Qualifikation für „höhere" Aufgaben oder Führungspositionen geeignet wären. Machen Sie sich für jeden klar, welche spezifischen Fähigkeiten oder Leistungspotentiale er hat. Können Sie diese eventuell zu einem späteren Zeitpunkt oder an anderer Stelle gebrauchen? Prüfen Sie, ob es sich lohnt, bestimmte Mitarbeiter bereits in absehbarer Zeit individuell zu fördern. Entwickeln Sie mittelfristige Qualifizierungs- und Karrierepläne.

Nehmen Sie in Ihren Talentpool aber auch unternehmensfremde Personen auf, die für Ihr Team interessant sein könnten (und achten Sie darauf, deren Kontaktdaten aktuell zu halten):

☐ Bewerber, die bei einer Stellenbesetzung (noch) nicht berücksichtigt werden konnten, die Sie aber dennoch überzeugt haben

☐ „Blindbewerber", die zwar fachlich und menschlich zu Ihnen zu passen scheinen, für die Sie aber aktuell keine Stelle frei haben

☐ Studenten, die sich während ihres Praktikums bei Ihnen besonders positiv bemerkbar gemacht haben

☐ externe Dienstleister, die Ihnen durch ihre gute Arbeit aufgefallen sind und gut zu Ihrer Firma passen würden

☐ Persönlichkeiten, die Sie schätzen und sich als Verstärkung Ihres Teams vorstellen können

Mit einem gut gefüllten, bedarfsgerecht differenzierten und vor allem aktuell gepflegten Talentpool können Sie einigermaßen schnell reagieren, wenn sich ein personeller Engpass auftut.

Für den Fall, dass Sie kurzfristig Bedarf an qualifizierter Unterstützung haben, können Sie sich mit einer weiteren Übersicht vorbereiten: einer Datensammlung, in der Sie externe

Analyse und Planung:
Ihre maßgeschneiderte Personalentwicklungsstrategie

☐ Wie ist die Personalsituation in unserem Unternehmen heute (Altersstruktur, Qualifikation, Krankenstand, ...)? Wie wird sich die Situation in fünf oder in zehn Jahren darstellen? An welchen Stellen drohen uns Engpässe?

☐ Wie wird sich also unser Personalbedarf entwickeln? Welche Kräfte mit welchen Kenntnissen und Fähigkeiten sind wann an welchen Positionen nötig, um die definierten Unternehmensziele zu erreichen?

☐ Wie kann ich diese Mitarbeiter (intern wie extern) gewinnen, wie kann ich sie motivieren und stärken, wie kann ich sie für Spezial- und Führungsaufgaben qualifizieren?

☐ Wer sind unsere besten Pferde im Stall, also die für den Erfolg unseres Unternehmens besonders wichtigen Mitarbeiter? Wer würde uns besonders fehlen? Wie können wir sie möglichst langfristig für uns begeistern?

☐ Was können wir tun, um in unserem Team versteckte Talente zu entdecken und diese „High Potentials" gezielt zu fördern und zu entwickeln?

☐ Wie können wir die Aus- und Weiterbildung in unserem Unternehmen so optimieren, dass alle Beschäftigten für ihre Aufgaben in jeder Hinsicht bestens qualifiziert sind?

Dienstleister notieren, die bereits mit Erfolg für Sie tätig waren oder die Ihnen als kompetent und zuverlässig empfohlen wurden. Viele Aufgaben und Projekte können mitunter schneller, besser und kostengünstiger von externen Spezialisten bewältigt werden als durch die eigenen Mitarbeiter.

Im Mittelpunkt steht die Attraktivität der Aufgabe

Egal, welche Strategien, Mittel und Maßnahmen Sie gegen den drohenden Nachwuchsmangel einsetzen: Diese können alle nur greifen, wenn die Grundvoraussetzung passt – die Attraktivität Ihres Unternehmens sowie der Aufgabe, die die

☐ Wie können wir auch künftig für unser Team einen ausgewogenen Mix aus Jugendlichkeit und Erfahrung, Innovationskraft und Expertentum, Risikofreude und Abgeklärtheit sicherstellen?

☐ Wie schaffen wir es, die Jugendlichen, die für eine Ausbildung bei uns in Frage kommen, auf unser Unternehmen aufmerksam zu machen? (z.B. gemeinsame Aktionen mit Schulen, Jugendzentren, Lokalzeitung, Schnuppertage, Schülerpraktika, Ferienjobs, …)

☐ Wie können wir uns im Bewusstsein dieser Jugendlichen als moderner, attraktiver, innovativer, exzellenter Arbeitgeber verankern?

☐ Wie können wir den Kontakt zu interessanten Hoch-/Fach-/Meisterschulen verstärken, um potentielle Fach- und Führungskräfte auf uns aufmerksam zu machen? (z.B. gemeinsame Forschungsprojekte, Gastvorträge, Praktikanten- oder Diplomandenplätze, Promotionsarbeiten, …)?

☐ Mit welchen „sozialen Innovationen" können wir uns als innovativer und deshalb attraktiver Arbeitgeber profilieren? (Denken Sie hier an neue Gestaltungsmöglichkeiten, etwa durch flexible Arbeitszeiten, Regelungen für Kinderbetreuung, die Arbeit im Home-Office oder andere Angebote, die eine gute Balance von Arbeits- und Privatleben ermöglichen.)

Menschen bei Ihnen erwartet. Das beginnt bei klaren Zielen, Aufgaben und Verantwortungsbereichen, geht über eine motivierende Arbeitsatmosphäre sowie eine positive Unternehmenskultur bis hin zu einer permanenten Weiterbildung sowie konkret definierten Perspektiven für die persönliche Entwicklung – und nicht zuletzt auch einer guten Bezahlung für gute Leistungen sowie der Möglichkeit, Arbeit und Freizeit gut in Einklang bringen zu können. Denken Sie daran: Wer Mitarbeiter finden, begeistern und möglichst dauerhaft halten will, muss ihnen etwas bieten (weitere Anregungen hierzu im Erfolgsbaustein 6). Prüfen Sie deshalb, wo es in Ihrer Firma Optimierungsmöglichkeiten gibt. → Seite 79

Erfolgsbaustein 13

Neue Mitarbeiter einstellen: Gestalten Sie Suche und Auswahl stets systematisch und strukturiert

> *„Als Führungskraft eines Unternehmens wird man danach beurteilt, wie gut das eigene Team ist. Wer ein Team mit Topleuten zusammenstellt, wird selbst Fortschritte machen."*
>
> (Larry Bossidy, amerikanischer Spitzenmanager)

Das Team richtig zusammensetzen, bedarfsgerecht aufstellen und zukunftsorientiert qualifizieren – das ist eine der ganz großen Führungsherausforderungen. Wie Sie diese für Ihr Unternehmen bewältigen, hängt entscheidend davon ab, ob Sie die richtigen Menschen gewinnen können.

Die Kernfrage des Personalmanagements lautet deshalb: „Wie finden wir die Persönlichkeit, die zu unserem Unternehmen passt und die zu besetzende Stelle sowohl fachlich als auch persönlich bestmöglich ausfüllen kann?" Diese Frage stellt sich jedes Mal, wenn Sie in Ihrem Unternehmen eine Stelle neu besetzen wollen.

Einen Mitarbeiter auszuwählen und einzustellen, das ist eine Entscheidung mit großer Tragweite. Die richtige Wahl kann Ihnen in jeder Hinsicht viel Gewinn bescheren. Eine Fehlentscheidung dagegen kann viel kaputt machen und viel Geld kosten: verärgerte Kunden, verlorener Umsatz, Imageschaden, Zeitverlust, Überforderung vorhandener Mitarbeiter durch Mehrarbeit und anderes mehr. Lassen Sie sich deshalb für die Suche und Auswahl eines neuen Mitarbeiters ausreichend Zeit und gehen Sie sehr gewissenhaft und besonnen vor, auch wenn Sie möglicherweise wegen des personellen Engpasses unter Zeitdruck stehen.

„Wir bücken uns im Tagesgeschäft nach jedem Cent, der auf dem Boden liegt", sagte ein erfahrener Unternehmer hierzu, „doch beim Einstellungsprozess fallen uns häufig die Tausender nur so aus der Tasche." Ein anderer Unternehmer kritisierte in diesem Zusammenhang das „Hasenstall-Denken" in manchen Firmen: Wenn plötzlich eine „Box" leer steht, gehe es häufig nur darum, diese möglichst schnell wieder zu besetzen, ohne dass ausreichend auf die notwendigen Anforderungen der Stelle geachtet werde.

Unsere Empfehlung deshalb auch für die Suche und Auswahl von Mitarbeitern: Gehen Sie die Sache sehr systematisch an. Schalten Sie zwar Ihr Bauchgefühl nicht aus, unterstützen Sie es aber durch eine sorgfältig geplante Vorbereitung. So erleichtert Ihnen ein standardisiertes Vorgehen das ganze Verfahren, ermöglicht Ihnen vor allem einen guten Vergleich zwischen mehreren Kandidaten und damit eine begründete Entscheidung.

Und noch eine Empfehlung: Die externe Suche nach geeigneten Fachkräften kann eine teure und zeitaufwändige Aktion werden. Häufig ist der Blick in die eigenen Reihen die einfachere Variante: Hier finden Sie viel Kompetenz und Erfahrung, zudem firmenspezifisches Know-how, Produktkenntnis, Kundenkontakte und anderes mehr – ein wertvolles Potential, das Sie mit durchaus überschaubarem Aufwand (Qualifizierung) erschließen können (siehe hierzu auch Erfolgsbaustein 11). → Seite 127

1. Schritt: Anforderungen definieren

Wann immer Sie eine Position in Ihrem Team neu besetzen: Welche Anforderungen hat diese Stelle? Welche Aufgaben fallen an? Was muss der neue Mann, die neue Frau an Kompetenzen und Erfahrungen mitbringen?

→ Seite 56

Definieren Sie die Anforderungen schriftlich. Eine gute Basis hierfür bildet die „Analyse der Hauptaufgaben" des bisherigen Stelleninhabers (Erläuterungen im Erfolgsbaustein 4). Hier sind in der Hauptaufgabenliste nicht nur die Kernaufgaben festgehalten – ähnlich wie in einer klassischen Stellenbeschreibung –, sondern es sind darüber hinaus auch die Kompetenzen des Stelleninhabers, die Priorität, die der jeweiligen Hauptaufgabe zukommt, sowie die Stellvertretung geregelt. In der zusätzlichen Zweck- und Durchführungsbeschreibung ist zudem für jede Hauptaufgabe beschrieben, welcher Nutzen (Sinn und Zweck) damit verbunden ist und was jeweils auf welche Weise zu tun ist (Abläufe, Tätigkeiten, Termine, Mittel, ...). Eine wertvolle Grundlage also, um etwa eine Stellenanzeige zu konzipieren.

Die zu besetzende Stelle gibt es in Ihrem Team bisher noch nicht? Dann definieren Sie den Soll-Zustand einer Hauptaufgabenliste, die alle Aufgaben enthält, die an dieser neuen Position anfallen. Das hilft Ihnen, die konkreten Anforderungen zu formulieren, die Sie an die zu suchende Persönlichkeit stellen.

Achten Sie zudem darauf, dass Ihr Anforderungsprofil alle vier Kompetenzfelder abdeckt:

☐ soziale Kompetenz: Wie soll er/sie sich verhalten?
☐ fachliche Anforderungen: Was soll er/sie können?
☐ methodische Kompetenz: Wie soll er/sie arbeiten?
☐ persönliche Kompetenz: Wie soll er/sie sein?

2. Schritt: Stellenausschreibung

Der Erfolg Ihrer Stellenausschreibung hängt in erster Linie davon ab, inwieweit es Ihnen gelingt, die für die Position richtigen Kandidaten anzusprechen. Das betrifft zum einen den Inhalt, zum anderen das Medium, in dem Sie Ihre Anzeige veröffentlichen.

Ihre Stellenausschreibung sollte in kurzer und knapper Form alle Informationen enthalten, die für einen Interessenten wichtig sind. Machen Sie in Ihrem Text klar,

- [ ] wer Sie sind (Unternehmen, Angebot, Ziele)
- [ ] welche Stelle Sie besetzen wollen (Position, Aufgaben)
- [ ] was Sie vom Bewerber erwarten (Anforderungsprofil)
- [ ] was Sie bieten (Leistungen, Rahmenbedingungen)
- [ ] wo es weitere Informationen gibt (Ansprechpartner)

Die Informationen sowie auch die Formulierung der Anzeige sollten den angepeilten Kandidaten Lust auf die Aufgabe und auf Ihr Unternehmen machen. Es kann durchaus Sinn machen, dies zu testen, bevor Sie die Stellenausschreibung veröffentlichen.

Achten Sie zudem darauf, dass Ihre Stellenanzeige den Bestimmungen des Allgemeinen Gleichbehandlungsgesetzes (AGG) entspricht – machen Sie also bei Ihrer Ausschreibung keinerlei Einschränkung hinsichtlich Geschlecht, Alter, Herkunft oder ähnlicher Kriterien.

Entscheiden Sie schließlich, auf welchem Weg beziehungsweise auf welchen Wegen Sie an interessante Kandidaten für die zu besetzende Position herankommen: klassische Stellenanzeige in der Tageszeitung, eventuell auch in den für Sie wichtigen Fachzeitschriften, Ihre eigene Webseite, Jobbörsen im Internet, Personalberater, Schwarzes Brett an Hoch-, Fach- oder Meisterschulen, interne Ausschreibung im Unternehmen, Direktansprache interessanter Kandidaten, ... Berücksichtigen Sie dabei Kosten, Zeitvorlauf und Reichweite der unterschiedlichen Werbemöglichkeiten. Und fahren Sie möglichst mehrgleisig, um den Erfolg Ihrer Suchaktion zu erhöhen.

3. Schritt: Bewerbungen auswerten

Selektieren Sie dann die eingegangenen Bewerbungen. Filtern Sie als Erstes alle Kandidaten heraus, die von den Anforderungen her nicht in Frage kommen. Schicken Sie ihnen zeitnah eine freundliche, schriftliche Absage. Das gehört zum guten Stil. Achten Sie auch bei der Formulierung der Absagen unbedingt auf das AGG (Allgemeines Gleichbehandlungsgesetz), um juristische Schwierigkeiten zu vermeiden. Auf der sicheren Seite sind Sie beispielsweise, wenn Sie keinerlei Begründung angeben, auch wenn sich Ihr Absagebrief dadurch möglicherweise etwas distanziert und unhöflich anhört.

Nach dieser ersten Vorauswahl bleiben diejenigen Bewerbungen übrig, die zumindest von der Papierform her in die engere Wahl kommen.

4. Schritt: Einladung zum Vorstellungsgespräch

Laden Sie die ausgewählten Kandidaten schriftlich zu einem Vorstellungsgespräch ein. Versenden Sie mit dem Einladungsschreiben am besten einen „Blick ins Unternehmen": Hier stellen Sie auf einer DIN-A4-Seite in Kurzform Ihr Unternehmen und Details zur ausgeschriebenen Stelle dar (siehe Checkliste „Info-Paket für Bewerber").

→ Seite 151

Legen Sie der Einladung eventuell auch die Hauptaufgabenliste mit den Kerntätigkeiten der Position sowie weiteres Informationsmaterial über Ihre Firma bei. Überschütten Sie den Kandidaten aber nicht mit zu viel Papier – wichtig sind in diesem Stadium nur grundlegende Informationen in dosierter Form, etwa Imageprospekt und Leitlinien Ihres Unternehmens, die aktuellen Ausgaben von Mitarbeiter- und Kundenzeitungen und eventuell eine Übersicht über Ihr Produkt- oder Dienstleistungsprogramm. So kann sich der Bewerber in aller Ruhe ein Bild davon machen, was ihn in diesem Unternehmen und in der ausgeschriebenen Position erwartet.

Mit diesem Vorgehen können Sie zudem Pluspunkte für Ihr Unternehmen sammeln. Ein Bewerber, der nicht nur eine Einladung zum Vorstellungsgespräch bekommt, sondern gleich noch gut aufbereitete Informationen für die Vorbereitung auf das Gespräch, wird positiv überrascht sein und den berühmten guten ersten Eindruck bekommen. So etwas spricht sich herum.

Grundlage für die endgültige Auswahl eines neuen Mitarbeiters ist der Vergleich zwischen den zum Vorstellungsgespräch eingeladenen Bewerbern. Diesen Vergleich können Sie sich durch eine standardisierte Vorgehensweise und speziell für

Praxistipp:
Info-Paket für Bewerber: „Blick ins Unternehmen"

Selbst wenn diese Informationen auf Ihrer Firmen-Webseite zu finden sind, sollten Sie die wichtigsten Daten und Fakten zu Ihrem Unternehmen übersichtlich auf einer DIN-A4-Seite zusammenstellen und Bewerbern mit der Einladung zum Vorstellungsgespräch zuschicken. Enthalten sollte der „Blick ins Unternehmen" beispielsweise

- ☐ Name und Sitz des Unternehmens
- ☐ Produktions- oder Dienstleistungsprogramm
- ☐ Zahl der Mitarbeitenden
- ☐ Marktstellung
- ☐ Ausgeschriebene Stelle (Bezeichnung und Arbeitsstätte)
- ☐ Wichtige Aufgaben im Rahmen der ausgeschriebenen Stelle
- ☐ Direkte(r) Vorgesetzte(r) (Name und Position)
- ☐ Sonstige Angaben (zum Beispiel Ansprechpartner für weitere Infos)

diesen Zweck geschaffene Formblätter oder Checklisten erleichtern. Zum einen etwa durch einen individuellen „Bewerberbogen" (siehe Muster auf der folgenden Seite), zum anderen durch einen Leitfaden für das Vorstellungsgespräch. → Seite 152
→ Seiten 156/157

So ist es ja mitunter etwas schwierig, die schriftlichen Unterlagen mehrerer Kandidaten miteinander zu vergleichen. Zu unterschiedlich sind Form und Inhalt der Bewerbungen. Die interessanten Details müssen Sie sich mühsam zusammensuchen. Deutlich leichter tun Sie sich, wenn Sie alle benötigten Informationen in einer einheitlichen Form vorliegen haben. Beispielsweise in einem „Bewerberbogen", den Sie einmal für Ihr Unternehmen erstellen und dann für jede künftige Bewerbungsaktion einsetzen. Legen Sie dem Einladungsschreiben zum Vorstellungsgespräch jeweils einen solchen „Bewerberbogen" bei und bitten Sie den Empfänger, diesen ausgefüllt zum Gespräch mitzubringen. Damit haben Sie eine bessere Möglichkeit, die persönlichen Daten auszuwerten, da alle nötigen Informationen im Fragebogen an der gleichen Stelle stehen.

Muster:
Fragebogen „Persönliche Daten" (Bewerberbogen)

Die persönlichen Daten von Bewerbern können Sie leichter vergleichen, wenn Ihnen diese in einheitlich strukturierter Form vorliegen. Bereiten Sie einen auf Ihre Bedürfnisse abgestimmten Fragebogen vor, den Sie Bewerbern vorab zuschicken mit der Bitte, ihn zum Vorstellungsgespräch ausgefüllt mitzubringen. Einige Anregungen zum Inhalt:

- ☐ Gewünschte Stelle: ...
- ☐ Vor- und Zuname: ...
- ☐ Geburtsdatum: ...
- ☐ Geburtsort: ...
- ☐ Familienstand: ...
- ☐ Genaue Anschrift: ...
- ☐ Telefonnummer / Mobil: ...
- ☐ Tagsüber telefonisch erreichbar unter: ...
- ☐ E-Mail-Adresse: ...
- ☐ Sprachen (mündlich / schriftlich): ...
- ☐ Spezielle Kenntnisse und Fähigkeiten: ...
- ☐ PC/EDV-Kenntnisse (Systeme und Programme): ...
- ☐ Führerschein(e) Klasse: ...
- ☐ Schule(n), Hochschulen (wo, wann?): ...
- ☐ Berufsausbildung/Lehre als (wo, wann?): ...
- ☐ Art des Abschlusses: ...
- ☐ Abschluss einer Hochschule: ...
- ☐ Kurse, Praktika, Auslandsaufenthalte (was, wann, wo?): ...
- ☐ Bisherige berufliche Tätigkeiten (Arbeitgeber, beschäftigt als, von/bis?): ...
- ☐ Neben- und ehrenamtliche Funktionen: ...
- ☐ Frühestmöglicher Eintrittstermin: ...
- ☐ Bemerkungen: ...

Stimmen Sie einen eigenen Fragebogen für Bewerber möglichst mit Ihrem Betriebsrat ab (sofern Sie einen im Unternehmen haben).

5. Schritt: Das Vorstellungsgespräch

Das persönliche Treffen und Gespräch mit den Bewerbern dient dazu, herauszufinden, ob der jeweilige Kandidat die Anforderungen an die Stelle erfüllt und ob er geeignet ist, Ihr Team zu verstärken. Deshalb gilt auch hier der Grundsatz: gute Vorbereitung, systematisches Vorgehen und höchstmögliche Sorgfalt.

Die Entscheidung über „ja" oder „nein" ist für beide Seiten ein ganz wichtiger Schritt. Ein (kurzes) Gespräch reicht da meistens gar nicht aus, um einen sicheren Eindruck zu bekommen. Idealerweise führen Sie deshalb mit Kandidaten, die in der engeren Wahl stehen, mehrere Gespräche, am besten mit unterschiedlichen „Beobachtern" aus Ihrem Haus. Damit berücksichtigen Sie auch, dass der Kandidat einer Tagesform unterliegt und in einem zweiten Gespräch einen möglicherweise nicht so guten Eindruck aus dem ersten wettmachen kann.

Das erste Gespräch könnte der Vorgesetzte führen, in dessen Team die Stelle zu besetzen ist, unterstützt durch ein Mitglied des Teams. Bestätigt sich die Eignung für die engere Auswahl, sollte beim nächsten Gespräch vielleicht der nächst Höhere in der Firmenhierarchie dabei sein. Auf jeden Fall empfiehlt es sich, Bewerbungsgespräche nicht alleine zu führen, sondern zu zweit. So bekommen Sie einen besseren Gesamteindruck vom Bewerber („vier Augen sehen mehr als zwei").

Gehen Sie strukturiert und systematisch vor. Am besten bereiten Sie sich für Ihre Vorstellungsgespräche ebenfalls eine Checkliste oder einen Gesprächsleitfaden vor (siehe Muster). → Seiten 156/157 So können Sie immer nach einem festgelegten Schema vorgehen. Das bringt Ihnen den Vorteil, dass Sie erstens nichts Wichtiges vergessen, sich zweitens voll auf das Gespräch konzentrieren und drittens die einzelnen Gesprächspartner gut miteinander vergleichen können. Antworten, Eindrücke und Beobachtungen sollten Sie und die beteiligten Kollegen sich während des Gespräches unabhängig voneinander notieren. Jeder achtet auf andere Details. So bekommen Sie eine noch bessere Grundlage für eine sichere Entscheidung.

Praxistipp:
Zehn Empfehlungen für das Vorstellungsgespräch

Die Auswahl eines neuen Mitarbeiters sollten Sie mit Bedacht treffen. Neben den Bewerbungsunterlagen ist in erster Linie das Vorstellungsgespräch die entscheidende Grundlage für die Entscheidung.

1. Führen Sie das Bewerbungsgespräch nicht aus dem Bauch heraus, sondern anhand einer vorbereiteten Checkliste (→ Seiten 156/57). So können Sie sich auf den Dialog und auf den Bewerber konzentrieren, ohne wichtige Fragen zu vergessen. Außerdem erleichtert Ihnen das strukturierte Vorgehen den Vergleich zwischen mehreren Kandidaten.
2. Lassen Sie den Bewerber ausführlich zu Wort kommen – so lernen Sie Ihr Gegenüber kennen.
3. Nutzen Sie das Gespräch, um Informationen zusammenzutragen, entscheiden Sie später.
4. Seien Sie zurückhaltend mit Aussagen, die der Bewerber als Versprechen verstehen könnte (Gehaltsentwicklung, Prämien, Weiterbildung, Aufstiegsmöglichkeiten, ...).
5. Sagen Sie dem Bewerber zu Gesprächsbeginn, dass Sie, um ein rundes Bild zu bekommen, noch einige ergänzende Fragen haben und die wichtigen Punkte schriftlich festhalten. Heikle Fragen (etwa „Konflikt mit dem

Neben dem klassischen Vorstellungsinterview gibt es noch weitere Möglichkeiten, wichtige Informationen über die Eignung eines Kandidaten zu bekommen: Arbeitsproben, Assessment-Center, spezielle Eignungstests, Einschalten einer Personalberatung, Schnupper-Arbeitstage im Unternehmen, grafologisches Gutachten, Persönlichkeitstests, ... (sie alle im Einzelnen zu erläutern, würde diesen Rahmen sprengen.) Prüfen und entscheiden Sie, inwiefern Sie derartige Instrumente einsetzen wollen, um den am besten geeigneten Kandidaten zu ermitteln.

Ein Tipp noch: Klären Sie im Vorfeld, welche Reisekosten Sie in welcher Form übernehmen (etwa: „in Höhe der Bahnfahrt

Gesetz") werden eher beantwortet, wenn Sie beginnen mit „Darf ich Ihnen zu ... eine Frage stellen?".

6. Mit Arbeitsproben können Sie das Gespräch auflockern und zusätzliche Informationen gewinnen.

7. Beantworten Sie sich nach dem Gespräch drei zusammenfassende Fragen:
   - ☐ *Kann sie/er?* Sind die notwendigen Fachkompetenzen vorhanden oder lernbar?
   - ☐ *Will sie/er?* Sind Motivation und Leistungsbereitschaft vorhanden, entspricht die Arbeit ihrer/seiner Interessen- und Bedürfnislage?
   - ☐ *Passt sie/er?* Stimmen wir in grundsätzlicher Hinsicht überein, stimmt die Chemie, passt sie/er ins Team?

8. Holen Sie Referenzen erst nach dem Vorstellungsgespräch ein.

9. Ausschlaggebend für die Einstellung ist nicht allein der persönliche Eindruck des Personalverantwortlichen, sondern in erster Linie die Meinung des künftigen direkten Chefs.

10. Falls der Bewerber aus fachlichen Gründen für diese Position nicht der Richtige ist: Überlegen Sie, ob Sie ihm nicht eine andere Stelle im Unternehmen anbieten können, für die er vielleicht besser geeignet ist.

2. Klasse"). Informieren Sie die eingeladenen Kandidaten vor dem Vorstellungsgespräch über Ihre Regelung (am besten im Einladungsbrief). Damit schaffen Sie Klarheit und vermeiden spätere Unstimmigkeiten.

Und noch eine letzte Empfehlung: Geben Sie sich nicht mit einer Kompromiss-Lösung zufrieden. Wenn Sie nach mehreren Vorstellungsgesprächen nicht überzeugt sind, wirklich den geeigneten Kandidaten gefunden zu haben: Suchen Sie weiter! Das ist in aller Regel besser, als sich vielleicht einige Monate über Ihre falsche Wahl zu ärgern und sich nach der Probezeit (oder ein paar Monate später) wieder von dem eben erst eingestellten neuen Mitarbeiter trennen zu müssen.

Checkliste:
Leitfaden für das Vorstellungsgespräch (Bewerberanalyse)

Führen Sie Vorstellungsgespräche nicht unvorbereitet und unstrukturiert. Schaffen Sie sich vielmehr einen Gesprächsleitfaden, der alle Punkte enthält, die Ihnen für die Auswahl eines neuen Mitarbeiters wichtig sind. Das standardisierte Vorgehen stellt sicher, dass Sie alle wichtigen Fragen im Gespräch auch wirklich stellen. Zudem können Sie die einzelnen Bewerber gut miteinander vergleichen.

Hier ein Muster, wie Sie Ihren Leitfaden für das Vorstellungsgespräch aufbauen und strukturieren könnten:

1. Persönliche Verhältnisse

☐ Wohnungswechsel möglich?

☐ Freizeitbeschäftigungen?

☐ Konflikte mit dem Strafgesetz/laufende Ermittlungen/Vorstrafen, die für die Tätigkeit relevant sind?

☐ Zukunftserwartung/Ziele?

2. Ausbildung und praktische Tätigkeit

☐ Berufswahl und Interessen?

☐ Bevorzugte/abgelehnte Fächer und Arbeiten?

☐ Frühere Stellenwechsel (Begründungen)?

☐ Gegenwärtige Tätigkeit?

☐ Einstellung zur Teamarbeit?

☐ Verwendung von Planungsmitteln (Outlook, Zeitplanbuch)?

☐ Sonstiges (individuelle Notizen hinsichtlich der fachlichen Eignung)

3. Verschiedenes

☐ Bewerbungsursache?

☐ Persönliche finanzielle Situation?

☐ Liegen Lohnpfändungen vor?
☐ Gegenwärtiges Monatsgehalt/Jahresgehalt/Brutto-Stundenlohn?
☐ Verdienstwunsch (monatlich/jährlich/Stundenlohn) brutto?
☐ Gekündigtes Arbeitsverhältnis?
☐ Kündigungsgrund?
☐ Referenzen?
☐ Einstellung möglich zum …?

4. Beobachtungen und Eindrücke
(Achtung: AGG beachten = keine diskriminierenden Einträge!)
☐ Äußere Erscheinung, Umgangsformen?
☐ Körpersprache (Mimik, Gestik, Stimme)?
☐ Persönliche Eigenarten (Charaktermerkmale)?
☐ Beweglichkeit im Denken und Ausdruck?
☐ Arbeitsweise, Arbeitsmethodik?
☐ Mitmenschliches Verhalten?

5. Beobachtungen und Eindrücke weiterer Gesprächsteilnehmer/Personen

6. Ergebnis
☐ Wir telefonieren/schreiben bis zum …?
☐ Er/sie telefoniert/schreibt bis zum …?
☐ Fahrtkosten und Spesen ausbezahlt/überwiesen/kein Anspruch?
☐ Anstellung ja oder nein?
☐ Wenn ja: Wann?
☐ Anstellung später möglich als …?
☐ Aufnahme in Talentpool (→ Seiten 142/143)

7. Bemerkungen

Erfolgsbaustein 14

Motivierende Starthilfe: Der erste Tag stellt die Weichen für Arbeitsfreude und Arbeitsleistung

> *„Zur Führung von Mitarbeitern: Man schaffe ein gutes Klima, sorge für gute Ernährung und lasse den Menschen wachsen ... Das Ergebnis ist überwältigend. "*
>
> (Robert Townsend, ehemaliger Chef von AVIS)

Ob sich die Investition in einen neuen Mitarbeiter auszahlt, entscheidet sich häufig bereits in den ersten Tagen. Denn was er letztlich für Ihre Firma bringt, hängt nicht zuletzt davon ab, wie er sich in diesen ersten Tagen in der neuen beruflichen Heimat an- und aufgenommen fühlt. Das wird seine Arbeitsfreude und Arbeitsleistung zumindest in der Anfangszeit maßgeblich beeinflussen – und damit ja auch Ihr Urteil über ihn.

„Auf neue Mitarbeiter bereiten wir uns immer sehr gut vor", erzählt der Geschäftsführer eines größeren Mittelstandsunternehmens. Und betont: „Darauf lege ich persönlich großen Wert." Denn er kann sich noch gut an seinen ersten Arbeitstag erinnern, als er nach dem Studium ins Arbeitsleben wechselte: „Ich kam voller Elan und Vorfreude in ´meine´ Firma. Doch schon beim Eingang die erste Ernüchterung: Die Dame am Empfang wusste nichts davon, dass ich heute als ´der Neue´ anfange. Auch in der Abteilung war nichts bekannt.

Und folglich weder ein Schreibtisch noch sonst etwas vorbereitet. Der Abteilungsleiter, der mich eingestellt hatte, war auf einer mehrtägigen Dienstreise. Also wurde ich erst mal in einem leeren Büro geparkt und mit einem Berg von Lesestoff beschäftigt. Ich war wahnsinnig enttäuscht. Und ich blieb auch nicht allzu lange in diesem Unternehmen. "

Wer sich an seinen ersten Arbeitstagen in der neuen Firma derart als Fremdkörper fühlt, für den sich niemand so recht interessiert, der wird wohl rasch ins Grübeln kommen, ob die Entscheidung für diesen Arbeitgeber wirklich die richtige war. Motivation und Leistung werden sich unter diesen Umständen sicher nicht so entfalten, wie es möglich und wünschenswert wäre.

Herzlich willkommen: Blumenstrauß zur Begrüßung

Ganz anders hingegen, wenn Sie neuen Mitarbeitern von Anfang an das gute Gefühl vermitteln, dass sie bei Ihnen willkommen und wertgeschätzt sind. Der erste Arbeitstag könnte ja auch folgendermaßen aussehen: Der „Neue" wird von seinem direkten Vorgesetzten freundlich begrüßt und zum gut vorbereiteten Arbeitsplatz geleitet. Alles sauber und aufgeräumt, auf dem Schreibtisch ein frischer Blumenstrauß. (Bei gewerblichen Mitarbeitern kann dies auch ein anderes Begrüßungsgeschenk sein – wichtig ist die mit dieser Geste ausgedrückte Wertschätzung!) Ohne ihn mit einem unendlichen Wortschwall zu überfordern, gibt der Chef dem Mitarbeiter eine dosierte erste Einführung in Firma und Aufgabe, bevor er ihn mit den Teamkollegen bekannt macht. Anschließend übergibt er ihn der Obhut seines persönlichen „Paten", der den neuen Kollegen in den Anfangstagen fürsorglich begleitet und ihm in den nächsten Wochen als Ansprechpartner für alle Fragen zur Seite steht.

Wenn der erste Arbeitstag so abläuft, wird sich der Mitarbeiter sofort wohl fühlen. Das wird ihn vor allem auch in seiner Entscheidung für dieses Unternehmen nachhaltig bestärken. Mit dem Effekt, dass er sich freudig und engagiert für diesen tollen Arbeitgeber einsetzt.

Der erste Tag im Unternehmen ist für Neulinge ja ohnehin immer eine spezielle Herausforderung. Diese Herausforderung sollten Sie so gut wie möglich zu einem äußerst positiven Erlebnis für das neue Teammitglied machen. Er sollte absolut die Gewissheit vermittelt bekommen: „Wir erwarten Dich, wir brauchen Dich und wir freuen uns, dass Du da bist."

Zu einem motivierenden sowie Sicherheit vermittelnden Einstieg gehören neben dem Paten beispielsweise auch ein schriftlicher Einarbeitungsplan, eine aktuelle Hauptaufgabenliste, die „Spielregeln" des Unternehmens (Hausordnung) sowie die langfristigen Unternehmensziele oder Unternehmensleitsätze zur Orientierung. Das alles lässt sich sehr gut frühzeitig vorbereiten, beispielsweise mit der folgenden Checkliste „Empfehlungen zur Mitarbeiter-Einführung". Sie enthält alle entscheidenden Schritte, die für den ersten Tag des neuen Kollegen im Unternehmen wichtig sind: vom fertig eingerichteten Arbeitsplatz bis hin zum Weg in die Kantine.

Wichtig: Verstehen Sie die Einführung eines neuen Mitarbeiters nicht als einmalige Maßnahme, sondern als einen Prozess, der sich über längere Zeit erstreckt. Verteilen Sie deshalb die einzelnen Punkte der Checkliste je nach Dringlichkeit über ein bis zwei Wochen. So erleichtern Sie dem neuen Kollegen, sich allmählich immer besser in die Firma hineinzufinden.

Checkliste:
Empfehlungen zur Mitarbeiter-Einführung

1. Vorbereitung

☐ Informieren Sie sich über beruflichen Werdegang, persönliche Verhältnisse und Eintrittszeit des neuen Mitarbeiters.

☐ Ist Hilfe bei der Wohnungssuche erforderlich?

☐ Informieren Sie andere Personen und Stellen (Mitglieder der Arbeitsgruppe, Führungskräfte/Chefs, Empfang/Telefonzentrale, Hauszeitschrift).

☐ Bestimmen Sie eine Vertrauensperson („Paten") zur persönlichen Betreuung.

☐ Bestellen Sie Ausweise für Eintritt, Arbeitszeiterfassung und Essensvergütungen.

☐ Bereiten Sie den Arbeitsplatz vor (inklusive Garderobenschrank, Namensschild an der Bürotür und/oder zum Anstecken, Arbeitsmaterialien, vielleicht sogar schon Visitenkarten).

☐ Bereiten Sie eine Einführungsarbeit vor, die dem Können angepasst und dem Unternehmen nützlich ist.

☐ Schicken Sie Ihrem neuen Mitarbeiter acht bis zehn Tage vor Arbeitsantritt einen Kurzbrief, in dem Sie schreiben, wann Sie ihn erwarten und dass Sie sich auf die Zusammenarbeit freuen.

☐ Stellen Sie eine Liste der Hauptaufgaben des Vorgängers bereit. Wenn eine neue Stelle eingerichtet wurde, sollten Sie mindestens die Liste der Hauptaufgaben vorher mit dem Neuen abklären.

☐ Stellen Sie die Unternehmens-Zielpläne (Lebens-, Perioden-, Jahreszielplan) in schriftlicher Ausfertigung bereit, wenn der neue Kollege eine Führungskraft ist. Andere Mitarbeiter erhalten eine Ausfertigung des öffentlich zugänglichen Unternehmens-Lebenszielplanes (Unternehmensvision) und können den von ihrem Chef ausführlich erläuterten Jahreszielplan einsehen.

☐ Legen Sie die aktuelle Hausordnung, Organisationspläne und das Firmen-Organigramm bereit.

2. Empfang

☐ Empfangen Sie den Neuen möglichst persönlich und heißen Sie ihn willkommen.

☐ Erkundigen Sie sich nach der persönlichen Situation (Unterkunft, Arbeitsweg, offene Fragen ...), bieten Sie Ihre Unterstützung an.

☐ Erledigen (oder delegieren) Sie die administrativ notwendigen Formalitäten.

☐ Übergeben Sie ihm die vorbereiteten Unterlagen (siehe „1. Vorbereitung").

☐ Zeigen Sie ihm Umkleideraum, Aufenthaltsraum, Sozialräume.

☐ Erläutern Sie ihm eventuelle Zugangs- und Zeiterfassungsgeräte.

☐ Übergeben Sie ihm einen Hausschlüssel (eventuell erst nach Einarbeitung), informieren Sie ihn über Einlass-/Zugangsregelungen.

3. Arbeitsplatz

☐ Erklären Sie die Eingliederung in die Abteilung (Organigramm, Dienstwege).

☐ Machen Sie den Neuen mit den zuständigen Vorgesetzten und den nächsten Kollegen bekannt.

☐ Informieren Sie ihn über Arbeitsbeginn, Pausen, Arbeitsschluss.

☐ Sorgen Sie dafür, dass er von Anfang an aktiv mitarbeiten kann und nicht Zuschauer und Handlanger bleibt.

☐ Übergeben Sie ihm persönlich zugeteiltes Material und Mobiliar.

☐ Zeigen Sie ihm, wo Akten aufbewahrt und Schlüssel deponiert werden.

4. Umfeld

☐ Lassen Sie sich Sozialversicherungsausweis und Krankenversicherungsnachweis geben (oder in der Personalabteilung abgeben), klären Sie alle Versicherungsangelegenheiten.

☐ Zeigen Sie ihm (soweit vorhanden) Firmenrestaurant, Kantine, Cafeteria, Sanitätszimmer und erläutern Sie die Modalitäten der Benutzung.

☐ Informieren Sie ihn über interne Informationsmittel/-wege (Intranet, Schwarzes Brett, betriebliches Vorschlagswesen, Einsatz des „methoPlanes" und Ähnliches) sowie über interne Weiterbildungsmöglichkeiten.

☐ Machen Sie ihn gegebenenfalls mit dem zuständigen Mitglied des Betriebsrates bekannt.

5. Verhaltensregeln

☐ Informieren Sie den neuen Mitarbeiter, was hinsichtlich Grüßen, Anrede, Titel, Verschwiegenheit oder auch im Umgang miteinander (Du/Sie) erwartet wird.

☐ Teilen Sie ihm die Regeln der Zusammenarbeit in der Gruppe mit.

☐ Teilen Sie ihm mit, was üblich ist bezüglich Kaffeekochen, Essen, Rauchen und Ähnlichem.

☐ Erläutern Sie ihm, wie der Kontakt mit anderen Stellen vor sich geht, wie man sich im Fall von Krankheit und Unfall zu verhalten hat, was für Abwesenheiten wie Urlaub gilt und wie die Spesenbestimmungen gehandhabt werden.

☐ Erklären Sie ihm, wann und wo bei Notfällen Alarm auszulösen ist.

☐ Informieren Sie ihn über Freizeitanlagen, Bibliothek und Freizeitstätten, über gesellige und sportliche Institutionen des Unternehmens.

☐ Erläutern Sie ihm, wie Sie es im Unternehmen mit E-Mail-Spielregeln oder der Internet-Nutzung halten.

**Das lesen Sie
in Kapitel 3**

Menschen wollen in ihrem Leben etwas bewegen, etwas bewirken, etwas Bleibendes schaffen. Auch in ihrer beruflichen Aufgabe.

Mitarbeiterinnen und Mitarbeiter sind in aller Regel hoch motiviert, sich engagiert für den gemeinsamen Erfolg einzusetzen. Aufgabe des Chefs ist es, ihnen dies zu ermöglichen, indem er die Grundlagen schafft, auf denen jeder seine Begabungsstärken wirksam entfalten kann.

3

Das Zusammenspiel von Chef und Team

So nutzen Sie das Know-how Ihrer besten Unternehmensberater

Wer Menschen führt, sollte die Voraussetzungen schaffen, dass ein jeder sich entfalten kann

Der heilige Benedikt vergleicht in seiner Regel die Kloster-gemeinschaft mit einer Werkstatt. In Kapitel 4,78 schreibt er: **„Die Werkstatt aber, in der wir das alles sorgfältig ver-wirklichen sollen, ist der Bereich des Klosters und die Be-ständigkeit in der Gemeinschaft."**

Die Brüder und Schwestern müssen immer an der *„com-munio"*, der Gemeinschaft arbeiten. Dieses Werk ist nie-mals abgeschlossen, sondern verändert sich ständig. Auch wenn wir eine *„stabilitas loci"* ablegen und an einem Ort bleiben bis zum Tod, was für manche Außenstehende als langweilige Lebensform erscheinen mag, bleibt die Ge-meinschaft doch nie dieselbe. Mit jedem Eintritt beginnt ein „neues Mischen der Karten", ein neues Verteilen der Auf-gabengebiete. Das löst immer einen sehr interessanten, dy-namischen Prozess aus, an dem keiner unbetroffen vorbei gehen kann.

Schweigend miteinander kommunizieren

Das lateinische Wort für „etwas gemeinsam tun" ist *„com-municare"*. Das zeigt die ursprüngliche Bedeutung von Kommunikation. Sicher eine hochinteressante Entdeckung, denn der tiefere Sinn dieses Wortes meint nicht das Reden um des Redens willen, das Gerede oder das Geschwätz, sondern das gemeinsame Tun.

Der Mönch soll **„das viele Reden nicht lieben"**, heißt es im Regelkapitel 4,52. Indem wir als Gemeinschaft etwas gemeinsam tun – ob beten, essen oder arbeiten –, kommunizieren wir schweigend miteinander. Und das ist meist viel, viel tiefer, als wenn oft geredet und doch nicht miteinander kommuniziert wird. Reden allein sagt noch lange nichts über die Qualität der Kommunikation. Seit ich im Kloster bin, erfahre ich, dass dieses gemeinschaftliche Tun auf ein gemeinschaftliches Ziel hin eine viel tiefere Kommunikation sein kann als das Reden, das natürlich in unserer Lebensform ebenfalls seinen Platz haben muss. Und doch bleibt mein Eindruck: Viel, viel mehr als viele Worte und vor allem viel, viel erfüllender und Sinn gebender ist das miteinander Tun.

Den Weg zum Mitmenschen bereiten

Zu den größten Übeln in einer Gemeinschaft gehörte für unsere Ordensväter Benedikt und Bernhard das „Motzen": **„Dazu mahnen wir vor allem: Man unterlasse das Murren."** (RB 40,9) Allzu häufig wird doch lieber geschimpft und geklagt, als gemeinsam nach einer Lösung gesucht. Allzu oft wird über andere geredet statt mit ihnen. Allzu gerne laufen die Menschen bei zwischenmenschlichen Problemen weg, statt sich ihnen zu stellen.

Der heilige Benedikt plädiert für das Durchhalten. Eine Gemeinschaft ist es wert. So wie der Mönch, die Schwester sich auf Gott hinbewegt und Christus entgegengeht, muss auch die Kommunikation den Weg zum Mitmenschen bereiten. Da muss immer wieder ein zwischenmenschliches Hin und Her geschehen. Nicht unbedingt mit Worten, das kann auch in Gesten passieren. In der Verbundenheit, etwas miteinander zu tun, geschieht oft mehr als mit vielen Worten.

Wertschätzung für Werkzeuge und Geräte

Bei uns im Kloster gibt es nichts Profanes, Banales mehr. Benedikt spricht in Kapitel 32,1-5, in dem er über die Werkzeuge und Geräte des Klosters schreibt, das Wertebewusstsein des Einzelnen an. Es geht ihm dabei nicht nur um eine Verantwortung dem eigenen und fremden Leben gegenüber, sondern auch um ein Verantwortungsgefühl für das Gegenständliche: Die Mönche sollen die Gegenstände des Klosters wie heiliges Altargerät behandeln.

Das Tun eines geistlichen Menschen wird geheiligt durch die Absicht, mit der er seine Aufgabe ausführt. Arbeit im Team, in der Gruppe ist darum heilend, weil sie dazu beiträgt, dass ein Mensch etwas über sich selbst begreift. Im Geschaffenen oder noch zu Schaffenden wiederholt sich stets der kreative Akt des schöpferischen Gottes. Wer das Gerät des Klosters als heiliges Altargerät betrachtet, sieht in ihm seinen sakralen Wert. Das Alltägliche, Banale ist Dienst für das Göttliche. Dies war übrigens das Geheimnis der Kultur durch unsere Klöster über Jahrhunderte und eine gelebte Nachhaltigkeit längst vor unserer Zeit.

Der heilige Benedikt schließt durch das Verhalten dem scheinbar unwichtigen Äußeren gegenüber auf die Herzenshaltung des Mönches. Das Gegenständliche bei der Arbeit hat auch noch eine weitere Bedeutung: Es wird zum Dialogpartner. Wir kennen das alle, dass wir manchmal davon sprechen, dass uns dieser oder jener Gegenstand, den wir benutzen, mit dem wir Erinnerungen verbinden, lieb geworden ist. Das kann bei einem Handwerker ein Werkzeug sein, das er besonders liebt oder als besonders praktisch empfindet, bei einem Geistesschaffenden ein Schreibgerät. Es scheint so, als ob der Mensch zu dem Gegenständlichen, das ihn umgibt, im Laufe der Zeit eine emotionale Beziehung aufbaut. Besonders auffallend ist dies, wenn alte Menschen allein leben und das Gegenständliche einen besonderen Erinnerungswert an den nicht mehr lebenden Partner in sich birgt und so den Dialog zu diesem quasi aufrechterhält.

Benedikt deutet das an, wenn er in seinen Hinweisen für den Cellerar des Klosters angibt, die ganze Habe des Klosters als Altargerät zu betrachten: **„Alle Geräte und den ganzen Besitz des Klosters betrachte er als heiliges Altargerät. Nichts darf er vernachlässigen. Er sei weder der Habgier, noch der Verschwendung ergeben. Er vergeude nicht das Vermögen des Klosters, sondern tue alles mit Maß und nach der Weisung des Abtes."** (RB 31,10-12)

Wer das Dingliche „beseelt" und ihm, wie der heilige Benedikt das in der Regel wünscht, einen zusätzlichen, über das rein Materielle hinausgehenden Wert zuschreibt, der geht auch mit den banalsten Dingen „liebevoll" um. Diese Wertschätzung des Dinglichen könnte auch für unsere heutige Zeit ein bedeutender Ansatz zur nachhaltigen Motivation des arbeitenden Menschen sein. Beginnen müsste es bei den Führungspersönlichkeiten, die diesen ethischen Ansatz mit in den täglichen Arbeitsablauf integrieren.

Zusammen arbeiten „in Demut"

Wichtig ist für Benedikt im Zusammenhang mit der zusammen arbeitenden Kommunikation im Kloster, im Team, die Haltung, wie das getan wird – nämlich „in Demut". Von jedem Mitglied der Gemeinschaft erfordert dies zwei Voraussetzungen: „Erkenne Dich selbst" und „Sei bereit zum Dienen".

Die Demut *(„humilitas")* hat etwas mit unserem Lebenshumus zu tun. Es bedeutet, dass ich von der Erde genommen bin, Geschöpf bin, nicht Schöpfer, dass ich wahrhaftig bin. Demut ist Wahrheit. Dass ich zu dem stehe, was ich bin und nicht mehr sein will, als ich bin. Leben nährt sich aus dem Boden, aus den Wurzeln. Die Zisterzienser sprechen von geerdeter Spiritualität und leben seit Jahrhunderten aus Beständigkeit und Bodenhaftung. Es kommt darauf an, neue Ideen, Visionen, Erkenntnisse in unserem Leben zu verankern und umzusetzen.

Das Selbst-Werden im wahrhaftigen, konstruktiven Umgang mit Gegensätzen und die Entwicklung zu einer ausgeglichenen Persönlichkeit ist dem Abt/der Äbtissin als

Führungspersönlichkeit einer klösterlichen Gemeinschaft aufgegeben.

Der Abt soll „**der Eigenart vieler dienen**" (RB 2,31). Also Demut üben. Das kann konkret beispielsweise heißen: die Mitbrüder aufmerksam zu begleiten, mit ihnen gemeinsam die eigene Heimat zwischen Dauer und Wandel, Nähe und Distanz zu entdecken und die eigene Heimat für die Gemeinschaft, ihre Aufgaben und Ziele fruchtbar zu machen.

Wer führt, muss bereit sein, zu dienen

Führen in Demut verlangt, sich selbst zurückzunehmen. Benedikt schreibt dem Abt deshalb vor: „**Er wisse, dass er mehr helfen als herrschen soll.**" (RB 64,8).

Aus meiner eigenen Erfahrung kann ich bestätigen: Erst wenn der Obere bereit ist, seinen Untergebenen zu dienen, entwickelt sich ein echtes menschliches Zusammenleben. Die Gemeinschaft und das Unternehmen werden erst dann funktionieren, wenn ich als Führungsverantwortliche Demut vorlebe, also selbst zupacke, bevor ich andere beauftrage, und wenn ich auch das Beispiel dafür gebe, dass einer dem anderen hilft.

Wenn der Obere vorlebt, dass Führen ein Dienst für die gesamte Gemeinschaft ist, ermutigt er diejenigen, die ernsthaft an den Zielen arbeiten wollen, und erteilt allen Schmeichlern eine Absage.

„**Wer seinen Dienst gut versieht, erlangt einen hohen Rang.**" (RB 31,8) Das Führungsbild des Hirten macht dies anschaulich: Der Hirte geht hinter seiner Herde. Das heißt freilich nicht, dass sich ein Verantwortlicher hinter seiner Gemeinschaft verstecken soll, das wäre falsch. Aber der Abt, die Äbtissin soll den Mitbrüdern beziehungsweise Mitschwestern den Rücken stärken, ihnen den Vortritt lassen, auf dass sie fachliche Kompetenz entwickeln, Konzepte präsentieren können und damit im Dienst an der Gemeinschaft zur Entfaltung kommen.

Die Bedeutung des Dienens zeigt sich bei uns Zisterziensern ganz besonders in der Gastfreundschaft: **„Alle Fremden, die kommen, sollen aufgenommen werden wie Christus."** (RB 53,1) Abt und Brüder sollen dem Gast voll dienstbereiter Liebe entgegeneilen, schreibt Benedikt. Doch auch im internen Miteinander betont er die Bedeutung der gegenseitigen Zuneigung und Wertschätzung: **„Die Brüder sollen einander dienen."** (RB 35,1) Und: **„Sie sollen einander in gegenseitiger Achtung zuvorkommen."** (RB 72,4) Der gegenseitige Dienst kultiviert die zisterziensische, klösterliche Gemeinschaft sogar beim Küchendienst, und dieser Dienst bringt großen Lohn und lässt die Liebe wachsen.

Dienen ist letztlich ein Geschenk, mit dem man Wertschätzung mit Händen greifen kann. Aber nicht nur das: In einer Kultur des Dienens gibt einer dem anderen immer ein bisschen mehr, so dass Fülle und Wachstum entstehen. Damit wird etwas ganz Wichtiges in der Vision des heiligen Benedikt für ein Kloster sichtbar: Die Ergänzung und gegenseitige Befruchtung der Talente und Eigenheiten der Menschen steht im Kontext von etwas Größerem.

Jedes Teammitglied braucht Entfaltungsfreiheit

In einem guten Team sind unterschiedliche Persönlichkeitsgruppen und -typen so eingesetzt, dass sich der Einzelne auf seine Stärken besinnen kann. Der Teamleiter schafft hierfür die Voraussetzungen und gewährleistet, dass sich jeder Einzelne entfalten und weiterentwickeln kann. Als Äbtissin fungiere ich als geistige Mutter, sozusagen als Coach für jede einzelne Schwester in meinem Team.

Es ist wie bei einem schönen Musikstück: Tonart, Noten oder Zeichen bestimmen das Musikstück, aber zur (möglichst wohlklingenden) Musik wird es erst durch die Interpretation des Dirigenten und der Musiker.

Das heißt: Zum einen muss es Regeln, Gesetze, Orientierung geben. Zum anderen aber auch Bewegungsfreiheit und Freiraum, damit sich die einzelnen Mitglieder des Teams entfalten können und somit die Grundlage für selbstständiges, verantwortungsvolles Handeln gelegt wird.

Aufgabe des Abtes beziehungsweise jeder Führungskraft ist es, alles daran zu setzen, dass sich der Geist im Rahmen der nötigen Vorgaben frei entfalten kann. Jeder sollte in der Gruppe einen Sinn in seinem Tun und Freude am Leben finden.

Leider ist das gerade im Wirtschaftsleben nicht überall so möglich. In vielen Firmen wird zwar großspurig davon geredet, dass die Menschen der größte Schatz des Unternehmens seien. In Wirklichkeit aber nimmt man von ihnen, bis es nicht mehr geht.

Geprägt von Wertschätzung für den Menschen

Die Regel des heiligen Benedikt ist zutiefst geprägt von der Wertschätzung für den einzelnen Menschen sowie auch für die Menschen in der Gruppe. Sie würdigt die Einmaligkeit jedes Menschen (jeder ist anders und darf dies auch sein), zeigt aber zugleich, und das ist das Besondere der Regel, wie Individuen zu einer Gemeinschaft zusammengefügt werden können. Wir erfahren durch sie, wie wir erfolgreich der Eigenart vieler Menschen dienen können, und entdecken dabei, dass wir uns durch sie bereichern lassen können.

Orientierung und Input für jedes Team

Zum Abschluss möchte ich aus der Regel des heiligen Benedikt noch Kapitel 72 („Über den guten Eifer, den die Mönche haben sollen") vorstellen:

„Wie es einen bitteren und bösen Eifer gibt, der von Gott trennt und zur Hölle führt, so gibt es den guten Eifer, der von den Sünden trennt, zu Gott und zum ewigen Leben führt. Diesen Eifer sollen also die Mönche mit glühender Liebe in die Tat umsetzen. Das bedeutet: Sie sollen einander in gegenseitiger Achtung zuvorkommen; ihre körperlichen und charakterlichen Schwächen sollen sie mit unerschöpflicher Geduld ertragen; im gegenseitigen Gehorsam sollen sie miteinander wetteifern; keiner achte auf das eigene Wohl, sondern mehr auf das des anderen; die Bruderliebe sollen sie einander selbstlos erweisen; in Liebe sollen sie Gott fürchten, ihrem Abt seien sie in aufrichtiger und demütiger Liebe zugetan. Christus sollen sie überhaupt nichts vorziehen. Er führe uns gemeinsam zum ewigen Leben."

Dieses wunderbare Kapitel hat der heilige Benedikt am Höhepunkt seines geistlichen Wirkens, seines persönlichen Reifungsprozesses als Mönch und Patron Europas, geschrieben. Entstanden ist der Text vor 1500 Jahren – doch auch in der heutigen Zeit kann sich noch jedes Team, jede Gruppe, jeder Mensch, der Führungsverantwortung trägt, an diesen Worten orientieren. Kann einen nachhaltigen „Input" bekommen, der das Team im Miteinander voller Zuversicht und Hoffnung zu neuen Zielen aufbrechen lässt.

Gutes Zusammenspiel: Schaffen Sie die Grundlagen für erfolgreiche Teamarbeit

> *„Bei uns gilt die Devise: Die Menschen sind nicht für das Unternehmen da, sondern das Unternehmen für die Menschen."*
>
> (Dr. Götz Werner, Gründer der „dm"-Drogeriemärkte)

Der Erfolg einer Firma steht und fällt mit der Leistungsfähigkeit des Teams – Unternehmenserfolg ist Teamerfolg. Die Führung muss deshalb mit den bestmöglichen Arbeitsbedingungen die Voraussetzungen dafür schaffen, dass jeder Einzelne seine spezifischen Stärken wirkungsvoll entfalten und damit seinen individuellen Beitrag zum Gesamterfolg leisten kann.

Auch im Unternehmen gilt, was Äbtissin Laetitia über das Zusammenspiel im Kloster schreibt: „Jeder sollte in der Gruppe einen Sinn in seinem Tun und Freude am Leben finden." Die Aufgabe des Chefs entspricht deshalb der des Abtes, nämlich „alles daran zu setzen, dass sich der Geist (der Mitarbeiter) im Rahmen der nötigen Vorgaben frei entfalten kann".

Eines sollten Sie beim Thema Mitarbeiterführung als Grundsatz stets im Auge behalten: Ihre Mitarbeiterinnen und Mitarbeiter wollen Leistung bringen und sich für den Erfolg ihrer Firma anstrengen. Allerdings müssen im Unternehmen die Voraussetzungen gegeben sein, dass dies auch möglich ist – dass sich also jeder mit seinen individuellen Begabungsstärken und Fähigkeiten, mit seinem Know-how und seiner Erfahrung, mit seinen Ideen und seinem Wollen wirksam für den gemeinsamen Erfolg einbringen kann.

Als Chef beziehungsweise Führungskraft ist es Ihre Aufgabe, die geeigneten Rahmenbedingungen zu schaffen. Im Helf-Recht-System finden Sie hierfür Unterstützung durch bewährte Instrumente, Techniken und Arbeitsmittel: Das Helf-Recht-System bietet alles, was Sie und Ihre Mitarbeiter für ein funktionierendes, in die tägliche Arbeit integriertes Qualitäts-, Wissens-, Kreativ-, Mängelbeseitigungs- und Innovationsmanagement brauchen.

Ermöglichen Sie es Ihren Mitarbeitern, gut zu sein

Sie sollten alles dafür tun, dass jeder einzelne Mitarbeiter optimale Leistung bringen und so zum Teamerfolg beitragen kann. Beispielsweise, indem Sie in Ihrem Unternehmen folgende zehn Voraussetzungen erfüllen:

1. Voraussetzung:
Stärken Sie die Eigenverantwortung
Ihrer Mitarbeiterinnen und Mitarbeiter

Wenn Mitarbeiter einen konkret definierten Verantwortungsbereich haben, der ihren Begabungsstärken und ihrer Erfahrung entspricht und in dem sie sich weitgehend frei entfalten dürfen, können sie ihre Qualitäten besonders gut zur Geltung bringen. Mit der **Analyse der Hauptaufgaben** enthält das HelfRecht-System hierfür ein äußerst wirkungsvolles Instrument: Sie hilft Ihnen zum einen, Transparenz und Klarheit in jeden einzelnen Aufgabenbereich beziehungsweise in Ihr ganzes Team oder Unternehmen zu bekommen. Zum anderen ist sie eine schier unerschöpfliche Quelle für Verbesserungen und eine permanent aktive Basis für Innovationen. Wenn Sie dieses System in Ihrem Unternehmen einführen, schaffen Sie sich damit auch eine einfach zu handhabende Form eines Qualitäts- und Wissensmanagements. (Ausführliche Anregungen zum Einsatz der Analyse der Hauptaufgaben im Team lesen Sie im Erfolgsbaustein 16.) → Seite 181

2. Voraussetzung:
Bieten Sie Ihren Mitarbeitern
bestmögliche Entfaltungsmöglichkeiten

Menschen sind besonders leistungsfreudig, wenn ihr Mit-
denken und ihre Meinung gefragt sind, wenn sie das eigene
Arbeitsumfeld aktiv mitgestalten und optimieren dürfen,
wenn sie also spüren, dass sie gebraucht werden. Bieten Sie
Ihren Beschäftigten diese Entfaltungsmöglichkeiten! Lassen
Sie die individuellen Talente und Fähigkeiten Ihrer Mitarbei-
ter nicht brachliegen. Mobilisieren Sie bislang ungenutzte Leis-
tungsreserven in Ihrem Team. Vermitteln Sie jedem einzelnen
Mitarbeiter damit das erhebende Gefühl, dass seine Arbeit
Sinn macht, dass er wirklich etwas beitragen darf, dass sein
Beitrag, seine Leistung auch wertgeschätzt wird. Durch das
„Mitwirken-Lassen" entzünden Sie eine anhaltende Leis-
→ Seite 190 tungsfreude in Ihrem Team. (Erfolgsbaustein 17)

3. Voraussetzung:
Installieren Sie ein tagtäglich gelebtes
Qualitäts- und Innovationsmanagement

Die meisten Verbesserungen und Innovationen resultieren
aus Beobachtungen des Alltags und aus Mängeln des Bestehenden. Hierbei sollten alle mitwirken. Jeder im Team ist gefordert, sich in Sachen Innovation einzubringen. Überlassen
Sie dies aber nicht dem Zufall – aktivieren Sie das Kreativpotential in Ihrem Unternehmen vielmehr systematisch. Schaffen Sie eine kreative Arbeits- und Denkatmosphäre und damit eine innovative Grundstimmung, indem Sie Ihren
Mitarbeitern überzeugend das Bekenntnis vermitteln, dass
Kreativität und Innovationen Ihnen wirklich wichtig sind. Und
fördern Sie das Mitdenken im Betrieb durch methodische Unterstützung, damit Kreativität auch wirklich von jedem in Ihrem Team gelebt werden kann. Mit der **Analyse der Hauptaufgaben** schaffen Sie die Grundlage, dass Prozesse
kontinuierlich hinterfragt und Mängel erkannt werden. Und
mit dem **„methoPlan"** geben Sie Ihren Mitarbeitern das methodische Werkzeug an die Hand, mit dem sie ihre Kreativität in Innovationen verwandeln: Die Orientierung am Schema

des „methoPlanes" hilft dabei, ein Problem in wenigen
Schritten verständlich und strukturiert zu formulieren und
durchdachte Lösungsvorschläge zu erarbeiten. (Erfolgsbaustein 18) → Seite 199

4. Voraussetzung:
**Beziehen Sie Ihre Mitarbeiter
durch gezieltes Delegieren stärker mit ein**

Mitarbeiter wollen Verantwortung übernehmen, wollen ihre
Arbeit möglichst selbst bestimmt erledigen, wollen sich vor allem auch in anspruchsvollen Herausforderungen beweisen.
Dies funktioniert besonders gut, wenn sie im Bereich ihrer Begabungsstärken aktiv sein können. Delegation kann ein wertvolles Motivationsinstrument sein, wenn Sie es richtig machen. Richtig machen heißt: Sie sollten nicht nur die Aufgabe
delegieren, sondern auch die hierfür nötigen Informationen
geben, die erforderlichen Kompetenzen einräumen und vor
allem die Verantwortung für die Umsetzung übertragen. Nutzen für den Mitarbeiter: Er kann sich entfalten und in (Füh-
rungs-)Verantwortung hineinwachsen. Nutzen für Sie als
Chef: Delegieren schenkt Ihnen Freiräume, die für Ihre strategischen Hauptaufgaben als Führungskraft wichtig sind. (Erfolgsbaustein 19) → Seite 208

5. Voraussetzung:
**Machen Sie Ihre Mitarbeiter
mit methodischem Arbeiten vertraut**

„Erst nachdenken, dann loslegen!", das ist das Grundprinzip
erfolgreichen Handelns. Viel zu viele Menschen verzichten
auf den ersten Schritt – und legen gleich los. Im unternehmerischen Alltag kann das kritisch bis gefährlich werden.
„Erst nachdenken, dann loslegen!" sollten Sie deshalb in Ihrem Unternehmen als verpflichtendes Grundprinzip einführen. Geben Sie Ihren Mitarbeiterinnen und Mitarbeitern mit
der **Vorgehensplanung** das hierfür nötige Rüstzeug. Dieses
Instrument aus dem HelfRecht-System unterstützt sie dabei,
auch schwierige Aufgaben selbstständig und sicher zu bewältigen und Ziele systematisch zu erreichen. Alles, was sie

tun müssen, ist Planung in ihrer einfachsten Form: Vor dem „Loslegen" (möglichst schriftlich) klären, welches Ergebnis/Ziel sie erreichen wollen und was sie hierfür brauchen (Mittel) sowie tun müssen (Maßnahmen). Durch verstärktes methodisches Handeln werden Sie die Leistungsfähigkeit Ihres Teams deutlich erhöhen. (Erfolgsbaustein 20)

→ Seite 220

6. Voraussetzung:
Lob und Anerkennung: Erwischen Sie Ihre Mitarbeiter bei guten Leistungen

Nur 13 Prozent aller Arbeitnehmer in Deutschland haben eine hohe emotionale Bindung an ihre Firma, 21 Prozent haben innerlich bereits gekündigt, zwei Drittel schieben Dienst nach Vorschrift. So lautet das seit Jahren in etwa gleiche Kernergebnis der Gallup-Studie, mit der das Beratungsunternehmen den „Engagement-Index" von Arbeitnehmern erfasst. Was den Beschäftigten in erster Linie fehlt, ist die Akzeptanz und Wertschätzung ihrer Leistung durch ihre Vorgesetzten. Für Chefs und Führungskräfte liegt hierin ein enormes Erfolgspotential, das mit ganz geringem Aufwand zu erschließen ist: Zollen Sie Ihren Mitarbeitern Lob und Anerkennung für gute Leistungen. Damit sorgen Sie für mehr Glückserlebnisse bei der Arbeit und stärken die emotionale Bindung Ihrer Mitarbeiter an Ihr Unternehmen. (Erfolgsbaustein 21)

→ Seite 232

7. Voraussetzung:
Sorgen Sie für eine funktionierende Informations- und Dialogkultur

Um selbstständig und eigenverantwortlich agieren zu können, brauchen die Mitarbeiter umfassende Informationen: Welche langfristigen Strategien verfolgt unser Unternehmen? Welche kurzfristigen Ziele sind wichtig? Was wird von mir erwartet? Was ist mein Beitrag zum gemeinsamen Erfolg? Sie sollten zudem mitreden und sich mit einbringen dürfen. Denn für das fruchtbare Zusammenwirken eines Teams ist neben der gründlichen Information auch eine offene Kommunikation unverzichtbar. Die effizienteste Form der Kommunikation ist die gemeinsame Arbeit an Zielen. Wenn im gemeinsamen

Dialog ein von allen getragener Zielplan vereinbart und dann
auch umgesetzt wird, entsteht hieraus eine beflügelnde Motivation für alle Beteiligten. (Erfolgsbaustein 22) → Seite 238

8. Voraussetzung:
Lassen Sie Ihre Mitarbeiter
an Zielen und Plänen mitwirken

Mitarbeiter brauchen das Gefühl, dazu zu gehören, gebraucht zu werden, etwas bewirken zu können. Sie wollen an
der Gestaltung von Strategien und Zukunftsplänen ihres Unternehmens beteiligt sein. Das gehört für sie einfach dazu, um
sich akzeptiert und wertgeschätzt zu fühlen. Der **Unternehmens-Jahreszielplan** bietet die beste Möglichkeit, Ihre Beschäftigten mitverantwortlich mit ins Boot zu holen: Mit diesem Instrument können sie den Kurs ihres Unternehmens
durch eigene Vorschläge für Veränderungen und Verbesserungen mit gestalten. (Erfolgsbaustein 23) → Seite 246

9. Voraussetzung:
Führen Sie regelmäßige Mitarbeitergespräche
zur Zielvereinbarung und Leistungsbeurteilung

Ganz besonders motivieren Sie die Menschen in Ihrem Team,
wenn Sie ihnen zum einen die Möglichkeit bieten, die eigene
Arbeit weitgehend selbst bestimmt erledigen zu können, und
wenn Sie zum anderen ihre Leistungen mit berechtigtem Lob
und ehrlicher Anerkennung wertschätzen. Beides kann aber
nur funktionieren, wenn Sie zuvor konkrete und messbare
Ziele vereinbart haben. So können die Mitarbeiter ihr Engagement erst dann zielgerichtet einsetzen, wenn sie wissen,
welches Ergebnis von ihnen erwartet wird. Und eine Bewertung ihrer Leistung ist auch nur möglich, wenn die Ziele so
eindeutig beschrieben und terminiert werden, dass der Zielfortschritt jederzeit ersichtlich ist. Klären Sie Ihre Erwartungen
deshalb in einem persönlichen Zielverreinbarungsgespräch
ab. (Erfolgsbaustein 24) Und geben Sie jedem Mitarbeiter → Seite 252
mit einer jährlichen Leistungsbeurteilung ein offenes Feedback. (Erfolgsbaustein 26) → Seite 264

10. Voraussetzung:
Nutzen Sie den Management-Zielplan
als funktionierendes Controlling-Instrument

Für den Erfolg des Unternehmens ist es unverzichtbar, dass Sie regelmäßig kontrollieren, wie Sie und Ihr Team in der Zielerreichung vorankommen. Das HelfRecht-System enthält hierzu verschiedene Werkzeuge. Besonders wertvoll für jeden, der Führungsverantwortung trägt, ist der **Management-Zielplan für den Monat**: Seine elf Checkfragen führen Sie zu einem sehr aussagekräftigen monatlichen Statusbericht, in dem Sie präzise auf den Punkt bringen, wie Sie mit Ihrem Unternehmen oder Verantwortungsbereich aktuell dastehen und welche Schritte Sie als nächstes gehen werden. Einen noch genaueren Überblick bekommen Sie, wenn auch Ihre Führungskräfte den Management-Zielplan einsetzen und Ihnen damit alle vier Wochen schriftlich aufzeigen, wie sie vorangekommen sind. Vorteil für Sie: Ohne dass Sie viel nachfragen müssen, sind Sie immer auf dem Laufenden, wie der Erledigungsstand im jeweiligen Bereich ist. So können Sie rechtzeitig und gezielt gegensteuern, wenn Sie Abweichungen erkennen. (Erfolgsbaustein 25)

→ Seite 259

Schaffen Sie beste Arbeitsbedingungen

Der Erfolg Ihres Unternehmens steht und fällt mit der Bereitschaft Ihrer Mitarbeiterinnen und Mitarbeiter, sich für Ihr Unternehmen zu engagieren. Sie als Teamleiter sind gefordert, beste Arbeitsbedingungen zu schaffen, um dies zu ermöglichen. Die Bausteine und Arbeitsmittel aus dem HelfRecht-System, die Sie in den folgenden Texten intensiver kennen lernen, unterstützen Sie dabei. Wandeln Sie diese gegebenenfalls auf Ihre individuellen Bedürfnisse ab. So nutzen Sie alle Vorteile des Systems für Ihren Teamerfolg und damit für Ihren Unternehmenserfolg.

Erfolgsbaustein 16

Eigenverantwortung stärken: Analyse der Hauptaufgaben sorgt für Stabilität und Dynamik

> „Für jeden im Unternehmen, vom Lehrling bis zum Chef, gilt das Gleiche: Er kann sich erst dann erfolgswirksam entfalten, wenn er seine Rolle im Unternehmen versteht und wenn er erkennt, wie er mit seinen Hauptaufgaben zum Erreichen der gemeinsamen Ziele beiträgt."
>
> (Manfred Helfrecht, Gründer der HelfRecht AG)

Eines der wertvollsten Werkzeuge im Methoden-Baukasten des HelfRecht-Systems ist die **Analyse der Hauptaufgaben**. Sie haben sie bereits im Kapitel 1 als ein Instrument kennen gelernt, das Sie persönlich wirkungsvoll dabei unterstützen kann, sich aus der Vielzahl von Aus- und Durchführungsaufgaben des Tagesgeschäftes zu befreien und sich stärker auf Ihre wichtigen Führungsaufgaben zu konzentrieren. (Erfolgsbaustein 4) → Seite 56

In diesem Beitrag geht es nun darum, diese Vorgehensweise auf Ihr Team oder Unternehmen zu übertragen. Ihre stärkste Wirkung entfaltet die Analyse der Hauptaufgaben nämlich erst dann, wenn auch alle Mitarbeiter damit arbeiten. Damit schaffen Sie eine stabile Basis für eine abgestimmte und erfolgreiche Teamarbeit.

Zur Erinnerung: Die Analyse der Hauptaufgaben ist weit mehr als eine bloße Stellenbeschreibung. Sie besteht aus vier ineinander greifenden Schritten:

☐ In der **Liste der Hauptaufgaben** ist für jedes Teammitglied klar festgelegt, für welche Tätigkeiten es zuständig ist und welchen Entscheidungsspielraum es dabei hat. Das schafft Struktur und Übersicht in den einzelnen Arbeits- und Verantwortungsbereichen. Und es steckt den Handlungsrahmen jedes Mitarbeiters genau ab.

☐ In der **Zweck- oder Nutzenbeschreibung** zu jeder einzelnen Hauptaufgabe beschreibt der Stelleninhaber ganz persönlich den Sinn seiner jeweiligen Tätigkeit: Welche Menschen oder Gruppen profitieren in welcher Weise davon, wenn ich meine Aufgaben sorgfältig und umfassend wahrnehme? So macht er sich die Bedeutung und den Wert seines beruflichen Tuns klar und schöpft Motivation daraus.

☐ In der **Durchführungsbeschreibung** zu jeder einzelnen Hauptaufgabe erläutert der Mitarbeiter, wie er die Arbeiten im jeweiligen Aufgabenbereich derzeit erledigt und welche Mittel ihm hierfür zur Verfügung stehen. Bei dieser Beschreibung des Ist-Zustandes stößt er automatisch auf Mängel und damit Verbesserungsmöglichkeiten bei den eingesetzten Mitteln und den zur Umsetzung gewählten Maßnahmen.

☐ Erkannte Mängel (= Chancen zur Verbesserung) notiert der Mitarbeiter fortlaufend auf seiner persönlichen **Mängel/Chancen-Liste**, sofern er sie nicht umgehend abstellen kann. Durch diese Dokumentation der erkannten Erfolgspotentiale geht nichts verloren. Und zudem kann jeder einzelne Mangel sehr systematisch bearbeitet werden. Ideales Hilfsmittel hierfür ist der „**methoPlan**", mit dem Vorschläge zur Mängelbeseitigung beschrieben und in das zuständige Entscheidungsgremium eingereicht werden (siehe Erfolgsbaustein 18).

→ Seite 199

Die Analyse der Hauptaufgaben hat einen doppelten Nutzen: Zum einen ist sie Spiegelbild all dessen, was im Unternehmen getan wird. Damit sorgt sie für Überblick und Ordnung in der Aufgabenvielfalt des Unternehmens. Zum anderen ist sie eine schier unerschöpfliche Quelle für Verbesserungen und eine permanent aktive Basis für Innovationen.

Qualitäts- und Wissensmanagement

Wenn Sie dieses System in Ihrem Unternehmen einführen, schaffen Sie sich damit auch eine einfach zu handhabende Form eines Qualitäts- und Wissensmanagements. Alle Aufgaben, Arbeitsabläufe und Vorgehensweisen sind dokumentiert – somit weiß jeder, was wann und auf welche Weise zu tun ist. Diese Übersicht wird zudem regelmäßig überprüft und auf den neuesten Stand gebracht. Und für den Fall, dass wichtige Kompetenzträger ausfallen oder ausscheiden, haben Sie mit der Analyse der Hauptaufgaben eine gute Knowhow-Absicherung: In den entsprechenden Hauptaufgaben-Beschreibungen ist ja das jeweilige Wissen dokumentiert, so dass der Ausfall eines Mitarbeiters durch diesen Leitfaden einigermaßen aufgefangen werden kann.

Viele Großunternehmen operieren mit ausgefeilten Qualitätsmanagement- und Innovationssystemen. Für kleinere Firmen sind diese komplexen Systeme meist nicht praktikabel. Die Analyse der Hauptaufgaben eignet sich demgegenüber ganz besonders für kleinere und mittelständische Betriebe. Ohne großen organisatorischen Aufwand lässt sich mit diesem Instrument ein permanenter Optimierungsprozess initiieren. Wird das System von allen im Hause „gelebt", gibt dies dem Unternehmen eine enorme Stabilität – und entfaltet gleichzeitig eine ungeheure Dynamik.

Jedem Einzelnen im Team wird deutlich, welchen Wert seine Arbeit hat und welchen Anteil am gemeinsamen Erfolg er verantwortet. Das steigert Motivation, Arbeitsfreude und Verantwortungsbewusstsein. Und es fördert die Bereitschaft, sich aktiv einzubringen, wenn es darum geht, das eigene Unternehmen noch besser, noch innovativer, noch kundenfreundlicher, noch wettbewerbsfähiger zu gestalten.

Routine kann zwar bei der Arbeit helfen. Routine kann aber auch gefährlich werden, wenn sie Veränderungen und Verbesserungen hemmt. Wenn Abläufe nicht hinterfragt werden („es läuft doch alles …"), schleichen sich Fehler ein. Durch die kontinuierliche Analyse der Prozesse zeigt sich, wo Fehler passieren können und wo effizienter gearbeitet werden kann. Das systematische Nachdenken über die eigene Arbeit eröffnet immer wieder Wege und Möglichkeiten, diese anders, besser, wirtschaftlicher, innovativer zu erledigen. Abläufe und Prozesse werden permanent optimiert, Mängel systematisch beseitigt. Dadurch nimmt die Leistungsfähigkeit und Innovationskraft des Unternehmens stetig zu. Und es hilft gleichermaßen, Kosten einzusparen und den Ertrag zu erhöhen.

Mit der Analyse der Hauptaufgaben wird Qualitätsmanagement täglich gelebt. Das ist auch der große Mehrwert gegenüber einer reinen „Stellenbeschreibung", wie man sie aus vielen Firmen kennt: Diese wird einmal geschrieben – und verschwindet dann in der Schublade. Herausgezogen wird das Papier vielleicht noch einmal, wenn ein Fehler passiert ist, um zu beweisen, dass man selber ja unschuldig und ein anderer verantwortlich ist … Eine gut geführte Analyse der Hauptaufgaben ist durch die regelmäßige Überarbeitung stets up to date. Und sie macht den Mitarbeiter zum aktiven Mit-Unternehmer.

Führen Sie Ihr Team langsam an das System heran

Leben Sie durch Ihr Beispiel vor, welchen Nutzen jeder Einzelne von einer gut bearbeiteten Analyse der Hauptaufgaben hat. Führen Sie Ihr Team langsam an dieses Element des HelfRecht-Systems heran. Erläutern Sie die Vorgehensweise, ermuntern Sie zur regelmäßigen Mitarbeit, ohne aber irgendjemanden zu drängen oder zu überfordern.

Nichts überzeugt mehr als der Erfolg. Deshalb werden Ihre Mitarbeiter mit der Analyse der Hauptaufgaben dann besonders gerne arbeiten, wenn sie sehen, was sie damit bewirken können. Machen Sie im Betrieb publik, welche Verbesserun-

Übersicht:
Zweck und Nutzen der Analyse der Hauptaufgaben

Welche positiven Auswirkungen die Analyse der Hauptaufgaben Ihrem Unternehmen bringen kann, lässt sich in folgenden zehn Punkten zusammenfassen:

1. Sie ermöglicht jedem im Unternehmen, sich im Beruf selbst zu entfalten und den Firmenerfolg mit zu gestalten.

2. Sie erfasst alle im Unternehmen anfallenden Aufgaben und Tätigkeiten sowie den/die hierfür jeweils zuständigen Mitarbeiter.

3. Jede für den Firmenerfolg wichtige Aufgabe ist damit unmissverständlich zugeordnet.

4. Jeder im Haus kennt seine Zuständigkeit und seinen Entscheidungsspielraum.

5. Jeder im Team weiß um die Bedeutung und den Wert seiner Arbeit.

6. Für jede Position und Aufgabe ist die Stellvertretung konkret geregelt.

7. Alle Tätigkeiten und Abläufe im jeweiligen Aufgabenbereich sind detailliert beschrieben.

8. Das Know-how des Unternehmens ist somit gesichert – unabhängig von Personen.

9. Neue Mitarbeiter finden sich sehr rasch in ihrem Aufgabengebiet zurecht.

10. Jede Aufgabe, jeder Prozess wird immer wieder auf den Prüfstand gestellt und verbessert. So werden Mängel frühzeitig entdeckt und abgestellt sowie Innovationen angeregt.

gen und Innovationen aus dem Kreis der Mitarbeiter angestoßen wurden. Das motiviert auch die anderen – und das Hauptaufgaben-System kommt erfolgreich ins Laufen.

Überfordern Sie vor allem Ihr Team nicht mit der ungewohnten Arbeit an dieser Analyse. Gehen Sie geduldig vor: Planen Sie mindestens ein Jahr ein, bis die Beschreibung bei allen Mitarbeitern komplett steht.

Verständigen Sie sich zunächst mit jedem Teammitglied über die Liste seiner Hauptaufgaben. Lassen Sie als nächstes jeweils eine Hauptaufgabe persönlich ausarbeiten. Geben Sie Ihren Mitarbeitern dafür einige Wochen Zeit. Besprechen Sie dann die Zweck- und Durchführungsbeschreibungen. Wenn der Mitarbeiter das Prozedere besser kennt, lassen Sie ihn jeweils eine Hauptaufgabe pro Monat bearbeiten. So kommen Sie etwa innerhalb eines Jahres zu einer übersichtlichen Darstellung aller Aufgaben in Ihrem Verantwortungsbereich oder Unternehmen. Setzen Sie die Ausarbeitungen per gemeinsamer Unterschrift von Chef und Mitarbeiter verbindlich in Kraft (außer der Mängelliste, die vertraulich beim Mitarbeiter verbleibt).

Achten Sie dann darauf, dass Ihre Mitarbeiter monatlich jeweils eine Hauptaufgabe überarbeiten, also daraufhin überprüfen, wie sie ihre Zweckbeschreibung noch emotionaler und damit motivierender formulieren können und vor allem, ob sich bei der Durchführungsbeschreibung sachliche Änderungen ergeben haben. So halten Sie das System lebendig und haben überdies die Gewähr, dass alle Beschreibungen Ihres Teams stets auf aktuellem Stand sind.

Prüfen Sie als Chef außerdem, ob sich Ihre Mitarbeiter in der täglichen Arbeit an den eigenen Hauptaufgaben-Beschreibungen orientieren, ob sie beispielsweise nach den dort erstellten Checklisten vorgehen.

Tipp: Am leichtesten tun sich Ihre Mitarbeiter sicher, wenn Sie ihnen den Umgang mit der Analyse der Hauptaufgaben nicht nur erklären, sondern ihnen eine Kopie der folgenden Checkliste (siehe nächste Doppelseite) an die Hand geben. (Noch gehaltvoller ist die ausführlichere Anleitung mit zusätzlichen Erläuterungen im Erfolgsbaustein 4.)

→ Seiten 188/189

→ Seite 56

Dinge besser tun, die man bereits gut tut ...

Wenn Sie dieses Instrument „Analyse der Hauptaufgaben" in Ihrem Team einführen, implementieren Sie damit quasi nebenbei ein funktionierendes Qualitätsmanagement- und Innovationssystem. Ihrem Unternehmen kann ja gar nichts Besseres passieren, als wenn Abläufe und eingesetzte Mittel permanent daraufhin untersucht werden, was und wie man es noch besser machen könnte. Die größten Erfolge feiert man nämlich nicht unbedingt mit dem Erfinden von neuen Dingen, sondern meist mit dem Verbessern von dem, was man bereits gut tut.

Checkliste zur Analyse der Hauptaufgaben:
So haben Sie Ihren Aufgabenbereich im Griff

Die Analyse der Hauptaufgaben ist eines der wertvollsten Werkzeuge aus dem Methoden-Baukasten des HelfRecht-Systems. Die folgenden vier Schritte führen Sie rasch in diese Analysearbeit hinein.

1. Liste der Hauptaufgaben

☐ Notieren Sie **alle Tätigkeiten und Aufgaben**, die Sie in der letzten Zeit persönlich zu erledigen hatten. Wichtig: **Beschreiben Sie den aktuellen Ist-Zustand**, nicht eine ideale Wunschvorstellung.

☐ Ordnen Sie dann Ihre Aufgaben und fassen Sie diese als „**Liste meiner Hauptaufgaben**" in **etwa zehn Hauptaktivitäten** zusammen.

☐ Notieren Sie zu jeder Hauptaufgabe, **welche Kompetenz und Entscheidungsbefugnis** Sie hierfür haben und wie jeweils die **Stellvertretung** geregelt ist.

☐ Vergeben Sie **Prioritäten** für jede Ihrer Hauptaufgaben: 1 = muss ich unbedingt selbst wahrnehmen. 2 = liegt mir besonders gut. 3 = eignet sich zum Delegieren.

2. Zweckbeschreibung (für jede Hauptaufgabe)

☐ **Für wen/für welche Zielgruppe(n)** erfülle ich diese Aufgabe in erster Linie?

☐ Was haben diese Personen/Gruppen davon? **Welchen Nutzen** biete ich ihnen?

☐ Welchen Maßstab legen sie an meine Arbeit an? Worauf kommt es ihnen dabei in erster Linie an?

☐ Wer hat sonst noch welchen direkten/indirekten Nutzen?

☐ Wer baut mit seiner Arbeit auf meiner auf?

☐ Welchen Maßstab legt jede dieser Personen an meine Arbeit an?

☐ Worauf kommt es jedem in erster Linie an?

3. Durchführungsbeschreibung (für jede Hauptaufgabe)

☐ **Welche Arbeitsmittel** (Geräte/Maschinen, EDV, Büromaterial, Geld/Budget, Räume, HelfRecht-Planer, …) setze ich zur Erfüllung der jeweiligen Aufgabe ein? (Liste)

☐ **Welche Personen** (Mitarbeiter, Lieferanten, Kunden, Berater, …) sind neben mir an dieser Aufgabe beteiligt? (Liste)

☐ **Welche Arbeitsunterlagen** (Checklisten, Arbeitsanweisungen, QM-Handbuch, Formblätter, Gesetzestexte, …) muss ich beachten/setze ich ein? (Liste)

☐ **Welche Teilaufgaben/Kerntätigkeiten** führe ich zur Erledigung der Aufgabe aus? (detaillierte Beschreibung der Abläufe)

☐ Was tue ich wann? **Welche Termine** habe ich einzuhalten?

☐ Wer muss jeweils **informiert** werden?

☐ Worauf muss ich bei dieser Hauptaufgabe **besonders achten**? Wo lauern Gefahren oder Fallstricke?

☐ **Welche regelmäßig wiederkehrenden Aufgaben** (täglich, wöchentlich, monatlich, vierteljährlich, halbjährlich, jährlich) ergeben sich aus dieser Hauptaufgabe?

4. Mängel- und Chancenliste

☐ **Welche Mängel = Verbesserungsmöglichkeiten** erkenne ich bei dieser Hauptaufgabe?

☐ **Welche Priorität** hat jeder dieser Mängel (= welche Rufschädigung oder Ertragsminderung droht mir/unserem Unternehmen durch diesen Mangel?)?

Begabungsstärken fördern: Bieten Sie Ihren Mitarbeitern echte Entfaltungsmöglichkeiten

> *„Wer Menschen motivieren will und Leistung fordert, muss Sinnmöglichkeiten bieten."*
>
> (Dr. Viktor Frankl, Neurologe und Psychiater)

Mitarbeiterinnen und Mitarbeiter sind stets dann besonders leistungsfreudig, wenn ihr Mitdenken und ihre Meinung gefragt sind, wenn sie das eigene Arbeitsumfeld aktiv mitgestalten und optimieren dürfen, wenn sie also spüren, dass sie gebraucht und auch wertgeschätzt werden.

Arbeitnehmer suchen verstärkt eine „Symbiose zwischen Sinn und Spaß", stellt Zukunftsforscher Horst W. Opaschowski in seinem Buch „Deutschland 2030. Wie wir in Zukunft leben" fest. So schreibt er im Kapitel über die „Zukunft der Arbeit": „Der Ruf nach kürzerer Arbeitszeit ist immer weniger laut vernehmbar. So bleibt nur die Arbeitsfreude als wichtigster Motivationsfaktor, d.h. die Arbeit ´muss´ Abwechslung, Herausforderung und Erfolgserlebnisse bieten. Dafür spricht auch, dass sich fast jeder zweite Arbeitnehmer nur mehr durch sinnvolle Arbeitsinhalte zu mehr Leistung motivieren lässt."

Um sie durch Herausforderungen und Sinn zu motivieren, sollten Sie den Menschen in Ihrem Team jede Möglichkeit bieten, mitzudenken, mitzugestalten, ihre Erfahrungen und Beobachtungen ebenso einzubringen wie ihre kreativen und innovativen Fähigkeiten. Ihre Mitarbeiterinnen und Mitarbeiter wissen doch in ihrem jeweiligen Aufgaben- und Fachgebiet am besten, was zu tun ist und was man besser machen könnte. Sie sind die Spezialisten und Experten. Sie haben meist auch den direkteren Kontakt zum Kunden, erfahren als erste, wo es Schwierigkeiten gibt. Sie sind die Trend-Scouts, die frühzeitig mitbekommen, wenn sich auf dem Markt etwas tut oder abzeichnet. Ihre Mitarbeiterinnen und Mitarbeiter sind damit die besten Unternehmensberater Ihrer Firma – wenn sie nur dürfen!

Nutzen Sie dieses großartige Potential. So könnte Ihnen das interne Expertenwissen beispielsweise dabei helfen, in Ihrem Unternehmen

- ☐ Arbeitsschritte zu vereinfachen
- ☐ Qualität zu steigern
- ☐ Produkte anwenderfreundlicher zu gestalten
- ☐ neue Produkte und Verfahren zu entwickeln
- ☐ Kundenorientierung zu intensivieren
- ☐ Kosten zu senken
- ☐ Arbeitssicherheit zu erhöhen
- ☐ Umweltbelastungen zu verringern
- ☐ Kommunikation zu verbessern
- ☐ Versand preiswerter zu gestalten
- ☐ Mitarbeiter bedarfsgerecht zu qualifizieren
- ☐ ... und noch vieles mehr

Aktivieren Sie die wahren Potentiale in Ihrem Team

Lassen Sie also die Talente und Fähigkeiten Ihrer Mitarbeiter nicht brachliegen! Entdecken Sie die wahren Potentiale in Ihrem Team, aktivieren Sie die schlummernden Ressourcen, mobilisieren Sie die ungenutzten Leistungsreserven, organisieren Sie die intellektuellen Kapazitäten. Vermitteln Sie jedem einzelnen Mitarbeiter damit das erhebende Gefühl, dass seine Arbeit Sinn macht, dass er wirklich etwas beitragen darf, dass sein Beitrag, seine Leistung auch wertgeschätzt wird. Durch das „Mitwirken-Lassen" entzünden Sie eine anhaltende Leistungsfreude in Ihrem Team.

Und das Beste daran: Dieses zusätzliche Kreativ- und Leistungspotential haben Sie ja bereits in Ihrer Mannschaft. Es kostet Sie also keinen zusätzlichen Euro. Sie brauchen den Schatz nur zu heben.

Mitarbeiter wollen mehr mitgestalten dürfen

Die jährliche Gallup-Studie („Engagement-Index") sowie andere Untersuchungen zeigen jedoch immer wieder, dass die Realität anders aussieht: Die Mehrzahl aller Arbeitnehmer in Deutschland ist der Meinung, dass sie sich in ihrer Arbeit nicht im gewünschten Umfang selbst entfalten und kaum eigene Ideen einbringen können. „Nur mehr jeder dritte Arbeitnehmer in Deutschland kann im Beruf noch Ideen durchsetzen", hat Horst W. Opaschowski mit seiner BAT-Stiftung für Zukunftsfragen herausgefunden. Welch eine Vergeudung von wertvollstem Innovations- und Kreativpotential!

Denn wer am Arbeitsplatz keine Erfüllung findet, wird seine Energie und Motivation auf die Freizeit verlegen. Noch einmal Horst W. Opaschowski: „Die meisten Berufstätigen realisieren mittlerweile ihre Ideen erst nach getaner Arbeit." Das heißt: Das Engagement gerade auch der Leistungsträger fließt verstärkt in den außerberuflichen Lebensbereich. Schuld sind Führungskräfte, die ihre Teammitglieder eher als „Untergebene" denn als Partner behandeln.

Viele Chefs zweifeln, ob und wie sie ihre Mitarbeiterinnen und Mitarbeiter denn in Planung und Verantwortung mit einbeziehen können (oder sollen). „Dafür ist unsere Firma doch viel zu klein", heißt es da etwa. Oder: „Meine Mitarbeiter sind den ganzen Tag auf Montage unterwegs..." Oder: „Damit wären unsere Mitarbeiter überfordert, die wollen das ja gar nicht..."

Eine Fehleinschätzung, wie die diversen Untersuchungen übereinstimmend belegen: Die Mitarbeiter wollen doch – und überfordert sind sie keineswegs. Zumindest dann nicht, wenn sie methodische Hilfestellung erhalten, mit der sie auf erkannte Mängel hinweisen und Verbesserungsvorschläge überzeugend darstellen können.

Eine solche Unterstützung stellt beispielsweise das Abfrageschema des HelfRecht-„methoPlans" dar (siehe folgenden Erfolgsbaustein 18): einfach in der Anwendung, aber ungemein ertragreich in der Wirkung! Ein Formblatt, auf dem Ihre Mitarbeiter ein Problem sowie Lösungsvorschläge hierfür verständlich und strukturiert darlegen können. Auch in kleinen Betrieben ist es so möglich, ohne großen organisatorischen Aufwand die Mitarbeiterinnen und Mitarbeiter mit ihrem Know-how, ihren Erfahrungen, ihren guten Ideen, ihrer Kreativität und ihrem Engagement in die Innovationsplanungen einzubeziehen.

→ Seite 199

Beim Ideenmanagement gewinnen alle

In den Mitarbeitern steckt schließlich ein Innovationspotential, das sich gar nicht hoch genug einschätzen lässt: So beschert das Ideenmanagement („betriebliches Vorschlagswesen") deutschen Unternehmen Jahr für Jahr Einsparungen in Milliardenhöhe. In seiner jährlichen Bestandsaufnahme kam das Deutsche Institut für Betriebswirtschaft (dib) fürs Jahr 2010 zu folgendem Ergebnis: Alleine die befragten 176 (überwiegend großen) Unternehmen mit etwa zwei Millionen Beschäftigten erzielten durch ihr Ideenmanagement einen Gesamtnutzen von 1,37 Milliarden Euro. Zum finanziellen Gewinn kommt als zweites gewichtiges Plus eine deutlich verstärkte Identifikation der Mitarbeiter mit ihrem Unternehmen hinzu. Die Mitarbeiter gewinnen ebenfalls zweifach: zum einen die Befriedigung, „ihren" Betrieb vorangebracht zu haben, zum anderen (zumindest in vielen Fällen) eine Geldprämie als Lohn für ihre guten Ideen.

Besonders wichtige Voraussetzungen für den Erfolg der Innovationsprogramme, so die „Benchmark-Studie Ideenmanagement 2011" aus dem Deutschen Institut für Betriebswirtschaft (dib), seien „eine für Verbesserungsvorschläge

Analyse:
Zehn Kernfragen zur Mitarbeitermotivation

Mitarbeiterinnen und Mitarbeiter wollen gute Leistungen bringen. Das können sie aber nur, wenn auch die Voraussetzungen stimmen. Hierfür sind in erster Linie Sie als Chef zuständig. Sie haben es in der Hand, wie stark Motivation und Leistungsfähigkeit in Ihrem Team sind und für den Unternehmenserfolg wirken können.

1. Habe ich die Hauptaufgaben meiner Mitarbeiterinnen und Mitarbeiter eindeutig definiert? Sind Missverständnisse ausgeschlossen? Zuständigkeiten, Kompetenzen und Vertretungsfunktionen klar geregelt?

2. Haben meine Mitarbeiterinnen und Mitarbeiter jeden Tag die Möglichkeit, das zu tun, wofür sie begabt sind?

3. Fördere und entwickle ich meine Beschäftigten nach deren individuellen Begabungen? Ist jeder im Team für seine Aufgabe optimal qualifiziert?

4. Finden sich meine Mitarbeiterinnen und Mitarbeiter in den Zielplänen und in der Firmenphilosophie unseres Unternehmens wieder? Können sie an diesen Plänen aktiv mitwirken?

5. Gebe ich meinen Mitarbeiterinnen und Mitarbeitern Gelegenheit, ihre Meinungen und Vorstellungen in den Arbeitsalltag einzubringen? Wie wichtig sind mir diese Vorschläge und wie setze ich diese um?

aufgeschlossene Führungskultur, ein transparentes Prämiensystem und ein zielorientiertes Controlling". Die „für Verbesserungsvorschläge aufgeschlossene Führungskultur" ist allerdings noch nicht in allen Firmen selbstverständlich. Zu häufig fehlt die Bereitschaft der Führungskräfte, die Impulse der Mitarbeiter zu fördern und aufzunehmen. Der Chef wird so zur Innovationsbremse.

Setzen Sie auf Ihre Experten im eigenen Haus

Machen Sie es anders! Verstehen Sie sich als den Motor für Innovationen. Setzen Sie auf die Begabungsstärken Ihrer Mit-

6. Gewähre ich meinen Mitarbeiterinnen und Mitarbeitern Freiräume für Entscheidungen und Handlungen in ihrem Arbeitsgebiet (innerhalb der Unternehmenszielpläne und ihrer Liste der Hauptaufgaben)?

7. Sind alle Arbeitsplätze so ausgestattet (Ergonomie, Materialien, Arbeitsmittel, ...), dass die Beschäftigten ihre Arbeit ohne vermeidbare Unterbrechungen, überflüssigen Aufwand, unnötige Reibungsverluste, ... optimal erledigen können?

8. Honoriere ich gute Arbeit mit Lob und Anerkennung? Belohne ich vor allem Leistungen, die mir besonders positiv auffallen?

9. Interessiere ich mich für die persönlichen Belange meiner Mitarbeiterinnen und Mitarbeiter? Spreche ich mit ihnen auch über deren Wünsche und Vorstellungen sowie über ihre private Situation?

10. Bin ich meinen Mitarbeiterinnen und Mitarbeitern als Chef wie als Mensch wirklich ein Vorbild?

arbeiter. Aktivieren Sie die Kreativkräfte in Ihrem Team und bieten Sie ihnen echte Entfaltungsmöglichkeiten. Beispielsweise durch folgende Maßnahmen:

☐ Ermöglichen Sie es Ihren Mitarbeitern, gut zu sein – und das auch beweisen zu dürfen. Machen Sie sich hierfür die wahren Begabungsstärken Ihrer Mitarbeiterinnen und Mitarbeiter klar. Legen Sie sich am besten für jedes Teammitglied eine kleine Liste an, auf der Sie die jeweiligen Stärken, Fähigkeiten, Erfahrungen und Qualifikationen notieren. Berücksichtigen Sie auf Ihrer Liste auch die „externen" Qualitäten: Jugendleiter im Sportverein beweisen

Analyse:
Verspüren Ihre Beschäftigten den Nutzen ihres Tuns?

Mitarbeiter sollten wissen, was sie mit ihrer Leistung bewirken. Nur wenn ihnen bewusst ist, welche Menschen welchen Nutzen aus welchen Angeboten ihres Unternehmens ziehen, können sie ihre Arbeit auch so gestalten, dass dieses Nutzenbieten kontinuierlich gelebt und verstärkt wird. Das Wissen um den Nutzen schafft einen verbindenden Teamgeist und einen Maßstab, an dem sich jede Handlung messen lässt. Es motiviert alle Teammitglieder zur gemeinsamen Anstrengung zum Wohle des Kunden.

Wichtig hierfür ist aber auch, dass die Mitarbeiter in einem durch Nutzen geprägten Unternehmensklima arbeiten. Dass sie also nicht nur Kunden und Kollegen Nutzen bieten, sondern bei ihrem Tun auch selber einen Nutzen verspüren. Als Chef oder Führungsverantwortlicher sollten Sie regelmäßig prüfen, ob diese Grundlagen in Ihrem Unternehmen gegeben sind:

☐ Ist jedem Teammitglied der besondere Nutzen bewusst, den unser Unternehmen bietet?

☐ Erhalten meine Mitarbeiter ein gesichertes, ihrer Aufgabe und Leistung angemessenes Einkommen? Bei wem besteht eventuell Handlungsbedarf?

☐ Woran erkenne ich, dass die Zusammenarbeit meiner Mitarbeiter gut funktioniert? Welche Anhaltspunkte zeugen von einem guten Teamgeist?

beispielsweise Verantwortungsbereitschaft und soziales Engagement. Andere Ehrenämter verlangen etwa organisatorische oder rhetorische Fähigkeiten, diplomatisches Geschick, Sorgfalt, Initiativfreude, Durchsetzungsfähigkeit oder Ähnliches. Warum sollten Sie derartige Begabungsstärken nicht auch für den Erfolg Ihres Unternehmens einsetzen?

☐ Sprechen Sie regelmäßig mit den Menschen in Ihrem Team. Gerade wer etwa an der Kasse, am Kundendienst-

☐ Welche Schwächen bestehen bei Kommunikation und Zusammenarbeit in meinem Team – und wie werde ich sie überwinden? Wie werde ich das menschliche Miteinander im Unternehmen weiter fördern?

☐ Trägt unser Unternehmen als Arbeitgeber zum guten Ansehen der Mitarbeiter in deren Umfeld bei? Wie kann ich das weiter verstärken?

☐ Kann jedes Teammitglied sein Know-how und seine individuellen Stärken einbringen? Seine Aufgaben eigenverantwortlich und auf seine eigene Weise erledigen? Durch seine Arbeit sein Wissen und seine Fähigkeiten erweitern und in größere Aufgaben hineinwachsen?

☐ Wo erkenne ich noch Unzulänglichkeiten bei den individuellen Möglichkeiten, sich einbringen und entfalten zu können – und wie werde ich diese ausräumen? Wie unterstütze ich meine Mitarbeiter wirkungsvoll in der Erfüllung ihrer Aufgaben und der gezielten Weiterentwicklung ihrer Fähigkeiten?

☐ Prüfen Sie, wo Ihr Unternehmen im Nutzenbieten gegenüber Ihren Mitarbeiterinnen und Mitarbeitern noch Schwächen oder Nachholbedarf hat, wo Sie sich weiter verbessern und damit die Nutzenbiete-Leistung Ihres Unternehmens spürbar steigern können.

schalter, am Empfang, in der Telefonzentrale, in der Beratung oder auch als Monteur oder Fahrer häufigen Kontakt mit Kunden hat, weiß, wo diese der Schuh drückt, wo es häufig Schwierigkeiten und Probleme gibt. Fragen Sie nach den Mängeln, ermuntern Sie zu Lösungen.

☐ Sorgen Sie für eine offene Informations- und Dialogkultur. Denn ein kreatives Mitmach-Klima setzt voraus, dass die Mitarbeiter umfassend informiert sind – über Ziele und Projekte, über Umsätze und Planungen. Binden Sie deshalb Ihre Beschäftigten richtig ein ins Geschehen Ihres Unternehmens. Gestehen Sie ihnen weitgehende (Denk-) Freiheiten zu. Übertragen Sie ihnen Aufgaben, Verantwortung und einen definierten Entscheidungsspielraum.

☐ Jeder Mangel ist eine Chance: Erkannte Mängel nämlich können eine fruchtbare Grundlage für Verbesserungen, für Einsparungen, für Produkt- und Prozessinnovationen im Unternehmen sein. Sensibilisieren Sie deshalb Ihre Mitarbeiterinnen und Mitarbeiter, Mängel zu suchen und zu finden, kritisch hinzuschauen, bei Schwierigkeiten und Hindernissen nach dem „Warum?" zu fragen. Das fördert die Kreativität, den Mangel in sein Gegenteil zu verwandeln.

☐ Motivieren Sie Ihre Mitarbeiterinnen und Mitarbeiter, Mängel nicht nur aufzudecken und zu beschreiben. Lassen Sie sie zu jedem Mangel gleich Lösungsvorschläge entwickeln. Beispielsweise mit dem „methoPlan" (siehe Folgebeitrag).

☐ Gehen Sie mit Fehlern oder Problemen sachlich um: Suchen Sie nicht nach dem Sündenbock, sondern nach Lösungen.

☐ Machen Sie Reklamationen zu Reklame-Aktionen. Sehen Sie Meldungen Ihrer Kunden über Fehler oder Mängel nicht als persönliche Beleidigung an. Nutzen Sie diese vielmehr als willkommene Anregungen, Kritikpunkte abzustellen und so insgesamt Ihr Qualitätsniveau zu verbessern.

☐ Mobilisieren und nutzen Sie also das Beratungs- und Kreativitäts-Potential, das Ihnen im Unternehmen tagtäglich zur Verfügung steht. Ermuntern Sie Ihre Mitarbeiter zu konstruktiven Vorschlägen. Lassen Sie ihnen die Freiheit zum Querdenken. Geben Sie ihnen damit die Chance, ihre Begabungsstärken wirklich entfalten und ausleben zu dürfen.

Erfolgsbaustein 18

„methoPlan" macht´s möglich: Tagtäglich gelebtes Qualitäts- und Innovationsmanagement

> *„Es geht nicht darum, dass Mitarbeiter jeden Tag bahnbrechende Innovationen einbringen. Wichtig für Unternehmen sind die vermeintlich kleinen Ideen der Beschäftigten, wie etwa zur Optimierung von Arbeitsabläufen und Prozessen."*
>
> (Marco Nink, Projektverantwortlicher der „Gallup-Studie")

Im vorangegangenen Beitrag haben wir Sie dazu aufgefordert, die Begabungsstärken Ihrer Mitarbeiter intensiver für die Weiterentwicklung Ihres Unternehmens zu nutzen. Wir möchten es aber nicht bei diesem Plädoyer belassen, sondern Ihnen auf den folgenden Seiten mit dem „methoPlan" auch das hierfür geeignete Handwerkszeug mitgeben: ein einfaches System, das es Ihnen ermöglicht, aus dem Tagesgeschäft heraus ein sehr wirksames Qualitäts- und Innovationsmanagement aufzubauen.

Innovation, das ist ja nicht nur die technologische Neuerung, die Weiterentwicklung im Produktbereich oder in der Firmen-EDV. Innovation ist mehr, sollte das gesamte Unternehmen durchziehen. Denken Sie beim Thema Innovation deshalb über Technik und Produkte hinaus. Beispielsweise an neue Formen des Kundenkontaktes, der Kundenbeziehung, der Serviceangebote. An innovative Finanzierungsvarianten. An grundsätzlich neu gestaltete Abläufe im Gesamtunternehmen oder auch in kleineren Einheiten. An die interne und externe Kommunikation. An das Miteinander im Team. Und nicht zuletzt an das große Thema Mitarbeiterführung.

Verstehen Sie Innovation im weiteren Sinne als „kreativen Geist der Erneuerung": Das Althergebrachte immer wieder in Frage stellen. Anders denken, anders handeln. Alte Probleme aus anderen Perspektiven betrachten. Genau hinsehen. Neue, überraschende Lösungen entdecken. Das also, was in der japanischen Denkweise des „Kaizen" (übersetzt: Veränderung zum Besseren) oder im meist synonym verwendeten Qualitätsmanagement-Prinzip KVP (= kontinuierlicher Verbesserungsprozess) steckt: das unablässige Streben in allen Teilen und auf allen Ebenen des Unternehmens, Produkte, Tätigkeiten, Betriebsabläufe, Kundenbeziehungen oder Kommunikation kontinuierlich mit kleinen Schritten zu verbessern.

Grundlage für die meisten Verbesserungen und Innovationen im Unternehmen sind erkannte Mängel. Die menschliche Kreativität entzündet sich an Problemen, an Schwierigkeiten, an Hindernissen – weniger an dem, was bereits optimal läuft. So steckt denn auch der Hauptnutzen des Ideenmanagements nicht in den wenigen ganz „großen Würfen", sondern in der Vielzahl kleiner Verbesserungen. Diese resultieren zumeist aus Beobachtungen des Alltages, aus Mängeln des Bestehenden. „Nicht mit Erfindungen, sondern mit Verbesserungen macht man Vermögen", hatte schon der amerikanische Automobilpionier Henry Ford dieses Innovationsprinzip beschrieben.

Permanenter Innovationsprozess

Aus diesem Verständnis heraus ist Innovation ein permanenter Prozess kleiner Entwicklungsschritte, der sich aus dem Tagesgeschäft speist. Nicht einzelne Innovationsaktionen sporadisch zusammengestellter Projektteams („wir müssen innovativer werden!") bringen ein Unternehmen voran. Auch nicht ein bürokratisch-schwerfälliges und undurchsichtiges „betriebliches Vorschlagswesen" mit langen, anonymen Entscheidungswegen. Der Erfolgsweg kann nur ein ganzheitliches Verständnis von Fortschritt und Innovation sein („jeden

Tag ein Stückchen besser!"), das im gesamten Team veran-
kert ist. Auf den Punkt gebracht: Tagtäglich gelebtes Qualitätsmanagement führt automatisch zu Innovationen, die die
Leistungs- und Erfolgsfähigkeit Ihres Unternehmens steigern.

Unabdingbare Voraussetzung ist eine offene Innovationskul-
tur im Unternehmen – vor allem beginnend bei der Führung.
Das bedeutet,

☐ Mängel, Schwierigkeiten, Fehler und Probleme positiv anzunehmen und sie (über eine gründliche Analyse) konsequent als Chancen für Weiterentwicklung und Innovation
zu nutzen

☐ permanent darüber nachzudenken, welche Verbesserungen im Alltagsgeschäft möglich und nötig sind

☐ Mitarbeiterinnen und Mitarbeiter dazu anzuregen, diesen
permanenten Innovationsprozess kontinuierlich und kreativ mitzugestalten

☐ dieses Optimierungsdenken durch ein einfaches System
gezielt für die Weiterentwicklung der Firma zu kanalisieren

Merke: Nicht allein die Führung ist für den Fortschritt verantwortlich. Innovationen müssen und können gar nicht immer vom Chef ausgehen. Jeder im Team sollte die Möglichkeit haben, sich aktiv einzubringen. Schließlich sind doch die
Beschäftigten mit ihrem Wissen, ihrer Erfahrung, ihren Kenntnissen eine reich gefüllte Schatztruhe, die es zu nutzen gilt.

Ihre Devise sollte deshalb lauten: Jede Idee ist willkommen,
jeder Mitarbeiter, jede Mitarbeiterin hat die Möglichkeit,
Neuerungen oder Verbesserungen zu initiieren. Als Chef sollten Sie das kontinuierliche kritische Mitdenken Ihrer Beschäftigten nicht nur zulassen, sondern aktiv fördern und gezielt systematisieren. Je mehr Ideen Sie anregen, desto größer
ist schließlich die Chance, auch wirkliche „Treffer" darunter
zu haben, die Ihrem Unternehmen den entscheidenden Kick
geben.

Machen Sie Innovation zur Chefsache

Machen Sie also das Thema Innovationsförderung zur Chefsache – und verankern Sie es gleichzeitig im Selbstverständnis der Mitarbeiter. Die Bausteine des HelfRecht-Systems unterstützen Sie dabei, diese Anforderung nachhaltig zu erfüllen und ein täglich gelebtes Innovationsmanagement zu implementieren: Mit der **Analyse der Hauptaufgaben** schaffen Sie die Grundlage, dass in Ihrem Team Prozesse kontinuierlich hinterfragt und Mängel erkannt werden. Und mit dem Instrument **„methoPlan"** geben Sie Ihren Mitarbeitern das methodische Werkzeug an die Hand, mit dem sie auf erkannte Mängel hinweisen und Verbesserungsvorschläge überzeugend darstellen können.

Schritt für Schritt zu durchdachten Lösungen

Das „methoPlan"-Formblatt aus dem HelfRecht-System (siehe Schema rechts) ist eine einfache, aber ungemein wirkungsvolle methodische Hilfestellung für ein funktionierendes Mängel- und Innovationsmanagement. Eine Abfrage-Technik, die es Mitarbeitern leicht macht, ein Problem in wenigen Schritten verständlich und strukturiert zu formulieren und durchdachte Lösungsvorschläge zu erarbeiten:

☐ Am Anfang steht die konkrete Darstellung der Situation, die verändert werden soll (1.a): Der Mitarbeiter notiert (auf dem Formblatt oder über eine entsprechende Vorlage im Intranet) Schwierigkeiten, Probleme, Mängel, Hindernisse oder Störfaktoren, die er an seinem Arbeitsplatz, in der Abteilung, in der Firma überhaupt, im Umgang mit Kunden oder in Arbeitsabläufen feststellt.

☐ Der Mitarbeiter nennt aber nicht nur den erkannten Mangel, sondern gibt auch an, welche Ursachen das beschriebene Problem ausgelöst haben (1.b; wichtig: keine Schuldzuweisung!) und was passieren könnte, wenn sich an der Situation nichts ändert (1.c; das gibt Hinweise auf die Dringlichkeit des Themas).

Praxistipp:
Mängelmanagement mit dem „methoPlan":
Problem beschreiben, Lösungen vorschlagen

Mit dem folgenden Schema des „methoPlans" fällt es Ihren Mitarbeiterinnen und Mitarbeitern leicht, alleine oder auch im Team Probleme strukturiert darzustellen und durchdachte Lösungen zu präsentieren:

1.a   Folgenden **Mangel** (Schwierigkeit, Problem oder Hindernis) möchte ich mit Ihnen besprechen und eine Lösung herbeiführen: ...
1.b   **Ursachen**, die den beschriebenen Mangel bewirkten: ...
1.c   **Gefahren**, die aus dem Mangel entstehen könnten: ...

2.   Zum Problem stelle ich mir folgende Lösungsvarianten vor:
2.a   Meine Lösungsvariante 1: ...
2.b   Meine Lösungsvariante 2: ...
2.c   Meine Lösungsvariante 3: ...

3.   Um weitere Lösungsvarianten bitte ich: ...

Wenn diese Punkte schriftlich bearbeitet sind, kann in aller Regel ohne lange Diskussion eine gute Lösung entschieden werden.

☐ Jeder Mangel ist eine Chance für Verbesserung und Innovation. Deshalb belässt es der Mitarbeiter nicht bei der Analyse, sondern macht konkrete Vorschläge, wie der Mangel abgestellt, das Problem gelöst, die Situation optimiert werden kann (2.). So gerät er nicht in Gefahr, nur zu kritisieren, sondern setzt sich kreativ mit dem Mangel auseinander. Das führt zu qualifizierten, konstruktiven Vorschlägen mit einer reellen Realisierungschance.

Denken in Alternativen führt zu wirklichen Innovationen

☐ Wichtig dabei ist das Nachdenken über Lösungsvarianten (2.a bis 2.c). Der Mitarbeiter wird aufgefordert, mindestens zwei, besser noch drei Möglichkeiten zu beschreiben. Das verhindert, dass sich sein Denken ausschließlich auf den schon immer befahrenen Gleisen bewegt. Neues (Quer-)Denken über den gewohnten Tellerrand hinaus ist gefragt, kreative Alternativen zum Althergebrachten. Nicht immer nämlich ist die erste und scheinbar offensichtliche Lösung auch tatsächlich die beste. Oft sind es gerade die unkonventionellen Vorschläge, die besonders innovative Wirkung entfalten.

☐ Sind die eigenen Kompetenzen des Mitarbeiters mit dem Thema überschritten, sind andere Bereiche in der Firma betroffen oder ist er sich in bestimmten Punkten unsicher, kann der Mitarbeiter den jeweiligen Verantwortlichen oder einen fachkundigen Kollegen mit demselben Formblatt um Rat fragen sowie um Unterstützung oder einen weiteren Lösungsvorschlag bitten (3.). Gleichzeitig ein Signal: „Bitte denken Sie mit! Lassen Sie uns gemeinsam die optimale Lösung finden!"

☐ Diese systematische Vorbereitung ist die beste Vorarbeit für eine sichere Entscheidung. Die sollte möglichst kurzfristig in einer Runde mit den/dem für das jeweilige Thema Verantwortlichen fallen. Analyse und Lösungsvorschläge („methoPlan") erhält jeder Teilnehmer dieser Besprechung einige Tage vorher, um sich gut vorbereiten und eventuell selber noch weitere Ideen einbringen zu können. Der Urheber des Planes sollte bei der Beratung idealerweise hinzugezogen werden. Das Ergebnis wird schriftlich und damit nachprüfbar festgehalten: Wer macht was bis wann? Und dann geht es in die Umsetzung.

Mängel werden zu geplanten Evolutionen

Der „methoPlan" ist ein Instrument, das Kreativität und Mitdenken aller Mitarbeiter fördert und für den Unternehmenserfolg kanalisiert. Durch dieses geleitete Vorgehen nach einer bewährten Methode werden Mängel zu geplanten Evolutionen. Das funktioniert ohne großen organisatorischen Aufwand – und deshalb auch in kleinen Betrieben.

Vor allem wird das vermieden, was beim konventionellen betrieblichen Vorschlagswesen zum Desinteresse der Mitarbeiter führt: die lange Entscheidungsdauer, die Anonymität der Entscheidung und das „Versanden" von Vorschlägen auf dem Weg durch die Instanzen. Beim Vorschlagswesen mit dem „methoPlan" ist der Mitarbeiter dabei, wenn das zuständige Gremium über seine Anregungen diskutiert und entscheidet. Er weiß also sofort, ob und warum sein Vorschlag akzeptiert oder abgelehnt wird. Sollte er an der Besprechung nicht teilnehmen, ist es wichtig, dass er umgehend über das Ergebnis informiert wird. Und eine Ablehnung sollte ihm plausibel begründet werden.

Durch dieses Mängelbeseitigungs- und Innovationsmanagement mit dem „methoPlan" wird die Kreativität jedes Mitarbeiters kontinuierlich gefördert, das Betriebsklima optimiert. Jeder kann zudem von sich – zu Recht – behaupten, sein Unternehmen ein wesentliches Stück vorangebracht zu haben.

Moderieren Sie den Innovationsprozess

Wichtig für die Akzeptanz dieses Systems ist auch, dass Sie die Hürde so niedrig wie möglich setzen. Das „methoPlan"-Formblatt macht es ja schon relativ leicht, die eigenen Gedanken strukturiert darzulegen. Manche Mitarbeiterinnen und Mitarbeiter werden sich trotzdem nicht rantrauen. Beispielsweise, weil sie nicht sehr schreibgewandt sind oder in ihrer Tätigkeit mit Planen nie etwas zu tun haben. Doch auch deren Ideen und Erfahrungen können Sie mit dem beschriebenen Vorgehen nach dem „methoPlan" in einem systematischen Innovationsprozess für den gemeinsamen Erfolg verwerten:

Laden Sie diese Mitarbeiter zu einer Gesprächsrunde. Informieren Sie rechtzeitig über das Thema und darüber, was Sie mit der Runde erreichen wollen. Moderieren Sie die Diskussion entlang des auf Seite 203 skizzierten Schemas und machen Sie das Gesagte sowie die Ergebnisse optisch deutlich: Auf einer Tafel oder einem Flip-Chart oder über Laptop und Beamer werden beispielsweise Problempunkte gesammelt, → Seite 203 auf anderen die Lösungsansätze (ideal: drei Tafeln für drei Lösungsvarianten). So kommen Sie im Dialog zu gemeinsam getragenen guten Lösungen.

Gestalten Sie das System möglichst unbürokratisch

Wenn Sie ein Qualitäts- und Innovationssystem mit dem „methoPlan" in Ihrem Unternehmen einführen wollen, hier noch drei Tipps:

1. Beginnen Sie auf der Führungsebene und sammeln Sie in diesem Kreis erste Erfahrungen mit diesem Instrument.

2. Erläutern Sie Nutzen und Vorgehen dann auch Ihren Mitarbeitern. Erklären Sie ihnen, wie sie mit dem Instrument „methoPlan" umgehen und was sie damit erreichen können.

3. Stellen Sie einfache Spielregeln für Ihr Ideenmanagement auf – so wenig und so unbürokratisch wie möglich. Klären sollten Sie folgende Punkte:

   ☐ Wie beschreibe ich mit dem „methoPlan" Probleme und Lösungsvorschläge?

   ☐ Wie und wo reiche ich meinen „methoPlan" ein? (Wenn Sie in der Firma feste Besprechungs-/Entscheidungsrunden haben, bietet es sich an, die Vorschläge direkt im zuständigen Gremium einreichen zu lassen.)

   ☐ Wer entscheidet über die eingereichten „methoPläne"? (Vorschläge sollten möglichst kurzfristig sowie dezentral und basisnah geprüft und bewertet werden; eine Entscheidung in der Geschäftsleitung/Zentrale sollte die Ausnahme für strategische oder bedeutende Grundsatzfragen bleiben.)

   ☐ Werden gute Vorschläge honoriert? Wenn ja, wie? (Legen Sie beispielsweise fest, dass es für messbare Einsparungen zehn Prozent der im ersten Jahr erzielten

Ersparnis als Prämie gibt. Oder für Produktneuheiten einen bestimmten Anteil des damit erzielten Umsatzes. Je mehr Sie auch kleine Verbesserungen anerkennen, desto stärker kurbeln Sie das engagierte Mitdenken im Team an.)

Besprechungsvorbereitung mit dem „methoPlan"

Übrigens ist der „methoPlan" auch das ideale Instrument, um Besprechungen deutlich effizienter zu gestalten: Hierzu gibt jeder, der ein Thema behandelt haben möchte, eine schriftliche Darstellung der Fakten (inklusive der Ursachen!) sowie verschiedener Lösungsansätze einige Tage vor dem Meeting an alle Teilnehmer. So können sich alle Beteiligten gut vorbereiten, eigene Gedanken entwickeln und diese möglichst auch noch vor dem Treffen in die Runde geben – die beste Grundlage für ein konzentriertes, lösungsorientiertes Meeting und kompetente Entscheidungen.

Fazit: Tagtäglich gelebtes Qualitätsmanagement mit der Analyse der Hauptaufgaben sowie dem „methoPlan" führt automatisch zu Innovationen und zur Optimierung der Abläufe in der Firma.

Erfolgsbaustein 19

Mitarbeiter stärker einbeziehen: Durch Delegieren schaffen Sie sich den zum Führen nötigen Freiraum

> *„Ich bin auf Hilfe selbstständig denkender Menschen angewiesen, damit ich meiner Aufgabe des Kontrollierens und Steuerns nachkommen kann."*
>
> (Schiffskapitän John Franklin, Romanfigur von Sten Nadolny)

Viele Chefs und Führungskräfte klagen über persönliche Überlastung, unmotivierte Mitarbeiter und daraus resultierend Stress und Hektik. Häufig ist der Stress allerdings selbst gemacht, denn viele Leistungsträger neigen dazu, alles selber entscheiden und erledigen zu wollen.

Dabei haben doch Chefs die primäre Aufgabe, sich um die Strategie der Firma zu kümmern, Weichen zu stellen, darauf zu achten, dass der Betrieb in die richtige Richtung fährt, und bei Kursabweichungen steuernd einzugreifen. Für die vielfältigen (Detail-)Aufgaben des Tagesgeschäfts sind die Mitarbeiter zuständig – hierfür hat der Chef ja im Idealfall die jeweils optimalen Fachleute eingestellt. In vielen Fällen sind die Mitarbeiter in ihrem Aufgabengebiet denn auch versierter und erfahrener als ihre Vorgesetzten. Und sie wollen Verantwortung übernehmen, wollen ihre Arbeit möglichst selbst bestimmt erledigen, wollen sich vor allem auch in anspruchsvollen Herausforderungen beweisen.

Eine praktikable Möglichkeit, als Unternehmer oder Führungskraft die persönliche Überlastung in den Griff zu bekommen, ist deshalb, die Mitarbeiterinnen und Mitarbeiter durch gezieltes Delegieren stärker in die Verantwortung einzubeziehen. Konzentrieren Sie sich auf Ihre Kernkompetenzen und wichtigen Führungsaufgaben, geben Sie – wenn möglich – Durchführungs- und Verwaltungstätigkeiten ab, vor allem diejenigen, in denen Sie sich nicht besonders souverän fühlen.

Durchs Delegieren können Sie sehr positive Effekte erreichen – für sich, für das Unternehmen, aber auch für die Motivation im Team. Aus Mitarbeitern machen Sie kreative Mitdenker, aus Beschäftigten engagierte Beteiligte. Deshalb: Fordern und fördern Sie Ihre Mitarbeiterinnen und Mitarbeiter durch Delegation. Sehen Sie diese nicht als Erfüllungsgehilfen, sondern als Partner. Bieten Sie ihnen die Chance, mit eigener Kraft ein Mosaiksteinchen zum gemeinsamen Erfolg beizusteuern.

Informationen geben, Kompetenzen einräumen

Delegation kann ein wertvolles Motivationsinstrument sein, wenn Sie es richtig machen. Richtig machen heißt: Sie sollten nicht nur die Aufgabe delegieren, sondern auch die hierfür nötigen Informationen geben, die erforderlichen Kompetenzen einräumen und vor allem die Verantwortung übertragen. Nutzen für den Mitarbeiter: Er kann sich entfalten und in (Führungs-)Verantwortung hineinwachsen. Nutzen für Sie als Chef: Delegieren schenkt Ihnen Freiräume, die für Ihre strategischen Hauptaufgaben als Führungskraft wichtig sind.

Am besten übertragen Sie die Aufgabe im persönlichen Gespräch, so dass Sie Fragen gleich klären und Details abstimmen können. Ihre Zweck-/Durchführungsbeschreibung verschafft dem Mitarbeiter einen guten Überblick über die zu übernehmende Hauptaufgabe (siehe Praxistipp auf der folgenden Doppelseite). Überfordern Sie ihn aber nicht. Vor allem, wenn es ein komplexer Aufgabenbereich ist: Begleiten Sie ihn bei der Einführung, stecken Sie Ziele mit ihm ab und kontrollieren Sie regelmäßig den Stand der Zielerreichung. Lassen Sie ihm Zeit, sich in sein neues Aufgabengebiet hineinzufinden. Und gestehen Sie ihm, insbesondere in der Anfangszeit, Fehler zu. Erst aus diesen wächst die Sicherheit und Erfahrung für die Aufgabe.

→ Seite 210

Praxistipp:
Bereiten Sie die Übergabe von Aufgaben gut vor

Als Einstieg ins vermehrte Delegieren können Sie beispielsweise einige bislang von Ihnen erledigte Aufgaben auf geeignete Mitarbeiter übertragen. Voraussetzung ist allerdings, dass Sie dies gut vorbereiten.

Eigenen Tätigkeitsbereich analysieren: Erarbeiten Sie zunächst den Ist-Zustand Ihres eigenen Aufgabengebietes, um zu erkennen, was Sie eventuell abgeben können. Notieren Sie dazu ungeordnet alle Tätigkeiten, die Sie in der letzten Zeit persönlich erledigt haben. Fassen Sie diese in etwa zehn Aufgabenblöcken (= Hauptaktivitäten) in einer Liste Ihrer Hauptaufgaben zusammen. Neben den fünf strategischen Führungs-Hauptaufgaben sollten Sie möglichst nicht mehr als fünf bis sieben Durchführungs-Hauptaufgaben auf Ihrer Liste stehen haben. Wichtig: Gefragt ist die Ist-Situation, in der Sie im Moment stehen. (Eine ausführliche Erläuterung dieses Analyseschrittes finden Sie im Erfolgsbaustein 4 → Seite 56.)

Prioritäten festlegen: Unterteilen Sie als nächstes Ihre einzelnen Hauptaufgaben in unterschiedliche Prioritätsstufen:

☐ Priorität 1 heißt: „Diese Aufgabe muss ich unbedingt selbst erledigen, um mein Aufgabengebiet im Griff zu behalten."

Eine weitere Form der Delegation ist das Übertragen von Sonderaufgaben oder projektbezogenen Aufgaben. Auch hier gilt: Geben Sie Ihrem Mitarbeiter alle erforderlichen Informationen und räumen Sie ihm alle erforderlichen Kompetenzen (Entscheidungs- und Weisungsbefugnis) ein.

Damit Sie wirklich den gewünschten Freiraum für Ihre Führungsaufgaben bekommen, ist noch eines ganz wichtig: Achten Sie darauf, dass Sie Ihre Mitarbeiter möglichst mit Aufgaben betrauen und dort einsetzen, wo diese ihre Stärken ganz besonders wirksam zur Geltung bringen können. Denn wenn Mitarbeiter nicht richtig eingesetzt sind, wenn sie die

☐ Priorität 2 ist eine Neigungsaufgabe („das mache ich gerne und gut").

☐ Priorität 3 eignet sich zum Delegieren („das könnte/sollte auch jemand anderes machen").

Zweck-/Durchführungsbeschreibung: Notieren Sie für jede Aufgabe mit Priorität 3, warum und wie Sie diese erledigen:

☐ Wem bringt es welchen Nutzen, wenn ich diese Aufgabe gut erledige? Was bewirke ich mit meiner Leistung? Was habe ich davon?

☐ Wen (Personen) oder was (Mittel) brauche ich, um diese Aufgabe optimal erledigen zu können?

☐ Was tue ich jeweils, wie gehe ich im Einzelnen vor?

Prüfen Sie dann, welcher Mitarbeiter möglicherweise eine komplette Hauptaufgabe übernehmen könnte. Besprechen Sie mit diesem die zusätzliche Verantwortung und erläutern Sie ihm anhand Ihrer Zweck- und Durchführungsbeschreibung die Bedeutung sowie die Abläufe dieser Hauptaufgabe.

Aufgabe nicht richtig verstehen, wenn ihnen Informationen oder Kompetenzen fehlen, dann liegen die Auswirkungen sehr schnell wieder auf Ihrem Tisch.

Hierzu ein Tipp: Legen Sie sich pro unmittelbar zugeordnetem Mitarbeiter eine Übersicht an, aus der hervorgeht, was er gut kann, wo also die jeweiligen Begabungsstärken liegen. Notieren Sie aber auch, was er nicht so gut kann. Hinterlegen Sie dazu auch Beispiele aus dem Alltag. Damit haben Sie die Möglichkeit, den Mitarbeiter entsprechend der persönlichen Stärken richtig einzusetzen und eine gezielte Weiterentwicklung/Weiterbildung zu betreiben. Außerdem dienen Ihnen

→ Seite 264

diese Aufzeichnungen als wertvolles Rohmaterial für das nächste Mitarbeiter- oder Beurteilungsgespräch (Details hierzu im Erfolgsbaustein 26).

Delegieren bedeutet ein Stück weit Kontrollverlust

Unternehmenserfolg ist Teamerfolg. Unternehmenserfolg setzt aber auch voraus, dass die einzelnen Teammitglieder ihre Aufgaben mit möglichst großer Eigenverantwortung erfüllen können. Der Chef ist deshalb gefordert, nicht nur Aufgaben zu delegieren, sondern auch Verantwortung. Nicht Befehle geben, sondern Kompetenzen und Entscheidungsbefugnis verleihen. Mangelnde Delegation oder das bloße Übertragen von Aufgaben ohne die dazugehörige Verantwortung (gemäß dem militärischen Prinzip „Befehl und Gehorsam") bringt schnell Frust ins Team: Es signalisiert den Mitarbeitern, dass der Chef ihnen das selbstständige Bewältigen der Herausforderung nicht zutraut – Gift für Motivation und Betriebsklima.

Je komplexer das Unternehmensgeschäft ist, desto mehr braucht der Chef doch die Spezialisten im Team. Niemand erwartet, dass der Dirigent alle Instrumente genauso gut beherrscht wie die einzelnen Musiker in seinem Orchester. Das muss aber auch der Dirigent selber akzeptieren und nicht versuchen, alle Instrumente persönlich (womöglich auch noch gleichzeitig!) zu spielen.

So manche Führungskraft hat allerdings ein Problem mit dem Loslassen – schließlich geht es ja um die Abgabe eigener „Macht". Und auch um Kontrollverlust: Der Mitarbeiter wird die Sache aufgrund seiner individuellen Erfahrung, seiner Begabungsstärke und auch seiner persönlichen Einschätzung wahrscheinlich ganz anders anpacken und erledigen, als Sie es machen würden. Sie müssen ihm also ein gewisses Maß an Vertrauen schenken.

„Die meisten Führungskräfte zögern, ihre Leute mit dem Ball laufen zu lassen", sagte der frühere Chrysler-Manager Lee Iacocca einmal zu diesem Thema: „Aber es ist erstaunlich, wie schnell ein informierter und motivierter Mensch laufen kann."

Deshalb: Treffen Sie mit dem Mitarbeiter eine (möglichst
schriftliche) Zielvereinbarung über das konkrete Ergebnis der
übertragenen Aufgabe – und überlassen Sie es dann ihm
selbst, welchen Weg er zur Aufgabenerfüllung wählt (ausführliche Anregungen zum Zielvereinbarungsgespräch finden
Sie im Erfolgsbaustein 24). Lernen Sie, andere Vorgehenswei-   → Seite 252
sen zu akzeptieren, wenn diese zu den gewünschten Zielen
führen. Und lösen Sie sich von dem Gedanken, dass Sie alles
selbst machen müssen, weil es eh keiner so gut kann wie Sie!

Der Geschäftsführer eines Unternehmens mit 80 Filialen in
Österreich fasste die Problematik des Loslassens in folgende
Worte: „Die Überzeugung, die mir mein Vater mitgegeben
hat, dass man als Chef alles selber können muss, sitzt schon
tief. Ich sehe den Widerspruch zwischen der Führungsaufgabe
und dem Anspruch, mich um Details selber zu kümmern. Delegieren heißt, sich auf andere zu verlassen, Verantwortung
abzugeben, sich abhängig zu machen von familienfremden
Mitarbeitern oder Lieferanten. Das ist ein Lernprozess."

Freiräume stärken das Selbstvertrauen

Gerade in der Realisierungsphase der delegierten Aufgaben
sind Ihre Führungsqualitäten als Chef besonders gefordert:
Sie müssen die Gratwanderung zwischen Loslassen und Kontrolle bewältigen. Ständige Anweisungen und permanente
Überwachung bewirken bei den Mitarbeitern Unsicherheit,
Angst, Demotivation, Verweigerung, verhindern jegliches
selbstständige Handeln. Völlige Freiheit kann demgegenüber
dazu führen, dass Ihnen die Fäden aus der Hand gleiten. Jeder macht, was er will. Zwar mit dem besten Vorsatz, aber
unkoordiniert, orientierungslos.

Geben Sie deshalb Ihren Mitarbeiterinnen und Mitarbeitern
innerhalb konkret festgelegter Grenzen Freiräume, in denen
sie ihre Kreativität, ihre Ideen, ihr Engagement, aber auch
ihre Risikobereitschaft ausleben und für den Teamerfolg einbringen können. Das erzeugt Selbstvertrauen und Befriedigung, das schafft Identifikation mit dem gemeinsamen Ziel,
das führt zum erfolgreichen Abschluss.

Als wesentliche Aufgabe für Sie bleibt die Kontrolle der Zielerreichung: Behalten Sie stets einen wachen Blick darauf, dass der Mitarbeiter die ihm gewährte Freiheit verantwortungsbewusst dazu benutzt, die delegierte Aufgabe so zu bearbeiten, dass das vereinbarte Ziel auch tatsächlich zum vereinbarten Termin erreicht wird. Wenn Sie merken, dass etwas nicht so läuft, wie vorgesehen, sollten Sie auf jeden Fall rechtzeitig eingreifen und Ihren Mitarbeiter bei dieser Aufgabe unterstützen. Wohlgemerkt: nur unterstützen, nicht die Aufgabe wieder selber übernehmen. Dadurch nämlich würden Sie Ihren Mitarbeiter nachhaltig frustrieren und demotivieren.

Wichtig auch: Sprechen Sie Ihrem Mitarbeiter ein Lob aus, wenn er seine Aufgaben gut erfüllt und das vereinbarte Ziel erreicht hat. Berechtigtes Lob spornt an für weitere Anstrengungen und Herausforderungen (siehe hierzu auch Erfolgs-

→ Seite 232 baustein 21).

Lassen Sie Ihre Mitarbeiter eigene Lösungen finden

Es gibt eine weitere Maßnahme, mit der Sie sich Freiräume für Ihre Führungsaufgaben verschaffen können: Lassen Sie sich von Ihren Mitarbeitern nicht zu zeitaufwändigen Problemlösungen oder zur Übernahme von Aufgaben überrumpeln, die diese selbst erledigen können. Bringen Sie vielmehr Ihre Mitarbeiter dazu, selbst Lösungen zu finden.

Sicher kennen Sie solche Situationen, in denen Mitarbeiter versuchen, Sie für ihre Zwecke einzuspannen: Buchhalterin Meier stürmt ins Chefbüro: „Die Firma Knauser & Co. hat ihre Rechung schon wieder nicht bezahlt. Was soll ich tun?" – Meister Müller klopft: „Der Ausschuss bei der Stanzmaschine wird von Tag zu Tag größer. Sie müssten mal ..." – Sekretärin Kerstin: „Mit dem neuen PC komme ich einfach nicht klar. Könnten Sie mir bitte helfen?" – Und Verkaufsleiter Münch: „Wir brauchen endlich mal einen neuen Prospekt für unser Produkt X2100 ..."

Checkliste:
Zehn Voraussetzungen für erfolgreiches Delegieren

Diese zehn Punkte sollten Sie klären, **bevor** Sie eine Aufgabe oder ein Projekt delegieren:

1. Ziel: Welches Ergebnis soll erreicht werden?
2. Termin: Wann soll die Aufgabe erledigt sein?
3. Bedeutung: Warum ist diese Aufgabe wichtig?
4. Wer kann diese Aufgabe übernehmen?
5. Hat er/sie die hierfür nötige Qualifikation?
6. Welche (zusätzlichen) Infos braucht er/sie?
7. Welche Unterstützung braucht er/sie?
8. Welche (zusätzlichen) Kompetenzen?
9. Welche Probleme könnte es geben?
10. Wie verfolge/überwache ich den Projektfortschritt?

Die Mitarbeiter erwarten Hilfe. Sie als Chef sollen ihnen sagen, was zu tun ist, sollen ihnen Lösungen für ihre individuellen Probleme aufzeigen, sollen ihnen Entscheidungen, vielleicht sogar Aufgaben abnehmen.

Sie können jetzt natürlich mit jedem Einzelnen überlegen, was zu tun ist, sein Problem ausführlich analysieren, mögliche Lösungen diskutieren, Vorschläge machen, ... – kurz: viel Zeit darauf verwenden, sich den Kopf Ihrer Mitarbeiter zu zerbrechen. Oder Sie fördern die Eigeninitiative der Betroffenen: „Kommen Sie bitte morgen wieder – mit einer schriftlichen Darstellung des Problems und seiner Ursachen sowie mit verschiedenen Vorschlägen, wie wir die Sache gemeinsam in den Griff kriegen."

Wichtig dabei ist die Aufforderung zu verschiedenen Vorschlägen. Nicht immer nämlich ist die erste Lösung auch die beste, nicht immer führt der scheinbar offensichtliche Weg zum Ziel. Erst das Denken in Alternativen fördert kreative, neue Ideen zutage – und bewahrt vor wirkungslosem Handeln auf dem verkrusteten Standardweg des geringsten Widerstandes. Deshalb hat auch der gute alte Ratschlag, „erst mal drüber zu schlafen", seine Berechtigung: Mit ein wenig Abstand sehen wir Lösungswege, die uns im ersten Moment verborgen blieben. Vor allem das Unterbewusstsein freut sich, wenn es Zeit bekommt, seine Wirkung zu entfalten.

Sie dürfen Ihre Mitarbeiter natürlich nicht überfordern, sollten sie deshalb langsam und systematisch an dieses neue, selbstständige Denken und Problemlösen heranführen. Mit dem „methoPlan" haben Sie hierfür ja bereits ein einfach zu handhabendes Werkzeug kennen gelernt, das es Ihren Mitarbeitern relativ leicht macht, ein Problem sorgfältig zu analysieren und gute Lösungen zu finden (Erfolgsbaustein 18). → Seite 199 Diese schriftliche Niederlegung der Gedankenarbeit kann dann Grundlage eines Gespräches zwischen Ihnen und dem Mitarbeiter sein, in dem gemeinsam eine Lösung entschieden wird. Oder sie ist Vorlage für eine Besprechungsrunde, wenn die Sache nicht im direkten Dialog zu lösen ist beziehungsweise das Fachwissen verschiedener Mitarbeiter oder Führungskräfte erfordert.

Sie müssen nicht jede Entscheidung selbst treffen

Noch mehr Freiraum gewinnen Sie, wenn Sie den Mitarbeitern klare Kompetenzen für deren Aufgabenbereiche übertragen – quasi ein klar definiertes „Hoheitsgebiet", in dem sie sich frei entfalten können. Legen Sie fest, was jedes Mitglied Ihres Teams selbst entscheiden und umsetzen darf, ohne Sie vorher konsultieren zu müssen.

Vorteile für Sie als Chef: Sie können sich auf Ihre unternehmerischen Hauptaufgaben konzentrieren, wenn Sie sich nicht mit jedem Problemchen selbst befassen müssen. Sie gewinnen also Zeit und Sie haben den Kopf frei für zukunftsorientiertes, strategisches Denken. Außerdem: Ihre Mitarbeiter wissen in ihrem jeweiligen Bereich doch meist besser Bescheid als der Chef – sie finden deshalb sicherlich selbst zu guten Lösungen.

Vorteile für die Mitarbeiter: Betriebsklima und Motivation werden spürbar besser werden, wenn die Mitarbeiter merken, dass ihre Meinung gefragt ist, dass ihr Know-how in die Lösung von Problemen einfließt, dass sie ihre Kreativität und ihre Ideen wirksam in den Unternehmensalltag einbringen können. Wer auf diese Weise einmal selber einen dicken Brocken aus dem Weg geschafft hat, geht an die nächsten Herausforderungen mit noch mehr Engagement und Selbstvertrauen. Das Gefühl, gebraucht zu werden, ein echter Wert fürs Unternehmen zu sein, ist sicher einer der wertvollsten und stärksten Motivatoren.

Trauen Sie Ihren Mitarbeitern deshalb ruhig einmal etwas mehr zu. Wenn Buchhalterin Meier oder Verkaufsleiter Münch also das nächste Mal mit ihren Alltagsproblemen an Ihrem Schreibtisch stehen, dann geben Sie ihnen den Ball zurück: „Kommen Sie bitte morgen noch einmal – mit Vorschlägen, wie wir das Problem gemeinsam in den Griff kriegen."

Delegieren hat positive Effekte für alle Beteiligten

Abschließend noch einmal die entscheidenden Voraussetzungen für erfolgreiches Delegieren: Übertragen Sie nicht nur eine Aufgabe, sondern ebenso den hierfür notwendigen Verantwortungsspielraum und die erforderlichen Kompetenzen. Achten Sie darauf, dass der Mitarbeiter „reif" dafür ist. Geben Sie ihm alle Informationen, die er braucht, um die Aufgabe optimal erledigen zu können. Und vermitteln Sie ihm auf alle Fälle das Gefühl, dass Sie an ihn glauben. (Weitere Praxistipps zum Delegieren finden Sie auf der folgenden Doppelseite.) → Seiten 218/219

Praxistipps:
So klappt es mit dem Delegieren

☐ Delegieren Sie stets klar definierte Aufgaben. Sagen Sie Ihrem Mitarbeiter also nicht, was er wie tun soll – erklären Sie ihm vielmehr, welches Ergebnis Sie von ihm erwarten, welches Ziel es zu erreichen gilt. Überlassen Sie ihm die Entscheidung, wie er zu diesem Ziel gelangt.

☐ Berücksichtigen Sie dabei das jeweilige Können, vermeiden Sie Unter- und Überforderung. Prüfen Sie auch, ob der Mitarbeiter die Kompetenzen und die Qualifikation hat, die er für diese Aufgabe benötigt.

☐ Stellen Sie die Bedeutung der delegierten Aufgabe heraus. Erläutern Sie Ihrem Mitarbeiter, warum Sie gerade ihn hierfür ausgewählt haben. Geben Sie ihm dabei das Gefühl, dass Sie auch wirklich davon überzeugt sind, dass er diese Herausforderung bewältigt. So wecken Sie Motivation, Engagement und Kreativität in Ihrem Team – selbst wenn vielleicht nicht alle Aufgaben so erledigt werden, wie Sie persönlich das gemacht hätten.

☐ Delegieren Sie Einzelaufgaben konkret und schriftlich, mit klaren Anweisungen und einem Wunschtermin an den zuständigen Mitarbeiter. Fragen Sie nach, ob er verstanden hat, was Sie von ihm erwarten. Und klären Sie, ob er den von Ihnen gewünschten Termin auch einhalten kann.

☐ Beim erstmaligen Delegieren können Sie mit Ihrem Mitarbeiter auch vereinbaren, dass er Ihnen seine (möglichst schriftliche) Planung vorlegt, bevor er in die Umsetzung geht. Sie sehen dadurch, ob er gedanklich auf dem richtigen Weg ist – er bekommt Sicherheit für die verantwortungsvolle Aufgabe. Bei den ersten übertragenen Projekten sollten Sie zudem darauf achten, dass der Mitarbeiter Sie darüber auf dem Laufenden hält, wie er vorankommt. Später wird es dann, abhängig von Umfang und Bedeutung der Aufgabe, vielleicht ausreichen, wenn er Sie über den Abschluss eines übernommenen Projektes informiert.

☐ Der Mitarbeiter übernimmt seine Aufgaben in seine persönliche Tages- beziehungsweise Monatsplanung. Kann er zugesagte Termine nicht einhalten, informiert er rechtzeitig den Chef (Bringschuld!). Legen Sie sich einen Durchschlag der Notiz an den Mitarbeiter zum Erledigungstermin (oder, noch besser, einige Tage vorher) auf Wiedervorlage.

☐ Delegation erfordert auf der einen Seite Vertrauen, auf der anderen Seite Kontrolle. Die Übersicht und Kontrolle über alle delegierten Aufgaben und veranlassten Maßnahmen behalten Sie am besten durch ein System einheitlicher Formblätter, das Ihnen auch die schriftliche Kommunikation mit Ihrem Team erleichtert. Für den HelfRecht-Planer gibt es zum Delegieren und Überwachen der Einzelaufgaben spezielle Formblätter im Planer-Format. Bestens geeignet ist vor allem das Formblatt „Aufgabensteuerung", auf dem Sie übertragene Aufgaben, den Delegationstermin und den Zieltermin vermerken. Dieses Formblatt können Sie in Ihrem Planer mitwandern lassen und so den Stand der Zielerreichung gut kontrollieren. Auch weitere Formblätter, etwa Wochenterminplan, Terminüberwachung, Aufgabensteuerung, Projekt-/Terminplan oder Notizzettel mit Durchschlag, unterstützen Sie dabei, delegierte Aufgaben im Griff zu behalten (kostenfreie Muster dieser Formblätter können Sie bei HelfRecht anfordern: redaktion@helfrecht.de oder Telefon +49 (0) 92 32 / 60 10).

☐ Ist der vereinbarte Termin überschritten, ohne dass der Mitarbeiter die Aufgabe erledigt oder Ihnen die Verzögerung (und deren Ursache sowie seine Gegenmaßnahme) mitgeteilt hat: Warten Sie nicht einfach ab, sondern fragen Sie nach. Vielleicht braucht der Mitarbeiter ja Ihre Hilfe, traut sich aber nicht, Sie danach zu fragen – und lässt die delegierte Aufgabe, in der Hoffnung, dass sich die Sache schon irgendwie regelt, derweil unerledigt liegen.

☐ Bedanken Sie sich bei Ihrem Mitarbeiter, wenn er die neue, zusätzliche Herausforderung gut gemeistert und die delegierte Aufgabe erledigt hat.

Gut geplant agieren: Machen Sie Ihre Mitarbeiter mit methodischem Arbeiten vertraut

> *„Führen heißt, das Beste aus den Menschen herauszuholen. Dazu muss man ihnen helfen, es selbst zu tun."*
>
> (Dr. Hans. H. Hinterhuber, Leadership-Experte)

Mitarbeiter wollen Leistung bringen. Sie wollen ihre Stärken möglichst wirkungsvoll zum gemeinsamen Erfolg einsetzen. Zur Aufgabe der Führung gehört es, hierfür beste Voraussetzungen zu schaffen:

☐ **Beste Umfeldbedingungen:** Dazu gehören zum einen der Arbeitsplatz (beispielsweise Ergonomie, Temperatur/ Raumklima, Lärmschutz, ...) sowie dessen Ausstattung (Mobiliar, Geräte, Arbeitsmittel, ...). Denken Sie aber auch an die Rahmenbedingungen wie etwa Mittagsverpflegung, Parkplatz, Betriebskindergarten, Betriebssport und andere Angebote, die Motivation und Arbeitskraft positiv beeinflussen können.

☐ **Beste fachliche Voraussetzungen:** Sorgen Sie dafür, dass jeder Mitarbeiter das für seine Aufgaben notwendige Know-how hat. Bieten Sie Ihren Mitarbeitern also individuelle Schulungen und Qualifikationsmaßnahmen an. Hilfreich kann auch der teaminterne Erfahrungsaustausch sein, beispielsweise mit einer wöchentlichen Info-Stunde, in der ein erfahrener Kollege sein Spezialwissen weitergibt.

☐ **Beste „klimatische" Voraussetzungen:** Unterstützen Sie Teamgeist und Betriebsklima durch eine offene Informations- und Kommunikationskultur sowie durch eine am Menschen orientierte Führung.

☐ **Beste organisatorische Voraussetzungen:** Gestehen Sie Ihren Mitarbeitern, wie in den vorangegangenen Texten beschrieben, eine möglichst vielfältige Mitwirkung zu. Das ist der fruchtbarste Boden, auf dem wahre Motivation gedeihen kann.

☐ **Beste methodische Voraussetzungen:** Damit sie ihre Aufgaben möglichst selbstständig erledigen können, brauchen Ihre Mitarbeiter außer ihren jeweiligen Fachkenntnissen auch methodisches Know-how. Machen Sie Ihr Team deshalb durch Ihr persönliches Vorbild und gezielte Schulung mit den Grundzügen eines systematisch geplanten Handelns vertraut.

Gut geplant agieren statt hemdsärmlig improvisieren

„Erst nachdenken, dann loslegen", so lässt sich das Grundprinzip für erfolgreiches methodisches Handeln auf einen ganz kurzen Nenner bringen. Oder anders ausgedrückt: „Gut geplant agieren statt hemdsärmlig improvisieren!"

Es zeigt sich immer wieder: Unser Handeln ist dann erfolgreich, wenn es nicht allein aus dem Bauch heraus geschieht, sondern auf der Basis von Analysen, Strategien und Plänen. Nur geplante Risiken sind überschaubar. Methodisches Planen und systematisches Handeln sind deshalb unverzichtbar für Sie als Chef, um Ihre tägliche Herausforderung Unternehmens- und Menschenführung erfolgreich zu bewältigen.

Ein Mindestmaß an Planung sollte aber auch für Ihre Mitarbeiterinnen und Mitarbeiter zur Selbstverständlichkeit werden, um gute Arbeitsergebnisse zu erreichen. Gerade dann, wenn sie mehr Verantwortung übernehmen und ihre Aufgaben möglichst selbstständig bearbeiten sollen, werden sie es ohne das Wissen um methodisches Arbeiten (= Planen) schwer haben. Denn nur wer weiß, was er auf welchem Weg erreichen will, kann die notwendigen Schritte (auch zeitlich) planen und auf dieser Basis sicher gehen.

Schriftlich denken mit dem Drei-Blätter-Prinzip

Wir empfehlen Ihnen ein behutsames Vorgehen, um Ihre Mitarbeiter Schritt für Schritt an das Thema (schriftliches) Planen heranzuführen. Vielleicht beginnen Sie mit dem Prinzip der drei Blätter (siehe Praxistipp), bei dem Sie Ausgangssituation,

Praxistipp:
Mit drei Blättern ins Thema Planung einsteigen

Sie brauchen drei Blockblätter. Überschreiben Sie diese mit

1. **Start:** Wo stehe ich (Ausgangssituation)
2. **Ziel:** Wo will ich hin?
3. **Vorgehen:** Wie komme ich hin (Mittel/Maßnahmen)?

1. Start: Beschreiben Sie auf dem ersten Blatt Ihre Ausgangssituation: Was ist der Anlass für das anstehende Handeln/Projekt? Gerade wenn es darum geht, Schwierigkeiten zu beseitigen, ist es wichtig, diese gründlich zu analysieren: Was ist das Problem? Was bewirkt es? Wie ist es entstanden (Ursache)? Was könnte passieren, wenn wir es nicht lösen (Gefahren)?

2. Ziel: Beschreiben Sie als zweites, was Sie denn mit Ihrer aktuell anstehenden Aufgabe (ausgehend von der aktuellen Situation) erreichen oder bewirken wollen. Wie soll sich die Situation nach dem Projekt darstellen, also beispielsweise, nachdem Sie die Schwierigkeit beseitigt, das Problem gelöst, die Idee realisiert haben?

3. Vorgehen: Notieren Sie schließlich auf dem dritten Blatt (zunächst unsortiert) alles, was notwendig ist, um diese Aufgabe gut zu erledigen, um also das Ziel zu erreichen. Erst zum Schluss sortieren Sie die notwendigen Mittel und Maßnahmen, versehen mit konkreten Terminen. So wird Blatt 3 Ihr „Fahrplan" fürs Handeln, den Sie nun Schritt für Schritt abarbeiten.

Ziel und Vorgehen kurz skizzieren. Mit dieser einfachsten Form der Planung lassen sich Aufgaben und kleinere Projekte schon ganz gut vorbereiten. Testen Sie es zunächst selber und berichten Sie dann Ihrem Team, welchen Nutzen und welche Ergebnisse Ihnen dieses Vorgehen gebracht hat.

Mit diesem „Denkraster" können auch Mitarbeiter, die mit dem Thema Planen bisher noch nichts zu tun hatten, gut arbeiten. Zumindest für einfache Aufgaben bietet dieses leicht anwendbare „Drei-Blätter-Prinzip" eine brauchbare Unterstützung. Für komplexere und größere Projekte ist es allerdings weniger geeignet. Hier empfiehlt sich das methodische Vorgehen nach dem HelfRecht-Regelkreis.

HelfRecht-Regelkreis für erfolgreiches Agieren

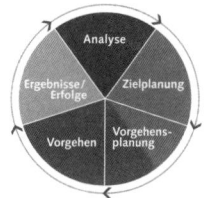

Wenn Ihre Mitarbeiter bereits einige Erfahrungen mit dem Planen nach dem Drei-Blätter-Prinzip gesammelt haben, wird ihnen der Umstieg auf den HelfRecht-Regelkreis nicht mehr schwer fallen. Vom Grundsatz her ist es ein ähnliches Vorgehen. Allerdings sind die einzelnen Schritte deutlich ausgefeilter, so dass Sie mit dieser Methode auch große Projekte systematisch bearbeiten und sicher bewältigen können. Der Regelkreis umfasst folgende fünf Schritte:

1. **Analyse:** Den Anfang macht jeweils eine systematische Analyse der Ausgangssituation.

2. **Zielplanung:** Als nächstes wird das konkrete Ziel des Handelns herausgearbeitet und klar definiert.

3. **Vorgehensplanung:** Den Weg vom Startpunkt zum Ziel beschreibt eine detaillierte Vorgehensplanung mit Angabe von geeigneten Etappenzielen.

4. **Handeln:** Und erst auf dieser Basis von terminierbaren Einzelschritten ist eine effektive Zeitplanung möglich.

5. **Kontrolle:** Wer dann sein Handeln sowie die damit erzielten Zwischenergebnisse stets am Ziel und an seiner Vor-

gehensplanung orientiert und im Bedarfsfall mit rechtzeitigen Kurskorrekturen gegensteuert, der hat die besten Voraussetzungen, dass er sein Handeln erfolgreich abschließt, dass er sein Ziel erreicht (= Erfolg).

1. Schritt: Ausgangslage analysieren

Um ein Ziel festzulegen, ist es zunächst nötig, den Startpunkt zu bestimmen: Grundlage der Zielplanung ist deshalb immer eine sorgfältige Analyse der Ausgangssituation mit ihren Ursachen, Chancen und Gefahren. Gerade wenn es darum geht, Mängel zu beseitigen oder Probleme zu lösen, ist die individuelle Analyse unverzichtbar für den Erfolg des Handelns.

Listen Sie bei der Analyse der Ausgangssituation nicht nur die Fakten auf. Blicken Sie unter die Oberfläche. Machen Sie sich vor allem bei den Mängeln, Problemen und Misserfolgen bewusst, welche Ursachen dazu geführt haben und was wohl passieren wird, wenn sich an diesen Punkten nichts ändert. Und sehen Sie Mängel stets als Erfolgsbausteine an: als Chancen für Verbesserungen.

Ist-Zustand: Wie stellt sich die aktuelle Situation dar? Was wollen/müssen wir an dieser Situation verändern/verbessern? Warum sind diese Änderungen notwendig?

Ursachen: Wie, wann und durch wen kam es zu dieser Situation? (Beschreiben Sie nur die Ursachen, keine Schuldigen!) Was haben wir getan/unterlassen, dass es zu dieser Situation kam? Warum wurde die Situation bislang nicht verändert?

Gefahren: Was geschieht, wenn sich an der aktuellen Situation nichts ändert? Welche materiellen Nachteile drohen welchen Personen oder Institutionen? Welche Auswirkungen auf unseren guten Ruf sind zu befürchten? Welche unternehmensinternen Auswirkungen sind zu befürchten? Verlieren wir womöglich Kunden oder den Anschluss am Markt?

Diese Problemdiagnose zeigt Ihnen erste Wege und Lösungsansätze auf und programmiert zudem Ihr Unterbewusstsein darauf, weitere Lösungen zu finden. Sie hilft Ihnen auch, selbstbewusst darüber nachzudenken, was Sie aus Ihrer jetzigen Situation machen können.

2. Schritt: Ziel(e) festlegen

Bevor Sie die Ärmel hochkrempeln und loslegen, sollten Sie stets eindeutig formulieren, was Sie damit erreichen wollen. Denn nur wer weiß, wo er hin will, kann die notwendigen Schritte planen, um auch tatsächlich dort anzukommen. Klar definierte Ziele geben Sicherheit und Orientierung für unsere Entscheidungen, für unser Handeln. Sie sind somit Voraussetzung für den Erfolg unseres Handelns. Und sie steuern die Motivation, wecken die innersten Kräfte, sind der stärkste Antriebsmotor für Erfolge.

Bei der Definition des Zieles sollten Sie sich nicht vorschnell festlegen. Gerade wenn es darum geht, ein Problem zu lösen, einen Mangel abzustellen, haben Sie nach der Analyse („was will/muss ich warum verändern?") schnell eine Vorstellung davon, wie Sie sich den veränderten Zustand vorstellen. Aber ist diese scheinbar offensichtliche Lösung auch wirklich die beste? Gibt es nicht weitere Lösungsvarianten, die womöglich noch besser geeignet sind, die vielleicht noch attraktiver, noch sinnvoller sind? Erst durch den Vergleich mehrerer möglicher Ziele finden Sie zur optimalen Lösung.

Beschreiben Sie den angestrebten Ziel-Zustand stets so, als ob Sie schon dort wären: „Ich habe erreicht, dass ..." Drücken Sie in möglichst emotionalen Worten aus, was Sie fühlen, sehen, riechen, wenn Sie sich gedanklich in Ihr Ziel hineinversetzen. Dieses persönliche „Zielfoto in Worten" wird eine magische Anziehungskraft auf Sie ausüben, Ihre Kreativität spürbar beflügeln. Gerade durch die emotionalen Formulierungen wecken Sie positive Gefühle, die Ihre Motivation beflügeln.

Beim Formulieren des Zieles sollten Sie immer die folgenden vier Punkte beachten:

1. Beschreiben Sie ein wirklich lockendes Ziel. Sie sollen so richtig Lust bekommen, dieses zu erreichen.

2. Machen Sie ein Zielfoto in Worten. Motivieren Sie sich selbst durch positive Emotionen.

3. Lassen Sie den Weg zum Ziel vorerst unbeachtet. Wenn Sie von vornherein (womöglich mit Skepsis) darüber nachdenken, wie Sie es denn überhaupt schaffen wollen, blockieren Sie Ihren Geist, kreative neue Lösungen zu entwickeln.

4. Vermeiden Sie das Wörtchen „nicht". Mit „nicht" lenken Sie Ihre Gedanken nur rückwärts statt auf das Ziel hin. Beschreiben Sie deshalb nicht, was Sie nicht wollen, sondern beschreiben Sie das, was Sie tatsächlich wollen.

3. Schritt: Vorgehen planen (Mittel und Maßnahmen)

Nachdem Sie Ihre Ausgangssituation analysiert und Ihr konkretes Ziel schriftlich formuliert haben, planen Sie Ihren Weg vom Start bis zum Ziel. Sie legen also alle Mittel und Maßnahmen fest, die nötig sind, um zu den angestrebten Erfolgen/Zielen zu gelangen. Diese Vorgehensplanung ist die beste Voraussetzung dafür, dass Sie Ihre lang-, mittel- und kurzfristigen Ziele dann auch sicher und Schritt für Schritt erreichen. Beantworten Sie sich zu jedem Ihrer Ziele folgende Fragen:

☐ **Mittel:** Wen und was brauche ich, um dieses Ziel zu erreichen? (Dazu gehören neben bestimmten Personen für bestimmte Tätigkeiten beispielsweise auch Geräte, Maschinen, Fahrzeuge, Räume, Computer, Akten, Bücher, Fachzeitschriften, ...) Bedenken Sie auch: Welche Kosten entstehen voraussichtlich bis zum Erreichen des Zieles? Wo gibt es eventuell Einsparmöglichkeiten, wo besteht die Gefahr von höheren Kosten? Sind die benötigten Gelder im Budget vorgesehen? Welche Zeitspanne steht zur Verfügung? Wann kann ich beginnen, bis wann müssen alle Aktivitäten abgeschlossen sein?

☐ **Maßnahmen:** Was muss ich tun, um dieses Ziel zu erreichen? Sie legen also die einzelnen Schritte fest, die Sie über verschiedene Etappenziele gehen müssen. Wenn Sie jede Maßnahme mit einem „Ich werde ... (dies und jenes tun/veranlassen)" beginnen, nehmen Sie sich selber in die Handlungsverantwortung.

☐ **Notfallplan:** Was könnte dazwischenkommen – und wie reagiere ich auf mögliche Störungen? Kaum ein Plan lässt sich 1:1 vom Papier in die Realität umsetzen. Auf dem Weg zum Ziel drohen vielfältige Störungen, Hindernisse, Gefahren, Verzögerungen. Bereiten Sie sich mit frühzeitigen „wenn, dann ..."-Alternativplänen darauf vor: Überlegen Sie sich, was alles passieren könnte und wie Sie am besten darauf reagieren.

Reifen lassen: „Überschlafen" Sie Ihre Planung – Ihr Unterbewusstsein beschäftigt sich in der Zwischenzeit weiter mit dem Thema. Wenn Sie Ihre Aufzeichnungen nach ein oder zwei Tagen überarbeiten, werden Sie diese mit zahlreichen neuen Impulsen und guten Gedanken optimieren können.

Ihr Fahrplan zum Ziel: Wenn Sie schließlich alle Aktivitäten, die zum Erreichen Ihres Zieles notwendig sind, auf die verfügbare Zeit aufteilen, haben Sie Ihren Fahrplan zu Ihrem Ziel. Den können Sie dann Schritt für Schritt kontrolliert abarbeiten.

4. Schritt: Handeln / Zeitmanagement

Kaum ein Ziel lässt sich mit einem Schritt erreichen. In aller Regel sind viele große und kleine Schritte notwendig, um an ein fernes Ziel zu gelangen. Mit systematischer Zeitplanung schaffen Sie die Voraussetzung dafür, dass die einzelnen Schritte Ihrer Vorgehensplanung in die Realität umgesetzt werden.

Hierzu teilen Sie die vor Ihnen liegende Riesenaufgabe in kleine, machbare Portionen auf, gliedern also den Weg zum Ziel in überschaubare Etappen mit konkreten Zwischenzielen:

Schreiben Sie alle (Teil-)Aufgaben und Einzelschritte in die Tagespläne beziehungsweise Monatsplan-Vormerkungen Ihres HelfRecht-Planers oder Terminkalenders (ganz gleich, ob Papier oder Elektronik). Damit können Sie auch mittel- und langfristige Pläne so weit aufsplitten, dass Sie Ihrem Ziel (= Erfolg!) Tag für Tag ein Stückchen näher kommen.

Insbesondere durch die Tagesplanung schlagen Sie die Brücke vom Plan zur Tat. Hierzu noch einige weitere Tipps:

Tagesplanung: Planen Sie jeden einzelnen Tag: Welche Aufgaben und Termine stehen an? In welcher Reihenfolge und in welchem Zeitraum wollen Sie die einzelnen Aktivitäten abarbeiten?

Prioritäten: Lösen Sie sich davon, stets alle anstehenden Aufgaben gleichermaßen erledigen zu wollen. Das (wenige) Wichtige ist entscheidend, nicht das (viele) Dringende. Setzen Sie also bei Ihrer Tagesplanung klare Prioritäten und achten Sie darauf, dass Sie auf jeden Fall die wichtigen Arbeiten erledigen. Wenn Sie dies schaffen, haben Sie schon sehr viel erreicht.

Zeitreserven: Planen Sie Termine realistisch – lassen Sie ausreichend Luft für Unvorhergesehenes, für eventuell notwendige Umwege zum Ziel. Verplanen Sie nicht mehr als 60 Prozent Ihrer Zeit.

Tagesbewertung: Den abgelaufenen Tag sollten Sie jeweils schriftlich nachbereiten und bewerten. Fragen Sie sich, welchen Wert er für Ihr Leben hatte, wie er Sie Ihren Zielen näher gebracht hat. Beurteilen Sie den Tag als Ganzes – so vermeiden Sie es, negative Einzelereignisse überzubewerten. Wägen Sie gelungene Aktionen gegenüber den eventuell misslungenen ab. Sie werden feststellen, dass die Pluspunkte weitaus zahlreicher sind als die Minuszeichen. Dieses Nachbereiten hat zudem eine starke Wirkung auf Ihr Unterbewusstsein. Wenn Sie abends Ihren Tagesplan durchgehen, stellen Sie sicher, dass alle noch nicht erledigten Aufgaben auf spätere Tage übertragen werden. So haben Sie die Gewissheit, nichts zu vergessen, und können entspannt Ihren Feierabend genießen.

5. Schritt: Ergebnisse / Erfolge (= Kontrolle)

Wichtig für die Umsetzungsphase nach der Vorgehensplanung: Verstehen Sie Planung als fortwährenden Prozess. Nicht der Plan an sich bringt den Erfolg, sei er auch noch so ausgefeilt und durchdacht. Nachhaltigen Erfolg des Handelns gewährleistet nur eine kontinuierlich begleitende Planung, die mit permanenten kleinen Kurskorrekturen auf das aktuelle Geschehen reagiert und Sie so langfristig auf Kurs hält.

Achten Sie deshalb beim Umsetzen Ihrer Vorgehensplanung sehr genau darauf, ob Sie mit den dort festgelegten Mitteln und Maßnahmen auch tatsächlich das bewirken, was Sie erreichen wollten. Passen Sie Ihren Aktionsplan bei Bedarf frühzeitig an die aktuelle Entwicklung an.

Erfolge feiern: Ziele erreichen sich nicht von selbst. Initiative, Anstrengung und Durchhaltevermögen sind nötig, um Aufgaben zu erledigen, Projekte zu bewältigen, Ziele zu erreichen. Nehmen Sie deshalb Ihre Erfolge nicht einfach hin. Genießen Sie jedes Ziel, das Sie durch zielgerichtetes Planen und Handeln erreicht haben. Feiern Sie jeden Erfolg, den Sie mit eigener Kraft geschafft haben. Und nutzen Sie ihn für weitere Motivation.

Belohnung: Belohnen Sie sich für erreichte Ziele und gute Leistungen. Erfüllen Sie sich einen lang gehegten Wunsch, machen Sie sich eine Freude. So prägen Sie Ihr Unterbewusstsein auf höchst angenehme Weise (Leistung wird belohnt) und erhöhen gleichzeitig Ihre Erfolgsfähigkeit.

Persönliche Erfolgsstrategie: Erfolge geben Kraft. Und sie zeigen Ihnen, wo Sie auch künftig erfolgreich sein können. Machen Sie sich deshalb bewusst, warum Sie diese Erfolge erreicht haben. Das gibt Ihnen Anhaltspunkte für Ihr weiteres Planen und Handeln – Sie finden Ihre persönliche Erfolgsstrategie.

Liste der Erfolge: Führen Sie eine Liste Ihrer Erfolge: Schreiben Sie auf, wenn Ihnen etwas besonders gut gelungen ist. Wenn Sie für Planungen, Entscheidungen oder Aktivitäten besonderes Lob geerntet, außergewöhnliche Anerkennung erhalten haben. Dokumentieren Sie in dieser „Liste der Erfolge" aber auch, wie Sie diese Ergebnisse erreicht haben: Welches waren die ausschlaggebenden Kriterien für das gute Gelingen? Was können Sie daraus lernen? Nehmen Sie sich diese Aufzeichnungen immer mal wieder vor. Sie werden Ihnen unzählige Anregungen für künftige Ziele und Aktionen vermitteln. Sie werden Ihnen aber auch Selbstvertrauen schenken und Ihre Motivation für künftige Herausforderungen entscheidend fördern. Nutzen Sie diese Liste Ihrer persönlichen Erfolge schließlich auch zur Stimmungspflege: Blättern Sie in dieser Sammlung, wenn Sie mal nicht so gut drauf sind. Sie werden sehen: Ihre Laune wird garantiert besser.

Praxistipp:
Herausforderungen systematisch bewältigen

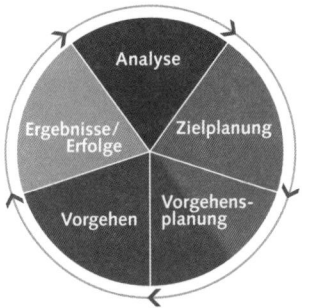

Der HelfRecht-Regelkreis beschreibt eine Vorgehensweise, die Ihnen in jedem Lebensbereich helfen kann, Herausforderungen systematisch anzupacken und zu meistern – eine Vorgehensweise also, die Sie befähigt, Ihre Zukunft aktiv zu gestalten sowie Ihre Ziele sicher zu erreichen.

1. **Analysieren Sie Ihre Ausgangssituation:** Wie stellt sich Ihre aktuelle Situation dar? Wie kam es dazu? Was wollen/müssen Sie daran verändern/verbessern? Warum? Was geschieht, wenn sich nichts ändert?

2. **Bestimmen Sie Ihre Ziele:** Was wollen Sie kurz-, mittel- und langfristig erreichen? Welche Erfolge streben Sie an? Denken Sie dabei nicht nur an das Materielle, sondern auch an Aspekte wie Mitmenschliches, Anerkennung, Gesundheit, Umwelt.

3. **Planen Sie den Weg zu Ihrem Ziel:** Legen Sie schriftlich fest, wie Sie von der Ausgangssituation zum angestrebten Ziel(zustand) kommen. Wen oder was brauchen Sie? Welche Maßnahmen und Einzelschritte sind nötig, um das Ziel zu erreichen? Wie reagieren Sie auf mögliche Störungen/Hindernisse?

4. **Machen Sie einen detaillierten Zeitplan:** Welches Etappenziel wollen Sie heute, morgen, in der nächsten Woche, im nächsten Monat erreichen, um Ihrem großen Ziel Stück für Stück näher zu kommen? Gehen Sie stetig einen Schritt nach dem anderen.

5. **Vergleichen Sie ständig Position und Ziel:** Wie nahe sind Sie Ihrem Ziel bereits gekommen? Sind Sie noch auf Kurs? Müssen Sie eventuell Ihren Plan ändern? Wenn Sie am Ziel sind: Feiern Sie das Erreichte – und legen Sie sich neue Ziele fest.

Lob und Anerkennung: Erwischen Sie Ihre Mitarbeiter möglichst bei guten Leistungen

> *„Wer wertvolle Leistungen nicht aner-*
> *kennt, ist ihrer nicht wert. "*
>
> (Dr. Gustav Großmann,
> „Urvater" des HelfRecht-Systems)

Mal ehrlich: Wie halten Sie es mit Lob und Anerkennung? Nehmen Sie gute Leistungen Ihrer Mitarbeiterinnen und Mitarbeiter sehr bewusst wahr? Und würdigen Sie diese durch eine persönliche Rückmeldung? Oder handeln Sie eher nach dem Motto: „Wenn ich nicht zufrieden bin, dann sage ich es schon – und wenn ich nichts sage, dann bin ich zufrieden!"? Damit vergäben Sie enorme Chancen.

Mehr als zwei Drittel aller Arbeitnehmer in Deutschland schieben Dienst nach Vorschrift. Dieses seit Jahren gleich bleibende Kernergebnis der „Gallup-Studie" haben wir in diesem Buch bereits mehrfach angeführt. Einer der Hauptgründe für die Unzufriedenheit der Beschäftigten ist die mangelnde Akzeptanz ihrer Leistung durch ihre Vorgesetzten. Ein enormes Potential also für die Führungskraft: Mit geringem Aufwand (mehr Wertschätzung, mehr Anerkennung) ließe sich eine deutliche Leistungssteigerung im Team erreichen.

In einem Interview mit der „Süddeutschen Zeitung" legte Marco Nink, Projektverantwortlicher für die „Gallup-Studie", den Finger deutlich in die Wunde: Das mangelnde Engagement „liegt an schlechter Führung. Es fängt an mit einem Mangel an Lob und Anerkennung für gute Arbeit, die geleistet wurde. Das vermissen sechs von zehn Befragten. Dabei ist das ein ganz entscheidender Motivationsfaktor. Aus anderen Studien weiß man, dass jeder zweite Deutsche von Glückserlebnissen berichtet, wenn er gelobt wird oder eine Würdigung erfährt."

Sorgen Sie für Glückserlebnisse bei der Arbeit

Wenn zwei Drittel der Beschäftigten Dienst nach Vorschrift machen, sind die schlechten Ergebnisse beinahe vorprogrammiert. Es lohnt sich deshalb für Sie und Ihr Unternehmen, das ungenutzte Potential zu aktivieren, indem Sie gezielt daran arbeiten, dass der Anteil der „Willigen" steigt. Beispielsweise durch eine ehrliche Anerkennung von Leistung. Es gibt hierfür einen ganz einfachen Leitfaden: „Erwischen Sie Ihre Mitarbeiterinnen und Mitarbeiter möglichst bei guten Leistungen! Sorgen Sie so für mehr Glückserlebnisse bei der Arbeit!"

Möglichkeiten und Anlässe für ein berechtigtes Lob gibt es viele. Hier einige Beispiele:

☐ Ein Kunde äußert sich besonders positiv darüber, wie er von einem Mitglied Ihres Serviceteams betreut wurde.

☐ Ein Mitarbeiter tätigt einen besonderen Verkaufsabschluss oder überschreitet die mit ihm vereinbarten Ziele.

☐ Eine Mitarbeiterin bringt sich engagiert in Sonderaufgaben oder bereichsübergreifende Aktivitäten ein und springt vorbildlich ein, wenn „Not am Mann" ist.

☐ Ein Teammitglied hat eine Krankheitsvertretung für einen Kollegen außergewöhnlich gut gemeistert.

☐ Eine Messe oder sonstige Veranstaltung wurde glänzend organisiert und hat entsprechende Ergebnisse gebracht.

☐ Ein Vorschlag, der zur Kostenersparnis beiträgt.

☐ Ideen, die Sie vom Mitarbeiter für den Unternehmens-Jahreszielplan erhalten haben.

☐ ...

Sie sehen: Es gibt viele Möglichkeiten, Mitarbeiter bei guten Leistungen zu „erwischen" und ihnen hierfür Anerkennung auszusprechen. Man muss diese Leistung nur erkennen.

Ermöglichen Sie gute Leistungen Ihrer Mitarbeiter

Wichtig aber auch: Sie müssen in Ihrem Unternehmen die Grundlagen dafür schaffen, dass die Mitarbeiter gute Leistungen bringen und sich ein Lob verdienen können. Dazu gehören etwa klar definierte Hauptaufgaben und Verantwortlichkeiten, Zielvereinbarungs- und Beurteilungsgespräche, Schulung im methodischen Arbeiten, mitwirken lassen an den Zielplänen oder auch das Einbinden ins Qualitäts- und Innovationsmanagement.

Die beste Voraussetzung, um gute Leistung sichtbar machen zu können: Vereinbaren Sie mit Ihren Mitarbeitern konkrete, messbare Ziele mit festen Terminen. So ist deren Leistung stets nachvollziehbar und kontrollierbar – und Sie haben einen berechtigten Anlass, einen Mitarbeiter zu loben, wenn er in seinem Zielfortschritt nachweislich vorankommt. Das zeigt übrigens, dass ein gewisses Maß an Kontrolle auch dort sinnvoll und notwendig ist, wo die Mitarbeiter sehr eigenverantwortlich agieren. Denn ohne die Kontrolle, wie sie mit ihrer Arbeit vorankommen, ist keine Anerkennung möglich. (Weitere Informationen zum Thema Zielvereinbarung lesen Sie im → Seite 252 Erfolgsbaustein 24.)

Sammeln Sie gute Leistungen Ihrer Mitarbeiter

Registrieren Sie möglichst auch die kleinen Teilerfolge, die für sich allein nicht unbedingt einer besonderen Erwähnung wert sind. Sammeln Sie solche „Erfolgssteinchen", am besten schriftlich. Legen Sie sich beispielsweise für jeden Ihrer Mitarbeiter eine kleine Aufstellung an: „Was schätze ich besonders an Herrn S.?" Hierfür genügt ein AM2-Zettel in Ihrem Planer, auf dem Sie positive Eindrücke notieren, auf die Sie nicht unverzüglich mit einem Lob reagieren wollen oder können. Sprechen Sie den Mitarbeiter dann bei passender Gelegenheit darauf an, wie Sie sich über seine Fortschritte freuen.

Sie werden freudige Überraschung und einen weiteren Motivationsimpuls auslösen. Auch für Ihr nächstes Mitarbeitergespräch wird sich diese kleine Liste der persönlichen Erfolge als gute Grundlage erweisen.

Dadurch, dass Sie durch ein begründetes Lob individuelle Anerkennung aussprechen, zeigen Sie Ihrem gesamten Team, dass Sie als Chef tatsächlich mitbekommen, was jeder einzelne Mitarbeiter leistet, und dass Sie dies auch wertschätzen.

Ein „Danke, gut gemacht!" kostet Sie nichts

Also: Nehmen Sie gute, erst recht außergewöhnliche Leistungen nicht als selbstverständlich hin. Halten Sie Augen und Ohren offen und erwischen Sie Ihre Mitarbeiterinnen und Mitarbeiter möglichst bei guten Leistungen. Ein spontanes „Danke, gut gemacht!" kostet nichts, kann sich aber spürbar auszahlen. Aber Achtung: Übertreiben Sie nicht – inflationär angewendetes oder auch „taktisches" Lob, weil Sie meinen, mal wieder das Team motivieren zu müssen, kann die Wirkung ehrlich gemeinter Anerkennung nachhaltig entwerten.

Machen Sie sich deshalb folgenden Grundsatz zu Eigen: Es muss eine wirklich lobenswerte Leistung vorliegen, die Sie ehrlich, dosiert und spontan (im Einzelfall vielleicht später noch einmal vor einer angemessenen Gruppe) anerkennen. Sonst verliert dieses Instrument sehr schnell an Wirkung und Bedeutung. Und das wäre doch sehr schade ...

Praxistipps:
Lob und Anerkennung als wertschätzendes Feedback

☐ **Erkennen Sie Leistung an:** Wenn Mitarbeiter sich außergewöhnlich engagieren, haben sie ein Anrecht darauf, dass Sie diese Leistung wertschätzen. Tun Sie es nicht, erzeugen Sie Frust und Enttäuschung. Mit der Folge, dass diese Mitarbeiter sich immer weniger für Sie und Ihr Unternehmen einsetzen und ihr Engagement in der Freizeit ausleben.

☐ **Soviel Zeit muss sein:** Loben Sie bitte nicht im Vorbeigehen, zwischen Tür und Angel oder quer durchs Großraumbüro. Nehmen Sie sich die Zeit für ein kurzes persönliches Gespräch.

☐ **Vermeiden Sie pauschales Lob:** Drücken Sie Ihr positives Feedback möglichst konkret aus. Machen Sie also deutlich, wofür Sie einen Mitarbeiter anerkennen. Sagen Sie ihm, welche Leistung oder Verhaltensweise Ihnen besonders positiv aufgefallen ist.

☐ **Lob gibt Orientierung:** Vor allem neuen Teammitgliedern, die hinsichtlich ihrer eigenen Leistung noch etwas unsicher sind, können Sie mit einer gelegentlichen Anerkennung zeigen, dass sie auf dem richtigen Weg sind. Das wird ihnen Orientierung und Motivation geben sowie ihre Selbstsicherheit stärken.

☐ **Kritik stets unter vier Augen:** Bei berechtigtem Anlass können Sie gute Leistungen auch einmal vor der Gruppe ansprechen (dabei sollten aber möglichst alle Teammitglieder mal drankommen, um nicht Neid zu erzeugen – und damit das Gegenteil der beabsichtigten Motivation). Kritik zu individuellen Fehlleistungen äußern Sie jedoch ausschließlich unter vier Augen.

☐ **Respektvoll kritisieren:** Sprechen Sie Fehlleistungen klar und offen an. Aber bitte ruhig und sachlich, nicht mit lautstarkem Vorwurf. Wer einen Mitarbeiter wegen eines Fehlers gleich „zur Schnecke macht", verletzt damit die fundamentalen Grundlagen respektvoller Menschenführung. Der Mitarbeiter weiß schließlich selbst und ist entsprechend sauer auf sich, wenn er Mist gebaut hat.

☐ **Erfolge würdigen:** Beginnen Sie Besprechungen mit einem Reihum-Bericht der Erfolge. Da kann sich jeder selber loben, aber auch Sie können hier vor versammelter Mannschaft noch einmal besondere Leistungen würdigen. So machen sich alle Beteiligten die erreichten Erfolge bewusst, erkennen, dass sich ihr Engagement lohnt. Die Besprechung startet dadurch mit einer positiven Grundstimmung.

☐ **Leistungen transparent machen:** Geben Sie Ihren Mitarbeitern Gelegenheit, Ihnen aufzuzeigen, wie sie sich in ihrem Verantwortungsbereich engagiert haben. Ein ideales Mittel dafür ist der „Management-Zielplan für den Monat" (→ Seite 259). Neben der Möglichkeit, den Leistungsfortschritt sowie eventuelle Schwierigkeiten oder auch Zielabweichungen im jeweiligen Bereich zu erkennen, bekommen Sie durch den Management-Zielplan konkrete Anhaltspunkte, um Lob und Anerkennung auszusprechen.

☐ **Unbedingt ein Feedback:** Informiert Sie ein Mitarbeiter schriftlich (beispielsweise mit dem Management-Zielplan) über seine Erfolge, sollten Sie unbedingt mit einem positiven Feedback reagieren.

☐ **Lob motiviert:** Behalten Sie stets den Ausspruch des amerikanischen Managers Charles Michael Schwab im Hinterkopf, der einmal sinngemäß sagte: „Ich habe noch nie einen Menschen kennen gelernt, der nicht nach einem Lob besser und einsatzfreudiger gearbeitet hätte als nach einem Tadel."

Erfolgsbaustein 22

Offene Kommunikation: Sorgen Sie für eine motivierende Informations- und Dialogkultur

„Die Menschen bauen zu viele Mauern und zu wenig Brücken."

(Sir Isaac Newton, Philosoph und Wissenschaftler)

Information und Kommunikation sind für das runde Zusammenspiel eines Teams unverzichtbar. Eigentlich klar – und doch vernachlässigen viele Führungsverantwortliche diesen Erfolgsfaktor sträflich. Befragungen kommen immer wieder zum gleichen ernüchternden Ergebnis: Die Mitarbeiterinnen und Mitarbeiter fühlen sich schlecht informiert. Das heißt: In vielen Firmen funktioniert die Kommunikation, vor allem die top-down-Information, nur schlecht bis mittelmäßig.

Dass dies gefährlich sein kann, versteht sich von selbst: Ein mangelhafter Informationsfluss kann Mitarbeiter verunsichern, Fehler verursachen, Qualität beeinträchtigen, Mehrarbeit bewirken, zu Verzögerungen führen, Kunden verärgern, Kosten steigern, Projekte scheitern lassen und vieles mehr – also Leistungs- und Wettbewerbsfähigkeit und damit den Erfolg eines Unternehmens spürbar beeinträchtigen. Jedes Unternehmen sollte deshalb sehr genau darauf achten, dass Information und Kommunikation reibungslos funktionieren.

Suchen Sie das Gespräch mit Ihren Mitarbeitern

Erster Schritt ist zweifellos die umfassende Information der Mitarbeiter: Nur wer weiß, warum er etwas tut, strengt sich an. Nur wer die Bedeutung der eigenen Arbeit für den Erfolg der Firma kennt, wird beste Leistungen bringen. Die Information ist aber nur die erste Stufe. Fruchtbarer Teamgeist und leistungsfreudiges Zusammenarbeiten setzen Einigkeit voraus. Einigkeit über das gemeinsame Ziel und über das Vorgehen dorthin. Diese Einigkeit ist nicht allein mit Information, sondern nur durch offene Kommunikation zu erreichen. Durch gemeinsame Verständigung über Weg und Ziel im permanenten Dialog. Wichtig ist es also, dass Sie ganz nah bei den Menschen sind:

☐ **Verstecken Sie sich nicht hinter dem Schreibtisch:** „Management by walking around", heißt ein ganz wichtiges Erfolgskriterium für Chefs und Führungskräfte: Gehen Sie zu den Menschen in Ihrem Betrieb. Seien Sie vor Ort präsent, besuchen Sie Ihre Mitarbeiter am Arbeitsplatz – auch dort, wo es womöglich laut und staubig ist.

☐ **Reden Sie mit den Menschen:** Lassen Sie sich nicht nur bei Ihren Mitarbeitern sehen, sondern suchen Sie aktiv das persönliche Gespräch. Reden Sie mit ihnen über das, was Sie vorhaben, was Sie tun wollen, was Sie eventuell auch tun müssen. Erklären Sie Ihre Visionen, Ziele, Pläne. Vor allem auch eventuell notwendige unpopuläre Entscheidungen.

☐ **Hören Sie zu:** Fordern Sie Ihre Mitarbeiter zum Dialog auf, fragen Sie sie nach ihrer Meinung. Nehmen Sie bereitwillig auf, was „der Mann an der Maschine", „die Frau am Tresen" Ihnen zu sagen hat. Diese Informationen von der Basis vor Ort sind häufig viel wertvoller als die Empfehlungen externer Unternehmensberater – und zudem kostenfrei! Außerdem: Wie wollen Sie als Chef denn mitbekommen, was in Ihrem Unternehmen läuft (eventuell auch schief oder gar aus dem Ruder läuft), wenn Sie hinter geschlossener Tür am Schreibtisch sitzen?

☐ **Sprechen Sie nicht nur über Firma und Arbeit:** Reden Sie mit Ihren Mitarbeitern ruhig auch über Privates – über Kinder, Sport, Urlaubspläne oder auch das Wetter. Das verstärkt nicht nur die zwischenmenschliche Schiene. Es kann Ihnen auch zeigen, wo einen Mitarbeiter gerade „der Schuh drückt", wo Sie vielleicht unterstützend eingreifen können oder sollten.

☐ **Nutzen Sie das Know-how Ihres Teams:** Binden Sie Ihre Mitarbeiterinnen und Mitarbeiter frühzeitig in das Erarbeiten der Unternehmensziele und in die Entscheidungsprozesse mit ein. Durch deren Erfahrung und Fachwissen, vor allem aber auch durch deren anderen Blickwinkel werden Sie ungeahnte Impulse bekommen, die Sie und Ihr Unternehmen dem gemeinsamen Ziel einen großen Schritt näher bringen.

☐ **Geben Sie Ihren Mitarbeitern Verantwortung:** Fragen Sie die Menschen in Ihrem Team aber nicht nur um Rat. Übertragen Sie ihnen auch Verantwortung im jeweiligen Teilbereich. Geben Sie ihnen die Möglichkeit, mit eigener Kraft ein Mosaiksteinchen zum gemeinsamen Erfolg beizusteuern.

Informierte Mitarbeiter sind kreativer und innovativer

Die Wechselwirkung zwischen Kommunikation und Motivation ist ja hinlänglich belegt. Beispielsweise durch die jährliche Gallup-Studie. Nur 13 Prozent der Beschäftigten in deutschen Firmen fühlen sich ihrem Unternehmen emotional stark verbunden und sind bereit, sich freiwillig für ihren Arbeitgeber und dessen Ziele einzusetzen. Die große Mehrheit leistet Dienst nach Vorschrift. Unzufriedenheit und Demotivation der Beschäftigten resultieren in erster Linie aus Kommunikationsfehlern der Führungskräfte: Die Mitarbeiterinnen und Mitarbeiter fühlen sich zu wenig eingebunden, zu wenig wertgeschätzt. Die Folge: höhere Fehlzeiten, stärkere Fluktuation, innere Verweigerung.

Ganz anders in den Betrieben, in denen es mit Einbindung und Kommunikation klappt: „Diese Mitarbeiter arbeiten produktiver, sind innovativer und kundenorientierter", so Marco Nink, Projektverantwortlicher für die Gallup-Studie. Wenn die emotionale Bindung stimmt, sind die Beschäftigten gerne

bereit, „zusätzlichen Einsatz zu leisten, um die Arbeit zu erledigen", übernehmen gerne auch Aufgaben außer der
Reihe, bleiben auch mal über die eigentliche Arbeitszeit hinaus, um Arbeiten abzuschließen und befassen sich „sehr intensiv damit, wie man Arbeitsabläufe verbessern kann".

Ein kommunikatives Klima, in dem man sich gegenseitig
schätzt und fördert, beflügelt zudem Qualitätsbewusstsein
und Innovationsbereitschaft im Team. Es trägt wesentlich
dazu bei, dass Mitarbeiterinnen und Mitarbeiter bereit sind,
sich in diesen Prozess der permanenten Verbesserung einzubringen. Wer sich am Arbeitsplatz wohl fühlt, arbeitet nicht
nur motivierter, sondern ist auch kreativer und innovativer,
lässt sich ebenfalls aus der Gallup-Studie herauslesen: Dem-
nach befassen sich von Mitarbeitern, die keine emotionale
Bindung zum Unternehmen haben, nur 15 Prozent damit,
wie man Arbeitsabläufe verbessern kann. Mitarbeiter mit einer hohen emotionalen Bindung bringen es hingegen auf
eine Quote von 56 Prozent. Es lohnt sich deshalb auch unter
dem Aspekt der Innovationsbereitschaft für Ihr Unternehmen, wenn Sie sich dem Thema offener Dialog einmal mit besonderer Aufmerksamkeit widmen.

Ermuntern Sie Ihre Mitarbeiter zum Querdenken

Zu einer freien Kommunikationskultur gehört es, dass auch
Ideen geäußert werden dürfen, die das Althergebrachte in
Frage stellen. Das ist nicht immer und überall besonders be-
liebt – in manchen Firmen ecken Mitarbeiter schmerzhaft an,
wenn sie über den Tellerrand des allgemeinen Konsenses hinaus denken und damit die aufscheuchen, die sich mit dem
Bestehenden gut arrangiert haben.

Doch um stets noch besser, noch kundenorientierter, noch attraktiver zu werden, braucht ein Unternehmen neues Denken. Es ist einfach notwendig, das Bestehende immer wieder
zu hinterfragen, unvoreingenommen neue Gedanken zu denken, neue Lösungen zu suchen, neue Wege auszuprobieren.
Wer sich dem verschließt, verschließt sich auch nötigen Innovationen.

Gewähren Sie Ihren Mitarbeitern denn auch wirkliche Gedankenfreiheit. Ermuntern Sie zum Querdenken. Fördern Sie die Diskussion über abweichende Meinungen. Hören Sie sich auch die zunächst völlig verrückt erscheinenden Ideen an – häufig steckt gerade darin ein großes Innovationspotential. Und achten Sie darauf, dass solch kreatives Querdenken in Ihrem Unternehmen nicht sanktioniert wird, sondern vielmehr belohnt, sofern es sich um konstruktive Kritik handelt.

→ Seite 199

Wichtig: Geben Sie Ihren Mitarbeitern ein Instrument an die Hand, mit dem sie ihre Vorschläge auch methodisch gut rüberbringen können. Beispielsweise den „methoPlan" (Erfolgsbaustein 18), der Kreativität zum einen anregt, zum anderen aber auch so in Form bringt, dass daraus eine gut strukturierte und durchdachte Vorlage für eine Entscheidung entsteht.

Leben Sie den partnerschaftlichen Dialog

Zu einem offenen Dialog gehört es, dass Sie sich den Menschen wirklich partnerschaftlich zuwenden. Reden Sie deshalb nicht nur davon, dass Ihnen Kommunikation wichtig sei – praktizieren Sie es auch genauso.

☐ Sagen Sie Ihren Mitarbeitern nicht nur, dass diese jederzeit mit ihren Sorgen und Wünschen zu Ihnen kommen können. Beweisen Sie es, indem Sie deren Anliegen wirklich ernst nehmen. Zeigen Sie Interesse und Aufmerksamkeit, indem Sie nicht nur zuhören, sondern nachfragen, Feedback geben und wirklich versuchen, die Sache zu lösen. Beweisen Sie also, dass Ihre Mitarbeiter im Ernstfall auf Sie zählen können.

☐ Dazu gehört auch, dass Sie sich nicht permanent hinter der geschlossenen Bürotür verschanzen. Geben Sie in Ihrem Team bekannt, wann Sie ungestört arbeiten wollen (beispielsweise durch die Einführung einer regelmäßigen „störungsfreien Zeit" oder durch ein entsprechendes Schild an der Tür). Eine störungsfreie Zeit ist o.k., wird von den Mitarbeitern auch akzeptiert. Ansonsten aber sollten

Sie so weit wie möglich eine Politik der offenen Tür praktizieren.

☐ Widmen Sie Ihrem Gesprächspartner wirklich Ihre unge-
teilte Aufmerksamkeit. Brüskieren Sie Ihre Mitarbeiter auf
keinen Fall dadurch, dass Sie im Gespräch nebenbei mit Ihrem Smartphone im Internet surfen oder E-Mails abrufen.

☐ Die Menschen müssen sich auf Ihre Aussagen, vor allem
auf Ihre Versprechen verlassen können. Nur so können Sie
Vertrauen aufbauen und erhalten. Tipp: Notieren Sie es
sich möglichst sofort in Ihren Planer oder in Ihre elektronische Zeitplanung, wenn Sie eine Zusage geben, am besten mit einem konkreten Erledigungstermin.

Gemeinsame Ziele fördern den Dialog

Jeder Chef sollte sich sehr intensiv damit beschäftigen, wie er
die emotionale Bindung seiner Mitarbeiterinnen und Mitarbeiter durch eine Optimierung des Informationsflusses steigern kann. Neben allgemeinen Informationen, die man über
Intranet, Mitarbeiterzeitung, Schwarzes Brett oder Belegs-
chafts- und Betriebsversammlungen kommuniziert, gibt es
ein Thema, das hierfür ganz besonders prädestiniert ist: die
Ziele des Unternehmens. Kommunikation im Betrieb funktioniert dann am besten, wenn man gemeinsame Ziele hat, über
die man reden kann. Geben Sie den Menschen in Ihrem Unternehmen deshalb die Möglichkeit, sich aktiv in Planung und
Umsetzung von Zielen einbringen zu können.

Vor allem eignet sich hierzu der Jahreszielplan, in dem es ja im
Gegensatz zu den längerfristigen Lebens- und Periodenziel-
plänen um das operative Geschäft geht. Um die gemeinsamen
Ziele und Aktivitäten also, die das Unternehmen in diesem
Jahr voranbringen sollen. Die Jahreszielpläne des Unternehmens oder der einzelnen Bereiche und Abteilungen, das sind
die Arbeitsmittel der Mitarbeiter und der rote Faden durch ein
ganzes Jahr. Und damit hervorragende Ansatzpunkte für eine
engagierte, offene Kommunikation, an der sich alle beteiligen
können – und auch sollten (weitere Anregungen zur gemein-

→ Seite 246 samen Zielplanung lesen Sie im folgenden Erfolgsbaustein 23). Dazu gehört ebenso die monatliche Kontrolle der Zielerreichung. Sie gibt Ihnen die Gelegenheit, Abweichungen zu orten und rechtzeitige Gegenmaßnahmen einzuleiten, aber auch Lob und Anerkennung für gute Leistungen zu spenden.

Deshalb: Machen Sie in Ihrem Unternehmen die Ziele zum zentralen Thema Ihrer Kommunikation. Binden Sie Ihre Beschäftigten in Planung und Umsetzung Ihrer Ziele ein. Der Mangel einer ungenügenden Information lässt sich damit relativ leicht aus der Welt schaffen. Denn eine aktive Teilnahme bietet die beste Informationsmöglichkeit. Und wer informiert ist, engagiert sich auch stärker für „sein" Unternehmen.

Monatliche Besprechung und wöchentliche Inforunde

Gleichermaßen der Information wie der Teilhabe dienen auch regelmäßige Besprechungsrunden. Beispielsweise monatliche Treffen auf Abteilungs- und Geschäftsleitungsebene. Besprechen Sie in diesen Gremien vor allem die von den Mitarbeitern eingereichten „methoPläne", also Innovations- und Verbesserungsvorschläge (siehe Erfolgsbaustein 18). Prüfen Sie → Seite 199 aber auch, wie Sie mit Ihren geplanten (Jahres-)Zielen vorankommen und was hierfür gegebenenfalls zu tun oder zu organisieren ist.

Für die kurzfristige Abstimmung sind wöchentliche (in manchen Fällen auch tägliche) Inforunden sinnvoll, möglichst zu einem feststehenden Termin. Kein langes Palaver, sondern ein kurzer, knapper Austausch: „Was steht heute und in den kommenden Tagen an? Welche Probleme gibt es aktuell? Wer ist unterwegs? Was ist noch wichtig?" Das funktioniert im Stehen und dauert nur ein paar Minuten, in denen sogar die eine oder andere Entscheidung getroffen werden kann. Kommunikation findet heute viel zu häufig übers Intranet statt. Dabei ist es in vielen Fällen deutlich effizienter, einfach mal miteinander zu reden und sich im persönlichen Gespräch direkt abzustimmen.

Checkliste zur Analyse:
Wie dialogorientiert ist Ihre Mitarbeiterführung?

Mit einer funktionierenden Informations- und Kommunikationskultur können Sie die Qualität Ihres Führungshandelns spürbar verbessern. Hier noch einige Fragen, mit denen Sie intensiver in dieses wichtige Thema einsteigen können:

☐ Welche Mitarbeiterinnen und Mitarbeiter werden unmittelbar von mir geführt/betreut? Auskunft darüber müsste das aktuelle Organigramm geben. Liegt es vor?

☐ Wie häufig habe ich mit diesen Teammitgliedern unmittelbar persönlichen Kontakt? Aus welchem Anlass?

☐ Wie gebe ich Aufgaben, beispielsweise aus dem Jahreszielplan, an diese Personen weiter?

☐ Führe ich regelmäßige Zielvereinbarungsgespräche? Wenn ja: Werden die Ergebnisse schriftlich fixiert?

☐ Wenn ich Aufgaben delegiere, tue ich dies vollständig, das heißt, mit allen Informationen, den notwendigen Kompetenzen und dem Grundsatz, nicht hinein zu regieren?

☐ Gibt es bei uns regelmäßige (monatliche, wöchentliche) Teambesprechungen?

☐ Sind meine Teammitglieder in die Erarbeitung der Jahresziele einbezogen oder fungieren sie nur als „Befehlsempfänger"?

☐ Wie halte ich es mit Lob und Anerkennung in meinem Verantwortungsbereich?

☐ Wie sachlich und motivierend kritisiere ich? Sehe ich den Mangel, der einer Kritik zugrunde liegt, grundsätzlich als Chance?

☐ Wie steht es grundsätzlich mit meiner Vorbildfunktion in Sachen Information und Kommunikation? Was kann ich (noch) besser machen?

Gemeinsame Planung im Team: Lassen Sie Ihre Mitarbeiter an den Unternehmenszielen mitwirken

> *„Wer Verantwortung verleiht, wird mit Engagement und Verlässlichkeit beschenkt!"*
>
> (Leopold Stiefel, einer der Gründer von Media-Markt)

Das A und O für den Unternehmenserfolg sind motivierte Mitarbeiter. Besonders motiviert sind die, wenn sie nicht nur mitarbeiten, sondern auch mitbestimmen, mitgestalten, mitentscheiden dürfen. Dazu gehört in erster Linie, dass sie an den Zielen und Plänen ihres Unternehmens aktiv mitwirken dürfen.

Es hilft nämlich wenig, wenn nur der Chef eine unternehmerische Vision hat, die ihn motiviert und begeistert. Für seine Mitarbeiterinnen und Mitarbeiter muss die Vision des Chefs ebenfalls ein erstrebenswertes Ziel darstellen, mit dem sie sich identifizieren können. Ein Ziel, das es wert ist, sich über einen längeren Zeitraum hinweg Tag für Tag anzustrengen. Deshalb kommt es darauf an, dass der Chef die Menschen in seinem Team für seine Visionen und Ziele begeistert, sie für die gemeinsame Sache motiviert, ihnen auch Anreize bietet, an dem gemeinsamen Ziel mitzuwirken, den Weg dorthin mit zu bestimmen.

Die Möglichkeit, eigene Vorschläge für die Unternehmensziele einbringen zu können, ist für jeden Mitarbeiter eine

starke Motivation, sich dann auch engagiert für das Erreichen dieser Ziele einzusetzen. Am besten geeignet für dieses
aktive Mitwirken ist der Unternehmens-Jahreszielplan. Im
Gegensatz zu den langfristigen strategischen Zielen (wie sie
im Lebens- und auch Periodenzielplan des Unternehmens fixiert sind) enthält er konkrete, messbare Handlungsvorga-
ben in überschaubaren Dimensionen. Jahresziele geben den
Mitarbeiterinnen und Mitarbeitern eine ganz entscheidende
Grundlage für ihre Arbeit: die Klarheit darüber, wo es lang gehen soll. Die Impulse Ihrer Beschäftigten kommen hier am di-
rektesten zur Geltung. Bieten Sie deshalb allen Mitarbeitern
die Möglichkeit, eigene Vorschläge für den Unternehmens-
Jahreszielplan einbringen zu können und so die Entwicklung
ihres Betriebes mitzugestalten.

Für die Mitarbeiter hat der Unternehmens-Jahreszielplan einen mehrfachen Nutzen:

☐ Durch die Auflistung der geplanten Ziele und Projekte
wissen sie genau, wofür sie sich in den nächsten zwölf
Monaten engagieren sollen, in welche Richtung sie ihre
Kreativität fließen lassen können.

☐ Mit diesem Instrument haben sie die Möglichkeit, ihr Unternehmen durch eigene Vorschläge für Veränderungen
und Verbesserungen weiter voranzubringen.

☐ Die detaillierte Zusammenstellung der Jahresziele erleichtert und fördert die Kommunikation im Unternehmen: Der
Jahreszielplan ist das, worüber man spricht, worum sich
alles dreht. Er ist das Kommunikationsmittel par excel-
lence.

Lassen Sie Ihre Mitarbeiter die Jahresziele mitgestalten

Am meisten „Zugkraft" entfaltet der Unternehmens-Jahreszielplan, wenn er von allen im Haus mitgetragen wird. Lassen
Sie deshalb Ihre Mitarbeiterinnen und Mitarbeiter von Anfang
an daran mitwirken. Bewährt hat sich das Vorgehen in folgenden zehn Schritten:

1. **Schriftliche Aufforderung:** Ideal ist es, wenn der Unternehmens-Jahreszielplan spätestens Ende November endgültig steht. So können Sie die Weichen für das neue Jahr rechtzeitig stellen. Fordern Sie Ihre Führungskräfte und Mitarbeiter einige Wochen vorher (am besten bereits im Sommer; weitere Praxistipps zum Zeitplan auf Seite 251) schriftlich auf, für ihren jeweiligen Aufgabenbereich Vorschläge zum nächsten Jahreszielplan zu erarbeiten.

→ Seite 251

2. **Strukturierte Ideensammlung:** Achten Sie darauf, dass hierbei nicht nur der materielle Aspekt (Umsatz/Gewinn, ...) berücksichtigt wird. Wichtig sind ja die qualitativen Ziele. Wenn Sie für die Ideensammlung bei den Mitarbeiterinnen und Mitarbeitern eine Struktur vorgeben, können Sie deren Kreativität gezielt anregen und ordnen:

☐ **Leistungsangebot:** Welche Veränderungen/Verbesserungen sind aus Sicht des Mitarbeiters bei den Produkten und/oder Dienstleistungen des Unternehmens erforderlich?

☐ **Organisation und Planung:** Welche Veränderungen/Verbesserungen sind hier notwendig? Welche Arbeitsabläufe sind zu verbessern? Wie kann die Zusammenarbeit zwischen Funktionsbereichen optimiert werden? Wo können Engpässe und Leerlauf reduziert werden? Wie kann möglicherweise der EDV-Einsatz intensiver und besser gestaltet werden? Sollten bestimmte Tätigkeiten eventuell extern eingekauft werden?

☐ **Mitarbeiterinnen und Mitarbeiter:** Welche Veränderungen stehen an? Welcher Mitarbeiterbedarf wird sich im Folgejahr, eventuell auch recht kurzfristig, auftun (etwa durch altersbedingtes Ausscheiden, neu geschaffene Positionen oder Ähnliches)? Welcher Weiterbildungsbedarf besteht an welcher Stelle?

☐ **Investitionen:** Welche Investitionen ergeben sich aus diesen drei Punkten, welche sind darüber hinaus

notwendig? (Kosten/Nutzen von nötigen und sinnvollen Anschaffungen, Reparaturen, Aktualisierun-
gen, Weiterbildungsmaßnahmen, Aktionen, ...)

Sie können die Ideensammlung in Ihrem Team und die
Struktur Ihres Jahreszielplanes natürlich durch weitere
„Schubladen" noch verfeinern und Ihren Bedürfnissen
individuell anpassen. Beispielsweise: Verkaufsaktivitäten,
Marketing, Finanzierung, Kommunikation, Einsparpo-
tentiale, Marktauftritt, Vertrauliches, ...

3. **Konkrete Vorschläge mit Kosten:** Achten Sie darauf,
   dass Ihre Mitarbeiter nicht nur Kritik- und Mangelpunkte
   ansprechen, sondern konkrete Vorschläge machen, wie
   diese Mängel abgestellt werden können. Wichtig ist
   auch, dass für alle vorgeschlagenen Aktivitäten die vor-
   aussichtlichen Kosten angegeben werden.

4. **Erster Entwurf:** Lassen Sie sich die Vorschläge aus den
   einzelnen Teams über deren Abteilungs- oder Bereichs-
   leiter zuleiten. Fassen Sie diese Ideensammlungen in einem ersten Entwurf für den Unternehmens-Jahreszlel-
   plan zusammen. Verwenden Sie dabei möglichst die
   Formulierungen Ihrer Mitarbeiter – das verstärkt deren
   Motivation, an diesen Zielen mitzuarbeiten. Informieren
   Sie die Mitarbeiter, warum eventuell bestimmte Vorschläge nicht berücksichtigt werden können. Ergänzen
   Sie den Entwurf dann um die Punkte, die sich aus Ihrer
   Unternehmens-Situationsanalyse sowie aus Ihren längerfristigen Zielen ergeben. Arbeiten Sie schließlich auch
   die Ziele mit ein, die Sie im laufenden Jahr nicht mehr
   realisieren können.

5. **Besprechung und Konkretisierung:** Diskutieren Sie den
   Entwurf mit den Führungskräften Ihres Unternehmens.
   Legen Sie klare Termine und Verantwortlichkeiten fest:
   Wer ist bei jedem einzelnen Ziel für Detailplanung,
   Durchführung und Kontrolle zuständig? Bis wann steht
   die Detailplanung, wann soll das Ziel erreicht sein?

6. **Endgültige Version:** Arbeiten Sie die Änderungen, Ergänzungen und Entscheidungen in Ihren Entwurf ein – und schon steht Ihr Unternehmens-Zielplan für das nächste Jahr.

7. **Unterschrift:** Verabschieden Sie den Jahreszielplan in der Geschäftsleitung und lassen Sie alle Führungskräfte diesen Plan unterschreiben – in kleinen Firmen vielleicht sogar alle Beschäftigten. So verpflichtet sich jeder, sich mit ganzem Herzen für die gemeinsam erarbeiteten Ziele einzusetzen.

8. **Information der Mitarbeiter:** Informieren Sie Ihre Mitarbeiterinnen und Mitarbeiter vor Beginn des neuen Jahres über die geplanten Ziele. Zeigen Sie die Schwerpunkte auf. Begeistern Sie alle für diese Ziele. Geben Sie jedem die Jahresziele des Unternehmens schriftlich an die Hand.

9. **Ableiten der Bereichsziele:** Die Führungskräfte leiten aus dem Unternehmens-Jahreszielplan ihre Bereichs- oder Abteilungsziele ab. Mit ihren Teams vereinbaren sie, wann und wie diese einzelnen Aufgaben angegangen und realisiert werden.

10. **Persönliche Zielplanung:** Jeder Mitarbeiter übernimmt die ihn betreffenden Teilziele/Aufgaben in seine persönliche Ziel- und Zeitplanung.

Praxistipp:
Fangen Sie frühzeitig mit der Jahreszielplanung an

Ein gut durchdachter, von allen mitgetragener Unternehmens-Jahreszielplan braucht Zeit. Beginnen Sie deshalb bereits im Sommer, sich gemeinsam mit Ihrem Team darüber Gedanken zu machen, welche Ziele Sie im Folgejahr angehen und erreichen wollen. So stellen Sie sicher, dass Sie mit Ihrem Unternehmen bestens vorbereitet ins neue Jahr starten.

Juni	Geschäftsleitung fordert alle Mitarbeiterinnen und Mitarbeiter schriftlich auf, Ideen für den nächsten Jahreszielplan zu sammeln
bis 31.8.	Mitarbeiter reichen ihre Ideen (möglichst in der vorgegebenen Struktur → Seite 248, Punkt 2) beim Abteilungsleiter ein
bis 15.9.	Abteilungsleiter leiten die Ideen ihres Teams gebündelt und strukturiert an die Geschäftsleitung weiter
bis 15.10.	Geschäftsleitung erstellt Rohentwurf des Jahreszielplans
bis 15.11.	Geschäftsleitung stimmt Entwurf mit den Führungskräften ab, vereinbart dabei konkrete Ziele für die einzelnen Bereiche/Abteilungen mit Terminen und Verantwortlichkeiten
bis 30.11.	Jahreszielplan steht und ist von allen Führungskräften unterschrieben; Mitarbeiter sind informiert, welche ihrer Vorschläge aus welchem Grund nicht berücksichtigt wurden
bis 15.12.	Unternehmens-Jahreszielplan wird allen Mitarbeiterinnen und Mitarbeitern bekannt gegeben und an alle verteilt

Weicht Ihr Geschäftsjahr vom Kalenderjahr ab, passen Sie die Termine bitte entsprechend an.

Erfolgsbaustein 24

Zielvereinbarungsgespräch: Motivieren Sie Ihre Mitarbeiter mit präzisen, messbaren Zielen

> *„Auch das 21. Jahrhundert ist durch klare Aufgabenverteilungen und verbindliche Anforderungsprofile charakterisiert. Und das heißt: Aufgaben durch Vorgaben."*
>
> (Horst W. Opaschowski, Zukunftsforscher)

Die Möglichkeit, sich mit ihren persönlichen Stärken aktiv einbringen und weitgehend selbst bestimmt agieren zu können, gehört für Mitarbeiter zu den stärksten Motivatoren überhaupt. Auch berechtigtes Lob und wertschätzende Anerkennung für erbrachte Leistungen steigert ihre Freude an der Arbeit ungemein.

Beides kann nur funktionieren, wenn eine wichtige Voraussetzung erfüllt ist: konkret vereinbarte, messbare Ziele. Denn die Mitarbeiter können ihr Engagement und ihre Kreativität erst dann zielgerichtet einsetzen, wenn sie wissen, welches Ergebnis von ihnen erwartet wird. Und eine Bewertung ihrer Leistung ist auch nur möglich, wenn die Ziele so eindeutig beschrieben und terminiert werden, dass der aktuelle Stand der Zielerreichung jederzeit ersichtlich ist.

Durch regelmäßige Zielvereinbarungs- und Beurteilungsgespräche mit Ihren Mitarbeitern schaffen Sie also die Basis, dass diese mit Klarheit und Motivation an ihre Aufgaben gehen können.

Wichtig sind solche Gespräche insbesondere für neue Mitarbeiter. Sowohl zu Beginn ihrer Beschäftigung als auch nach Beendigung der Probezeit bekommen sie dadurch eine Orientierung, was von ihnen verlangt wird und wie selbstständig sie sich in diese Aufgaben einbringen können. In der Folgezeit sollten Sie mit allen Ihren unmittelbaren Mitarbeiterinnen und Mitarbeitern mindestens ein jährliches Abstimmungsgespräch führen, in dem Sie gemeinsam das Erledigte beurteilen und die Schwerpunkte für das Kommende vereinbaren.

Ziele motivieren und machen Fortschritt messbar

„Führen durch Ziele" lautet ein zentraler Grundsatz moderner Unternehmensführung. Ziele sind ja grundsätzlich immer erforderlich, um das Vorankommen eines Unternehmens, einer Gruppe oder eines einzelnen Menschen sowohl zu ermöglichen als dann auch zu kontrollieren. Klare Zieldefinitionen sind notwendig für einzelne Projekte, für Teams und Abteilungen, für den beruflichen und privaten Bereich. Zielfestlegungen schaffen Orientierung, geben den notwendigen Rahmen und ermöglichen durch den Soll-Ist-Vergleich erst eine angemessene Eigenkontrolle. So tragen sie dazu bei, dass jeder im Team seine Begabungsstärken optimal entfalten kann.

Setzen Sie deshalb auch beim Thema Mitarbeiterführung stark auf die Wirkung und den Nutzen von Zielen. Schließlich gehört es zu Ihren Aufgaben als Vorgesetzter, in Ihrem Unternehmen (beziehungsweise Verantwortungsbereich) die Grundlagen dafür zu schaffen, dass die Mitarbeiterinnen und Mitarbeiter sich mit ihren persönlichen Begabungsstärken optimal entfalten können.

Die beste Voraussetzung hierfür: Vereinbaren Sie mit ihnen konkrete, messbare Ziele, die sie möglichst selbst bestimmt bis zu einem festen Termin erreichen sollen. So wissen diese, was von ihnen erwartet wird. Das fördert Ergebnisbewusstsein und Eigenverantwortung der Mitarbeiter. Durch diese eindeutige Festlegung von Zielen und Terminen ist ihre Leistung zudem stets nachvollziehbar und kontrollierbar – und Sie haben einen berechtigten Anlass, jeden Mitarbeiter individuell zu loben, wenn er in seinem Zielfortschritt nachweislich vorankommt. (Weitere Anregungen zum Thema Lob und Anerkennung lesen Sie im Erfolgsbaustein 21.)

→ Seite 232

Kontrolle hat ja für viele Menschen einen negativen Beigeschmack. Aber im unternehmerischen Miteinander ist sie einfach notwendig, selbst (oder gerade) dort, wo die Mitarbeiter sehr eigenverantwortlich agieren. Denn nur durch Kontrolle ist Anerkennung möglich! Kontrolle und Vertrauen schließen sich deshalb nicht aus – solange Kontrolle nicht als permanente Überwachung daherkommt. Im Gegenteil: Sie ist ein unumgängliches Instrument, um Leistung sichtbar und bewertbar zu machen, Fortschritte zu erkennen und eventuellen Fehlentwicklungen frühzeitig entgegenwirken zu können. Für Sie als Führungskraft gehört Kontrolle zu Ihren wichtigsten Aufgaben – denn letztlich tragen ja Sie die Verantwortung dafür, dass Ihre Mitarbeiter engagiert arbeiten und ihre Ziele erreichen.

Für die Zielvereinbarung mit Ihren Mitarbeiterinnen und Mitarbeitern gibt es grundsätzlich zwei Varianten:

☐ In einem **Zielvereinbarungsgespräch**, das Sie führen, sobald der Jahreszielplan für Ihr Unternehmen beziehungsweise Ihren Verantwortungsbereich steht, vereinbaren Sie, welche konkreten (Teil-)Ziele und Aufgaben sich für den Mitarbeiter aus diesem Zwölf-Monats-Plan ergeben. Ein Zielvereinbarungsgespräch ist ferner sinnvoll, wenn Sie Mitarbeitern beispielsweise ein konkretes Projekt oder andere komplexere Aufgaben übertragen. Und auch bei Veränderungen im Arbeitsfeld des Mitarbeiters ist eine Zielvereinbarung angebracht, etwa nach Beendigung der Probezeit, bei der Versetzung im Unternehmen oder auch (ganz wichtig!) bei einer Beförderung.

→ Seite 264

☐ In einem jährlichen **Beurteilungsgespräch** (siehe Erfolgsbaustein 26) blicken Sie zum einen zurück, welche seiner Ziele der Mitarbeiter in welchem Umfang erreicht hat (oder auch nicht). Zum anderen vereinbaren Sie, welche Ziele in der kommenden Zeit wichtig sind. Das muss sich nicht auf den Jahreszielplan beziehen, sondern kann auch sehr persönliche Aspekte betreffen, etwa sinnvolle Qualifizierungsmaßnahmen oder gewünschte Verhaltensänderungen.

Sie könnten beides zwar miteinander kombinieren. Beispielsweise, indem Sie zum Jahresbeginn mit jedem Ihrer Teammitglieder zunächst über dessen Leistungen und Erfolge im abgelaufenen Jahr sprechen und dann abstimmen, worauf es im kommenden Jahr in erster Linie ankommt.

Empfehlenswerter ist es allerdings, die beiden Gespräche getrennt voneinander zu führen, idealerweise mit einem Zeitabstand von etwa sechs Monaten. Legen Sie die Abstimmung über die sich aus dem Unternehmens-Jahreszielplan ergebenden Schwerpunkte möglichst in den Dezember oder Januar und führen Sie das Beurteilungsgespräch demgemäß gegen Mitte des Jahres. So haben Sie zweimal im Jahr eine gute Gelegenheit, sehr gezielt Einfluss auf Motivation und Arbeitsleistung Ihrer Mitarbeiterinnen und Mitarbeiter zu nehmen. Ergänzend bieten Ihnen spontane Anerkennungs- oder Kritikgespräche zusätzliche Steuerungsmöglichkeiten.

Zielvereinbarungsgespräch: konkrete Ziele und Termine

Der Unternehmens-Jahreszielplan ist fürs gesamte Team der „rote Faden" im Jahresverlauf. Er gibt Führungskräften wie Mitarbeitern Orientierung im Tagesgeschäft, an ihm sollten sich alle Entscheidungen und Aktivitäten orientieren. Die Jahresziele sollten deshalb unbedingt sehr konkret formuliert und damit gut messbar sein. Achten Sie ferner darauf, dass für jedes Ziel, jedes Projekt beziehungsweise jede Maßnahme festgeschrieben ist, wer hierfür zuständig und verantwortlich ist und bis zu welchem Termin die Realisierung abgeschlossen sein soll (siehe Erfolgsbaustein 23). → Seite 246

Dasselbe gilt, wenn Sie im Zielvereinbarungsgespräch mit Ihren Mitarbeitern einzelne Projekte aus dem Jahreszielplan weitergeben oder ihnen die Verantwortung für komplexere Aufgaben übertragen: Legen Sie exakte Werte und Kriterien fest, an denen sich die Arbeitsergebnisse der jeweiligen Mitarbeiter später auch widerspruchsfrei messen lassen. Nur so können Sie beurteilen, ob die Aufgabe gut erledigt wurde, ob vielleicht sogar eine Prämie gerechtfertigt ist. Konkret messbar und damit gut kontrollierbar wären etwa Zielformulierungen wie die folgenden:

☐ Ich habe in diesem Jahr fünf neue Kunden gewonnen (Termin: 31. Dezember).

☐ Ich habe bis zum 30. Juni alle Stellvertretungen in meinem Verantwortungsbereich geregelt.

☐ Ich habe unseren Internetauftritt inhaltlich und optisch überarbeitet (31. März).

☐ Mit unserem Herbstmailing haben wir einen Umsatz von 500.000 Euro generiert (15. Oktober).

Legen Sie die Kriterien möglichst präzise fest

Hier noch einige Praxistipps für das Zielvereinbarungsgespräch:

☐ Informieren Sie Ihr komplettes Team über den Jahreszielplan Ihres Unternehmens, erläutern Sie also allen, welche übergeordneten Schwerpunkte Sie sich in den kommenden zwölf Monaten vorgenommen haben.

☐ Leiten Sie aus dem Unternehmenszielplan die Vorhaben ab, die in Ihren Verantwortungsbereich fallen. Besprechen Sie dann mit jedem einzelnen Mitglied Ihres Teams, für welche (Teil-)Ziele er die Verantwortung übernimmt beziehungsweise an welchen Projekten er in welcher Weise beteiligt ist.

☐ Legen Sie möglichst präzise die Kriterien fest, an denen sich der Grad der Zielerreichung messen lässt. Besonders wichtig ist dies bei qualitativen Zielen (etwa Kundenbegeisterung), die sich nur schwer in Zahlen fassen lassen. Zerlegen Sie diese eventuell in kleinere Schritte, die sich besser messen lassen.

☐ Klären Sie, ob der Mitarbeiter für die übernommenen Aufgaben irgendwelche Unterstützung braucht, etwa eine besondere Schulung/Förderung, ein spezielles Budget, zusätzliche Entscheidungskompetenzen, technisches Equipment oder Ähnliches.

☐ Überprüfen Sie gemeinsam, ob die aktuelle Hauptaufgabenliste des Mitarbeiters (siehe Erfolgsbaustein 16) aufgrund der aktuellen Zielvereinbarungen hinsichtlich Prioritäten, Kompetenzen, Stellvertretung und natürlich der Aufgabenschwerpunkte eventuell angepasst werden muss. → Seite 181

☐ Halten Sie die besprochenen Ziele und Termine, die Messgrößen und Beurteilungskriterien sowie eventuelle weitere Vereinbarungen schriftlich fest. Für Sie als Chef wie auch für Ihren Mitarbeiter ist dieses Dokument eine maßgebliche Richtschnur für die kommenden Monate (siehe Checkliste „Kernelemente einer Zielvereinbarung").

Kernelemente einer Zielvereinbarung

Ziel: _____

Zuständig: _____

Nutzen: _____

Termin: _____

Budget: _____

Bemerkungen: _____

Unterschrift Chef: _____

Unterschrift Mitarbeiter: _____

Überlassen Sie es möglichst dem Mitarbeiter selbst, wie er die ihm übertragenen Aufgaben bearbeitet. Geben Sie ihm die Möglichkeit, in seinem Bereich Unternehmer zu sein – und damit auch verantwortlich. Beschränken Sie sich darauf, den Fortschritt regelmäßig zu verfolgen (am besten über den Management-Zielplan; siehe Erfolgsbaustein 25) und nur dann steuernd einzugreifen, wenn dies unbedingt notwendig ist, um den Erfolg des Projektes sicherzustellen.

→ Seite 259

Und denken Sie daran, dem Mitarbeiter für gut geleistete Arbeit und vor allem für erreichte Ziele zeitnah ein anspornendes Lob auszusprechen.

Monatliches Controlling: Management-Zielplan hilft, auf geplantem Kurs zu bleiben

> *„Jeder im Management ist dafür verantwortlich, dass Ergebnisse erzielt werden."*
>
> (Reiner Pichler, CEO der Holy Fashion Group)

Ziel festlegen, Kurs bestimmen und das Vorankommen kontrolliert steuern – das sind zentrale Aufgaben der Führung. Der dritte Punkt, das kontinuierliche Controlling, wird allerdings in manchen Unternehmen vernachlässigt.

Viele Menschen haben ein Problem mit dem Begriff „Kontrolle". Wer möchte schon gerne kontrolliert werden? Oder andere Menschen kontrollieren? Und trotzdem: Ein gewisses Maß an Kontrolle ist unbedingt nötig, um ein Unternehmen oder Team verantwortlich zu führen:

- ☐ Sie erkennen, ob Sie und Ihr Team auf dem Weg zu Ihren Zielen wie geplant vorankommen.

- ☐ Sie können gezielt Schwerpunkte setzen, wenn Sie sehen, was gut läuft und wo Sie eingreifen sollten.

- ☐ Sie können rechtzeitig Warnsignale wahrnehmen, wenn möglicherweise Gefahr in Verzug ist.

- ☐ Sie können rechtzeitig Maßnahmen einleiten, um bei einer unerwünschten Abweichung korrigierend gegenzusteuern.

Man sollte in Kontrolle deshalb vor allem das Positive erkennen: Erst der Soll-Ist-Vergleich (nichts anderes ist ja Kontrolle) ermöglicht es doch, das Vorankommen feinfühlig zu steuern und somit die eigenen Ziele sicher zu erreichen. Häufig ergibt dieser Soll-Ist-Vergleich zudem ein erfreuliches Ergebnis, wie etwa „Ziel erreicht" oder gar „Ziel überschritten" oder zumindest „gut unterwegs auf dem Weg dorthin". Wenn wir dies bei uns selbst oder unseren Mitarbeiterinnen und Mitarbeitern erkennen, erzeugt es Motivation, weil wir vorangekommen sind. Den Mitarbeitern gegenüber eröffnet sich die Möglichkeit für ein begründetes Lob (siehe hierzu auch Erfolgsbaustein 21).

→ Seite 232

Management-Zielplan: Monatlicher Statusbericht

In vielen größeren Unternehmen gibt es ausufernde Berichtswesen, die den Verfasser mehr belasten, als ihm Nutzen zu bringen. Ganz anders dagegen der „Management-Zielplan für den Monat" aus dem HelfRecht-System: Eine einfach zu handhabende, übersichtliche Checkliste, die Sie und Ihre Führungskräfte dazu anleitet, die unternehmerische Situation regelmäßig zu überdenken und dadurch sicher im Griff zu behalten (siehe Checkliste auf der folgenden Doppelseite). Mit seinen elf Checkfragen führt Sie der Management-Zielplan zu einem sehr aussagekräftigen monatlichen Statusbericht, in dem Sie präzise auf den Punkt bringen, wie Sie mit Ihrem Unternehmen oder Verantwortungsbereich aktuell dastehen und welche Schritte Sie als nächstes gehen werden. Gleichermaßen also ein Resümee des ablaufenden und eine Vorbereitung des kommenden Monats.

→ Seiten 262/263

Nutzen Sie diese Checkliste als Diktatvorlage beziehungsweise als Struktur für einen monatlichen Statusbericht, zum Beispiel an Ihre Gesellschafter, Ihren Aufsichtsrat, Ihren Chef, Ihre Geldgeber (Banken) – oder schlichtweg zur Selbstkontrolle. Damit kommen Sie bereits wirkungsvoll Ihrer permanenten Hauptaufgabe „C" = Kontrolle nach (siehe hierzu Erfolgsbaustein 3 „Konzentrieren Sie sich auf die wesentlichen Chefaufgaben"). Der wesentliche Vorteil liegt aber darin, dass Sie viele wichtige Erkenntnisse für sich selbst gewinnen.

→ Seite 44

Bearbeiten Sie die Checkfragen jeweils einige Tage vor dem Monatsende. Zunächst geht es um die aktuelle Zielerreichung – wie sind Sie in den vergangenen Wochen vorangekommen? Die Fragestellung fordert Sie dazu auf, auch Gründe für Erfolg oder Misserfolg anzugeben. Dies ist eine wertvolle Quelle, Ursachen zu bedenken und für künftige Pläne zu verwerten. Erreichte Ziele geben Ihnen auch Hinweise, wem Sie Anerkennung oder Dank aussprechen sollten. Bei negativen Abweichungen und deren Analyse erkennen Sie, was Sie zukünftig anders machen oder vermeiden sollten.

Frage 2 befasst sich mit der Budgeteinhaltung. Auch hier liefert die Beschreibung, warum positive oder negative Abweichungen vorliegen, wesentliche Erkenntnisse für künftige Planungen. Die Erkenntnis, dass ein Budget über- oder unterschritten wurde, weil es eine zeitliche Verschiebung oder eine unvorhersehbare Störung gab, eröffnet Ihnen sofort Möglichkeiten, dies zu bewerten und rechtzeitig nach Lösungen zu suchen.

In Frage 3 geht es um den Stand im Jahreszielplan: Wie stehen die Chancen, dass Sie alle geplanten Jahresziele auch tatsächlich erreichen? Diese Checkfrage ist eine Art „Frühwarnsystem". Deshalb sollten Sie sich diese auf jeden Fall jeden Monat einmal (quasi als unternehmerische Pflichtaufgabe) vorlegen, um nicht böse überrascht zu werden.

Auch Frage 4 zählt zu den Pflichtfragen, um Ihr unternehmerisches Aufgabengebiet gut im Griff zu behalten. Sie beschäftigt sich ebenfalls mit dem Jahreszielplan, richtet aber den Blick bereits nach vorne: Sie werden darauf sensibilisiert, zu prüfen, was für den Folgemonat ansteht und anzuarbeiten ist. In Frage 5 geht es dazu ins Detail: Hier machen Sie sich Gedanken, welche Maßnahmen notwendig sind, um die für den kommenden Monat anstehenden Ziele zu erreichen. Auch die weiteren Fragen behandeln wichtige Aspekte, die Sie für Ihren Tätigkeitsbereich einmal monatlich bedenken sollten.

Checkliste:
Monatliches Controlling mit dem Management-Zielplan

Der „Management-Zielplan für den Monat" ist ein äußerst pragmatisches Controllinginstrument. Er zeigt auf, ob das Unternehmen und alle seine Teilbereiche wie geplant vorankommen – so lässt sich bei Abweichungen rechtzeitig und gezielt gegensteuern. Nehmen Sie sich die folgenden Checkfragen jeweils einige Tage vor Monatsende vor und beantworten sie möglichst kurz schriftlich:

1. Habe ich die Monatsziele meines Unternehmens/Verantwortungsbereichs erreicht/nicht erreicht (Gründe)/überschritten (Gründe)?

2. Habe ich das Monatsbudget meines Unternehmens/Verantwortungsbereichs eingehalten/überschritten (Gründe)/unterschritten (Gründe)?

3. Werde ich nach dem bisherigen Stand die Jahresziele meines Unternehmens/Verantwortungsbereichs erreichen/nicht erreichen (Gründe)/überschreiten (Gründe)?

4. Welche Teilziele (Liste) meines Unternehmens/Verantwortungsbereichs für den nächsten Monat ergeben sich aus dem Jahreszielplan unseres Unternehmens?

5. Welche Maßnahmen werde ich durchführen, um die Ziele meines Unternehmens/Verantwortungsbereichs für den nächsten Monat zu erreichen? Wen/was brauche ich dazu?

6. Welche Möglichkeiten der Kostenersparnis gibt es in meinem Unternehmen/Verantwortungsbereich?

Erkenntnisse für Sie selbst

Den Management-Zielplan sollte jeder Unternehmer, jede Führungskraft als „monatliches Muss" nutzen, um den eigenen Verantwortungsbereich zu entwickeln und auf Kurs zu halten. Einen noch größeren Nutzen entfaltet dieses Controllinginstrument fürs Unternehmen, wenn alle Bereichs-, Abteilungs- oder Teamleiter diese Checkliste ebenfalls monatlich

7. Womit kann ich zum guten Ruf meines Unternehmens beitragen? Besteht die Gefahr möglicher Ruf-Schädigungen?

8. Wie kann ich die Öffentlichkeitsarbeit unseres Unternehmens unterstützen?

9. Welchen Vorschlag/welche Vorschläge habe ich zur Stärkung des Unternehmens-Erfolges?

10. Welche Ideen sammle ich für die Unternehmens-Zielpläne?

11. Welche Einzelgespräche plane ich in diesem Monat?

☐ Weitere individuelle Punkte: …

Verstehen Sie die Fragen 1 bis 5 als unternehmerische „Pflichtaufgabe", die Sie wirklich jeden Monat bearbeiten. Aber auch die übrigen „Kürfragen" bringen häufig wertvolle Ideen und Anregungen.

Tipp: Ideal ist es, wenn auch Ihre Führungskräfte, vielleicht sogar wichtige Mitarbeiter, monatlich einmal zu diesen Checkfragen Stellung beziehen. Das macht deren Leistungen transparent und wirkt so anspornend und motivierend. Gleichzeitig bekommen Sie durch die regelmäßigen Berichte aus Ihrem Team eine strukturierte Kontrolle der jeweiligen Zielerreichung. Sie sehen, ob es wie geplant vorangeht. Sobald Sie Abweichungen erkennen, können Sie rechtzeitig und gezielt gegensteuern.

bearbeiten und einen Kurzbericht mit Status quo sowie Ausblick an ihre jeweilige Führungskraft geben. Das sorgt für durchgängige Transparenz und offene Kommunikation. Zudem ermöglicht diese Information, sofort einzugreifen, wenn sich an irgendeiner Stelle des Unternehmensgefüges eine „Störung" zeigt. Die beste Gewähr, um auf dem geplanten Kurs sicher voranzukommen.

Jährliches Beurteilungsgespräch: Zeigen Sie Ihren Mitarbeitern, dass Sie ihre Leistung wertschätzen

> *„Um einen Mann richtig zu beurteilen, muss man sich völlig in die Lage, in der er ist, versetzen. "*
>
> (Friedrich der Große, preußischer König)

Mitarbeiter haben ein Recht darauf, zu erfahren, wie der Vorgesetze ihre Arbeitsleistung sowie ihr Verhalten beurteilt und welche Perspektiven sie im Unternehmen haben. Mindestens einmal im Jahr sollten Sie deshalb mit jedem Ihrer direkten Teammitglieder ein Beurteilungsgespräch führen, in dem Sie gemeinsam Bilanz ziehen: Welche Erfolge, aber auch welche Probleme gab es in den zurückliegenden Monaten. Hat der Mitarbeiter außergewöhnliches Engagement an den Tag gelegt, wertvolle Ideen geliefert, herausragende Zuverlässigkeit bewiesen? Hat er sich besonders verdient gemacht, sich vielleicht sogar für höhere Aufgaben und mehr Verantwortung bewährt? Ein Beurteilungsgespräch ist auch immer dann angebracht, wenn sich der Arbeitsbereich des Mitarbeiters verändert, wenn er beispielsweise seine Probezeit beendet hat oder in eine Führungsposition hineinwachsen soll.

Empfehlung: Sammeln Sie für dieses Resümee das Jahr über konkrete Beobachtungen. Führen Sie beispielsweise eine Liste „Jahresgespräch" für jedes Teammitglied. Notieren Sie hier, was Ihnen besonders positiv auffällt, und auch, was Ihnen nicht so gut gefällt. So können Sie im Jahresgespräch be-

gründet Auskunft geben, wie Sie zu Ihrer Beurteilung gekommen sind.

Wenn Sie sich kontinuierlich wesentliche Eindrücke notieren,
erhalten Sie damit gleichzeitig einen Überblick, wo die Stärken und Schwächen des Mitarbeiters liegen. Also: Welche
Aufgaben werden sofort und gut erledigt, welche immer wieder geschoben? Mit welchen Kollegen oder Vorgesetzten gibt
es Spannungen, bei welchen Anlässen immer wieder Schwierigkeiten? Mit solchen Erkenntnissen fällt es leichter, ein qua-
lifiziertes Urteil abzugeben.

Wichtig in diesem Zusammenhang: Nehmen Sie gute Leistungen nicht einfach als selbstverständlich hin. Sensibilisieren
Sie sich vielmehr darauf, dass Sie neben eventuellen Fehlern
oder Versäumnissen (die Sie in einem korrigierenden Kritik-
gespräch möglichst sofort ansprechen und abstellen sollten)
vor allem das beachten und für das Jahresgespräch aufschreiben, was gut läuft. Also außergewöhnliche Leistungen,
vorbildliches Verhalten, besondere Stärken des Mitarbeiters, …

Strukturierte und transparente Beurteilung

Ein gutes Beurteilungsgespräch braucht eine gute Vorbereitung. Nehmen Sie diese ernst, damit sich auch der Mitarbeiter von Ihnen ernst genommen fühlt. Bereiten Sie deshalb
rechtzeitig vor Ihrem Treffen eine schriftliche Beurteilung vor.
Die beste Voraussetzung für ein sachliches, zielorientiertes
Beurteilungsgespräch ist eine strukturierte, auf Fakten beru-
hende, transparente Bewertung. Untermauern Sie Ihr Urteil
deshalb möglichst mit einem standardisierten Bewertungsschema, wie es beispielsweise im HelfRecht-Managementsystem enthalten ist (siehe Abbildung auf der folgenden Doppelseite). Das bringt Ihnen mehrere Vorteile:

→ Seiten 266/267

☐ Sie differenzieren nach unterschiedlichen Gesichtspunkten
   (etwa: Zielorientierung, Qualität der Arbeit, Quantität der
   Arbeit, Arbeitsverhalten, Teamarbeit, Selbstständigkeit, Viel-
   seitigkeit oder Ähnliches). Das verhilft Ihnen zu einer ausgewogenen Einschätzung.

Mitarbeiter-Beurteilung (Bewertungsbogen)

durch (Beurteilende(r):

Anlass der Beurteilung: ☐ Jährliche Beurteilung Jahr: ⸺⸺⸺ ☐ Interner Wechsel ☐ Beförderung

Merkmal	A	B	C
Ziel-orien-tierung	Setzt sich kaum mit der Zielplanung im eigenen Bereich auseinander. Die Realisierung der vereinbarten Ziele bereitet Mühe.	Trägt eher geringfügige, routinemäßige Bestandteile zur Zielplanung im eigenen Bereich bei. Die vereinbarten Ziele werden mehrheitlich erreicht.	Liefert nützliche Elemente zur Zielplanung im eigenen Bereich. Setzt die vereinbarten Ziele selbstständig und fristgerecht um.
Qualität der Arbeit	Mangelnde Genauigkeit und Gründlichkeit. Findet sich mit der Einteilung der Arbeit nicht zurecht. Befolgt Anweisungen schlecht.	Genauigkeit und Gründlichkeit sind nur knapp ausreichend. Hat Mühe mit der Einteilung der Arbeit. Nimmt Anweisungen zu wenig ernst.	Arbeitet mit ausreichender Genauigkeit und Gründlichkeit. Sachgerechte Arbeitseinteilung. Bemüht sich, Anweisungen einzuhalten.
Quantität der Arbeit	Arbeitet umständlich und mit geringer Intensität. Arbeitet langsam und unregelmäßig. Benötigt eine lange Anlaufzeit.	Arbeitet unkonzentriert und mit eher geringer Intensität. Arbeitet eher langsam und teilweise unregelmäßig. Braucht ziemlich lange Anlaufzeit.	Arbeitet zielgerecht und mit genügend Intensität. Ausreichendes, gleichmäßiges Arbeitstempo. Durchschnittliche Anlaufzeit.
Arbeits-verhalten	Wenig Arbeitsinteresse, bringt nie Änderungsvorschläge. Versagt bei unvorhergesehenen Schwierigkeiten. Bedarf eines ständigen Ansporns. Lehnt es ab, Instrumente zum Zeitmanagement zu nutzen, kommt deshalb mit der Zeiteinteilung nicht zurecht.	Ausreichendes Arbeitsinteresse, bringt hier und da einen Verbesserungsvorschlag. Unvorhergesehene Schwierigkeiten bringen ihn/sie aus dem Konzept. Muss bei normaler Beanspruchung ab zu genügenden Leistungen angespornt werden. Setzt Instrumente zum Ziel- und Zeitmanagement nur sporadisch ein.	Gutes Arbeitsinteresse, Verbesserungsvorschläge kommen teils selbstständig, teils auf Anregung. Wird mit unvorhergesehenen Schwierigkeiten in der Regel fertig. Erbringt bei kurzfristiger Überbeanspruchung normale Leistungen. Meistens gutes Zeitmanagement durch den Einsatz entsprechender Planungshilfen.
Team-arbeit	Ungeeignet für die Zusammenarbeit mit Kollegen. Ausgesprochen empfindlich gegenüber Kritik. Kritisiert sehr unsachlich. Wird von der Umgebung abgelehnt. Nimmt nicht am MEB-System teil.	Wenig verträglich, nur bedingt geeignet für Zusammenarbeit. Erträgt Kritik schlecht. Kritisiert oft unsachlich. Beiträge zum MEB-System sind eher Schuldzuweisungen.	Ist in der Regel zur Zusammenarbeit bereit. Bemüht sich, sachlich zu kritisieren. Erträgt sachliche Kritik. Wird von den Kolleginnen/Kollegen geschätzt. Beteiligt sich ausreichend am MEB-System.
Selbst-ständigkeit/ Vielseitigkeit	Haftet am Gewohnten, bevorzugt monotone Arbeit. Muss ständig kontrolliert werden. Kann nur für einfache Routinearbeiten am Arbeitsplatz eingesetzt werden. Meidet jegliche Verantwortung. Hält sich nicht an die vorgegebene Liste der Hauptaufgaben.	Muss zu Neuerungen gedrängt werden, bevorzugt gleich bleibende Arbeit. Muss häufig kontrolliert werden. Ist nur für einfache Routinearbeit einsetzbar. Kann für verantwortungsvolle Tätigkeiten nicht eingesetzt werden. Hält sich an die Liste der Hauptaufgaben.	Wendigkeit und Gewandtheit bewegen sich im Rahmen der Norm. Gelegentliche Kontrolle ist nötig. Kann auch an anderen Arbeitsplätzen eingesetzt werden. Kann unter Kontrolle mit verantwortungsvollen Aufgaben betraut werden. Arbeitet mit der Analyse der Hauptaufgaben.
(individuell)			
(individuell)			

Artikel-Nr. 9184   AM150/1   © Copyright 1985 - 2010 by Helfrecht, Bad Alexandersbrunn.

Name des/der Beurteilten:

Position:

Abteilung:

Direkte(r) Chef(in):

☐ Ablauf der Probezeit ☐ Ausstellung eines Arbeitszeugnisses ☐ Sonstiger Anlass: _____

D	E	Bemerkungen/Vereinbarungen
Trägt mit klaren, konkreten Bestandteilen von einiger Bedeutung zur Zielplanung im eigenen Bereich bei. Hat stets die Übersicht und verwirklicht die vereinbarten Ziele effizient.	Entwickelt zahlreiche und innovative Elemente zur Zielplanung im eigenen Bereich. Realisiert die vereinbarten und zusätzliche Ziele qualitätsbewusst, schnell und umfassend.	
Arbeitet sehr genau und gründlich. Zweckmäßige und umsichtige Arbeitseinteilung. Befolgt Anweisungen sehr genau.	Genauigkeit und Gründlichkeit entsprechen höchsten Ansprüchen. Jederzeit einwandfreie Arbeitseinteilung. Vermag aus generellen Richtlinien das richtige Vorgehen zu erkennen.	
Arbeitet sehr zielstrebig und mit hoher Intensität. Arbeitet rasch und gleichmäßig. Kurze Anlaufzeit.	Arbeitet stets zielsicher und mit höchster Intensität. Arbeitet außerordentlich rasch und sehr gleichmäßig. Praktisch keine Anlaufzeit.	
Sehr gutes Arbeitsinteresse, viele Ideen. Kommt mit unvorhergesehenen Schwierigkeiten gut zurecht. Überwindet mittelfristige Überbeanspruchung ohne Leistungsabfall. Nutzt professionelle Werkzeuge zur Ziel- und Zeitplanung.	Stark ausgeprägtes Arbeitsinteresse und großer Ideenreichtum. Beherrscht unvorhergesehene Schwierigkeiten meisterhaft. Erträgt auch länger andauernde Überbeanspruchungen ohne Leistungseinbußen. Hervorragendes Zeitmanagement, behält stets den Überblick über Projekte, Aufgaben und Termine.	
Positive Einstellung zur Zusammenarbeit. Aufgeschlossen gegenüber Kritik. Kritisiert sehr sachlich. Liefert hin und wieder wertvolle Beiträge zum MEB-System.	Wirkt anspornend und ausgleichend in der Zusammenarbeit. Wertet Kritik sehr positiv aus. Übt aufbauende und wertvolle Kritik. Liefert wertvolle Beiträge zum MEB-System.	
Wendig und anpassungsfähig. Kann mit verantwortungsvollen Aufgaben aus seinem Tätigkeitsbereich betraut werden. Kontrolle ist selten nötig. An anderen Arbeitsplätzen im Rahmen der Ausbildung sehr gut einsetzbar. Überarbeitet regelmäßig die Analyse der Hauptaufgaben.	Sehr umstellungsfähig und gewandt. Kann mit sehr verantwortungsvollen Aufgaben betraut werden. Arbeitet vollkommen selbstständig. Nutzt die Analyse der Hauptaufgaben mit allen Elementen optimal.	Datum
		Unterschriften Beurteilende(r):
		Mitarbeiter/ Mitarbeiterin:

☐ Sie bewerten Leistung und Verhalten des Mitarbeiters nach weitgehend objektiven Kriterien. Das verringert den Einfluss emotionaler Faktoren (etwa wie sympathisch Ihnen der Mitarbeiter ist).

☐ Sie beurteilen alle Mitglieder Ihres Teams nach gleichen Maßstäben. Das bringt Sie zu einem fairen und gut begründeten Ergebnis.

Schreiben Sie in die Beurteilung neben der auf Fakten beruhenden Einstufung auch einige persönliche Sätze, in denen Sie dem Mitarbeiter aufzeigen, wofür Sie ihn besonders schätzen, warum er für Sie und Ihr Unternehmen wichtig ist.

Was Sie für die Vorbereitung des Beurteilungsgespräches noch heranziehen sollten, ist das Protokoll des letztjährigen Gespräches: Was ist von den damaligen Vereinbarungen erfüllt, was nicht? Weitere Erkenntnisse kann Ihnen die Analyse der Hauptaufgaben des jeweiligen Mitarbeiters vermitteln → Seite 181 (siehe Erfolgsbaustein 16).

Verstehen Sie das jährliche Beurteilungsgespräch aber nicht nur zur Bewertung des Vergangenen. Nutzen Sie es auch als ein flexibles Instrument der individuellen Förderung: Richten Sie den Blick gemeinsam nach vorne. Stimmen Sie sich ab über künftige Ziele, Erwartungen, Entwicklungsmöglichkeiten und Zukunftsaussichten Ihres Mitarbeiters.

Bei HelfRecht ist das Beurteilungsgespräch übrigens strikt vom Einkommensgespräch getrennt, um keine Erwartungshaltung und keinen Automatismus (Jahresgespräch = Gehaltserhöhungsgespräch) entstehen zu lassen. Vielmehr ist es eine jährlich wiederkehrende Aufgabe der Führungskraft, die Gehälter seiner Mitarbeiterinnen und Mitarbeiter zu prüfen. Eine weitere Empfehlung: Steht bei einem Mitarbeiter konkret eine Gehaltserhöhung an, lässt aber die wirtschaftliche Lage diese momentan nicht zu, dann sprechen Sie das offen an. Nach dem Motto: „Sie stehen auf meiner Liste für Erhöhungen ganz oben." Ziel sollte es sein, dass Sie kein Mitarbeiter darauf ansprechen muss.

Systematisch vorbereiten, zielgerichtet führen

Hier noch einige Praxistipps, mit denen Sie das jährliche Beurteilungsgespräch gut vorbereitet und zielgerichtet führen:

☐ Laden Sie Ihren Mitarbeiter etwa drei bis vier Wochen vor dem Gespräch schriftlich ein, so dass er sich auch gut vorbereiten kann. Wenn Sie für die Beurteilung ein strukturiertes Bewertungsschema wie etwa den Bewertungsbogen aus dem HelfRecht-Managementsystem einsetzen, legen Sie der Einladung ebenfalls einen Blanko-Beurteilungsbogen bei. So kann sich der Mitarbeiter im Vorfeld schon einmal selbst bewerten und diese Selbsteinschätzung zum Gespräch mitbringen. → Seiten 266/267

☐ Blockieren Sie sich den Termin mit hoher Priorität und Verbindlichkeit in Ihrer Zeitplanung. Behandeln Sie ihn wie einen Termin mit einem wichtigen Kunden, den Sie auch nur im äußersten Notfall absagen würden.

☐ Planen Sie für das Gespräch ausreichend Zeit ein. Sorgen Sie dafür, dass Sie sich störungsfrei unterhalten können.

☐ Bereiten Sie sich individuell auf jedes Gespräch vor. Beantworten Sie sich hierfür beispielsweise folgende Fragen:

   ☐ Was hat der Mitarbeiter seit dem letzten Gespräch geleistet und erreicht? Welche Ziele wurden damals vereinbart? Wie ist jeweils der Zielerreichungsgrad? Aus welchen Gründen wurden Ziele über- oder unterschritten? Wie können wir diese Erkenntnisse für kommende Ziele verwerten?

   ☐ Welche besonderen Stärken und Begabungen des Mitarbeiters sind zutage getreten? Wo hat er sich besonders bewährt, eventuell in einer Führungsrolle? Welche Hürden, welche Probleme gab es?

   ☐ Wie hat das Zusammenspiel mit der Führung, im Team, mit einzelnen Kollegen funktioniert?

☐ Erläutern Sie Ihrem Mitarbeiter in direkten Worten, wie Sie seine Leistung unter verschiedenen Gesichtspunkten (etwa Menge und Qualität der geleisteten Arbeit, Zielorientierung, Innovationsbereitschaft, …) sowie sein Verhalten (Teamarbeit, Kommunikation, Hilfsbereitschaft, …) einschätzen. Zeigen Sie ihm auf, wie Sie seine Stärken und Schwächen beurteilen.

☐ Sprechen Sie positive wie negative Aspekte klar an. Machen Sie deutlich, was Sie sich gerade dort erwarten, wo es (noch) nicht so gut läuft. Führungskräfte, die versuchen, sich mit halbherzigen Aussagen und „weichgespülter" Kritik um mögliche Diskussionen herumzulavieren, sollten es lieber gleich ganz bleiben lassen.

☐ Stellen Sie im Beurteilungsgespräch mit Ihren Führungskräften deren Führungsverhalten, vor allem den Umgang mit ihren Mitarbeitern, in den Mittelpunkt.

☐ Geben Sie Ihrem Gesprächspartner dann die Möglichkeit, seine Sicht der Dinge darzulegen. Es kann durchaus vorkommen – und dafür sollten Sie stets offen sein – dass Sie aufgrund seiner Erläuterungen zu einer anderen Beurteilung kommen. Dies zuzulassen zeugt von echter Führungsstärke und festigt die Vertrauensbasis zwischen Ihnen und Ihrem Mitarbeiter.

☐ Führen Sie das Gespräch im Dialog. Ihr Mitarbeiter sollte auf jeden Fall all das ansprechen können, was ihn bewegt, was ihn belastet, was seine Leistungsfreude hemmt, … (Sie können ihm auch bereits mit der Einladung anbieten, Ihnen diese Punkte einige Tage vor dem Gespräch schriftlich zuzuleiten.)

☐ Sprechen Sie auch über Entwicklungsmöglichkeiten beziehungsweise Förderungsmaßnahmen: Welche Perspektiven bieten sich dem Mitarbeiter in Ihrem Unternehmen? Kann er verantwortungsvollere Aufgaben, vielleicht auch Führungsfunktionen und Personalverantwortung übernehmen? Wie ist die mittelfristige Karriereplanung? Wel-

che Qualifizierungsmaßnahmen sind hierfür nötig/sinn-
voll?

☐ Schließen Sie das Gespräch dadurch ab, dass Sie beide den
von Ihnen vorbereiteten Beurteilungsbogen unterschreiben.
Ergänzen Sie zuvor handschriftlich die getroffenen Vereinbarungen oder auch Veränderungen, die sich aus dem
Gespräch ergeben haben. Machen Sie eine Kopie für die
Personalakte, eventuell auch eine für Ihre Unterlagen, und
geben Sie dem Mitarbeiter das Originaldokument mit.

☐ Besondere Souveränität beweisen Sie übrigens, wenn Sie
dem Mitarbeiter anbieten, Sie als Chef ebenfalls zu beurteilen: Führungsstil, Kommunikation, Zielklarheit, Mitarbeiterorientierung, ... (Auch hiervon sollten Sie ihn rechtzeitig vor dem Gespräch informieren.) Für den Mitarbeiter bedeutet dies sicher eine ziemliche Überwindung; die
Hemmschwelle liegt umso niedriger, je mehr Offenheit und
Vertrauen zwischen Ihnen und Ihren Beschäftigten herrscht.

Nutzen Sie das regelmäßige Beurteilungsgespräch in erster Linie zur Motivation und Orientierung. Zeigen Sie Ihrem Mitarbeiter, dass Sie seine Leistung wert schätzen. Sprechen Sie
aber auch erkannte Verbesserungspotentiale ganz deutlich
an – sachlich und fördernd. Geben Sie ihm durch gezielte
Unterstützung und Förderung die Chance, seine Begabungsstärken noch wirkungsvoller für den gemeinsamen Erfolg einsetzen zu können.

Das Autorenteam

Werner Bayer (Jahrgang 1953) ist Alleinvorstand der Helf-Recht AG. Sein beruflicher Werdegang führte ihn in verantwortliche Positionen bei namhaften, weltweit tätigen Unternehmen. Das HelfRecht-Planungssystem begleitet ihn seit etwa 25 Jahren auf seinem beruflichen Weg. Bevor Werner Bayer zu HelfRecht wechselte, war er in einer mittelständischen Firmengruppe mit knapp 1.000 Mitarbeitern für die kaufmännische Leitung verantwortlich. Seit 1993 ist der Unternehmer aus Leidenschaft für HelfRecht tätig; zunächst als Assistent der Geschäftsleitung, dann als Geschäftsführer, seit Umwandlung der GmbH in eine AG (2001) als Vorstand. Unter seiner Initiative und Regie entwickelte HelfRecht neue Planungstage-Angebote, mit denen sich Unternehmer für aktuelle Herausforderungen stärken können. Auch den Produktbereich richtete er mit verschiedenen Innovationen neu aus – für noch mehr Kunden- und Zukunftsorientierung. Seine langjährige Führungserfahrung gibt Werner Bayer seit vielen Jahren in HelfRecht-Planungstagen sowie in individuellen Trainings und Coachings weiter.

Christoph Beck (Jahrgang 1959) ist Prokurist und verantwortlich für die Unternehmenskommunikation bei HelfRecht. Nach einer klassischen Journalistenausbildung an einer Tageszeitung, einem Journalistikstudium an der Universität München und Tätigkeiten in verschiedenen Medienbereichen wechselte er 1988 in die Presse- und Öffentlichkeitsarbeit. Er war zuständig für die Unternehmenspublikationen eines internationalen Konzerns, war stellvertretender Pressesprecher in einem weltweit agierenden Maschinenbauunternehmen und leitet seit 1995 die Kommunikationsaktivitäten der Helf-Recht AG. Christoph Beck ist zudem Chefredakteur der Unternehmerzeitschrift „methodik" und des Online-Dienstes „Chefbrief von HelfRecht" sowie Autor mehrerer Fachbücher.

M. Laetitia Fech OCist. (Jahrgang 1957) ist Äbtissin der Zisterzienserinnen-Abtei Waldsassen in der nördlichen Oberpfalz/Bayern. Nach einer Ausbildung zur Hauswirtschaftsmeisterin/-lehrerin Eintritt in die Zisterzienserinnen-Abtei Lichtenthal/Baden-Baden; 1983 Ewige Profess; 1982 Gesellen- und 1988 Meisterprüfung als Paramentenstickerin; danach Kunststudium in München; 1995 wurde M. Laetitia Fech OCist. zur vierten Äbtissin der Abtei Waldsassen gewählt.  In dieser Funktion muss sie nicht nur im geistlichen Bereich eine Gemeinschaft von zwölf Schwestern führen, sondern ist gleichzeitig Unternehmerin und Chefin eines mittelständischen Betriebes: So hat sie in der Abtei und in der angeschlossenen Mädchenrealschule mehr als 60 Mitarbeiterinnen und Mitarbeiter zu führen. Darüber hinaus musste sie während der ersten Generalsanierung des Klosters ein über 16 Jahre laufendes 40-Millionen-Euro-Bauprojekt meistern. Ihr unermüdliches Engagement wurde mit zahlreichen Auszeichnungen gewürdigt, unter anderem mit dem Bundesverdienstkreuz sowie dem Bayerischen Verdienstorden.

Zitatgeber

Bossidy, Larry: amerikanischer Manager, Vizepräsident von General Electric, später Präsident und CEO von Honeywell, *1935

Buddenberg, Hellmuth: deutscher Manager, Vorstandsvorsitzender der Deutsche BP AG, 1924-2003

Drucker, Peter F., amerikanischer Managementberater österreichischer Abstammung, 1909-2006

Ford, Henry, amerikanischer Industrieller, Gründer der Ford Motor Company, 1863-1947

Frankl, Dr. Viktor: österreichischer Neurologe, Psychiater und Psychotherapeut, beschäftigte sich vor allem mit der Frage nach dem „Sinn des Lebens", 1905-1997

Franklin, John: Schiffskapitän, Romanfigur von Sten Nadolny (deutscher Schriftsteller, *1942) in „Die Entdeckung der Langsamkeit"

Friedrich II., der Große: preußischer König, genannt „der alte Fritz", 1712-1786

Gandhi, Mahatma: Führer der indischen Unabhängigkeitsbewegung, 1869-1948

Goethe, Johann Wolfgang von: deutscher Dichter, 1749-1832

Großmann, Dr. Gustav: deutscher Arbeitsmethodiker, 1893-1973

Helfrecht, Manfred: deutscher Unternehmer, Gründer der HelfRecht AG, *1936

Hinterhuber, Prof. Dr. Hans H.: Wissenschaftler und Autor mit Schwerpunkt strategische Unternehmensführung und Leadership, *1938

Hunold, Joachim: deutscher Unternehmer, Ex-Chef von Air-Berlin, *1949

Iacocca, Lee: amerikanischer Automobilmanager, langjähriger Vorstandsvorsitzender von Chrysler Corp., *1924

Mackenzie, Sir Alexander Campbell: schottischer Komponist und Dirigent, Direktor der Royal Academy of Music London, 1847-1935

Messner, Reinhold: südtiroler Extrembergsteiger, *1944

Newton, Sir Isaac: englischer Philosoph, Physiker und Mathematiker, 1643-1727

Nink, Marco: Strategic Consultant bei Gallup Deutschland, verantwortet die Research & Development-Studien in Deutschland, so auch den seit 2001 jährlich erstellten „Gallup Engagement-Index"

Opaschowski, Horst W.: deutscher Zukunftsforscher, wissenschaftlicher Leiter der BAT-Stiftung für Zukunftsfragen in Hamburg, *1941

Pichler, Reiner: deutscher Manager, CEO der Holy Fashion Group, *1963

Rosenthal, Philip: deutscher Unternehmer und Politiker, 1916-2001

Rousseau, Jean-Jacques: französisch-schweizerischer Schriftsteller, Moralphilosoph und Musiker, 1712-1778

Ruckriegel, Dr. Karlheinz: Professor für Makroökonomie, psychologische Ökonomie und Glücksforschung, *1957

Saint-Exupéry, Antoine de: französischer Flieger und Schriftsteller, 1900-1944,

Schwab, Charles Michael: amerikanischer Stahl-Industrieller, 1862-1939

Schweitzer, Albert: deutscher Arzt und Theologe, 1875-1965

Seneca, Lucius Annaeus: römischer Dichter und Philosoph, 4 v. Chr.-65 n. Chr.

Sprenger, Dr. Reinhard: deutscher Buchautor und Managementtheoretiker, *1953

Stiefel, Leopold: deutscher Unternehmer, einer der Media-Markt-Gründer, *1945

Townsend, Robert: amerikanischer Manager, Chef von AVIS, 1920-1998

Volk, Hartmut: deutscher Publizist

Watzke, Hans-Joachim: deutscher Unternehmer, Geschäftsführer des Fußball-Bundesligisten Borussia Dortmund, *1959

Werner, Prof. Dr. Götz: deutscher Unternehmer, Gründer der Drogeriemarktkette „dm", *1944

Quellennachweise

Texte zur Regel des heiligen Benedikt

Die Regel des heiligen Benedikt. Beuroner Kunstverlag, herausgegeben im Auftrag der Salzburger Äbtekonferenz, 1. Auflage 2006

Altmann, Petra/Lechner, Odilo: Leben nach Maß – die Regel des heiligen Benedikt für Menschen von heute, Herder-Verlag, 2009

Bilgri, Pater Anselm/Stadler, Konrad: Finde das rechte Maß. Regeln aus dem Kloster Andechs für Arbeit und Leben, Piper-Verlag, 2. Auflage, 2004

Grün, Anselm /Assländer, Friedrich: Spirituell führen mit Benedikt und der Bibel, Vier-Türme-Verlag Münsterschwarzach, 2006

Grün, Anselm: Menschen führen – Leben wecken. Anregungen aus der Regel Benedikts von Nursia. Vier-Türme-Verlag Münsterschwarzach, 1998

Kirchner, Baldur: Benedikt für Manager – die geistigen Grundlagen des Führens. Gabler-Verlag, 1996

Wolf, Abtprimas Notker: Die Botschaft Benedikts. Die Weisheit seiner Äbte und Äbtissinnen. Vier-Türme-Verlag Münsterschwarzach, 2008

HelfRecht-Teil

„Arbeitnehmer fühlen sich zu wenig wertgeschätzt", dpa-Meldung über Umfrage des Meinungsforschungsinstituts Toluna, veröffentlicht am 10. August 2011 in verschiedenen deutschen Zeitungen

„Argumente zu Unternehmensfragen", Nr. 7/2011, Institut der deutschen Wirtschaft

„Berufsanfängern ist Geld nicht so wichtig", „impulse online" vom 20. Mai 2011

„Deutschland 2030. Wie wir in Zukunft leben" von Horst W. Opaschowski, Gütersloher Verlagshaus Gütersloh, 2. Auflage 2009

„Engagement-Index 2010", Presseinformation von Gallup Consulting vom 9. Februar 2011

„Fürstenberg-Performance-Index", hrsg. vom Fürstenberg-Institut, März 2011

„Glückliche Mitarbeiter bringen bessere Leistungen", Interview mit Professor Karlheinz Ruckriegel in der HelfRecht-Zeitschrift „methodik", Ausgabe 4/2011

„Ideenmanagement bringt Milliarden", Deutsches Institut für Betriebswirtschaft, Presseinformation vom 23. Mai 2011

„Trendletter – Strategiebrief für zukunftsorientierte Unternehmer", VNR Verlag für die Deutsche Wirtschaft AG, Bonn, Ausgabe 07/2011

Ziele erreichen – Zukunft gestalten: So werden Sie in jeder Hinsicht erfolgreicher

Erfolg kommt nicht von selbst. Erfolg will vielmehr vorbereitet und verursacht werden. In diesem Buch der HelfRecht-Autoren Werner Bayer und Christoph Beck lernen Sie hierfür eine erprobte und bewährte Technik kennen, mit der Sie Ihre Ziele erreichen und Ihre Zukunft somit erfolgreich gestalten können.

Dieses Buch sagt Ihnen, wie Sie die Bausteine des HelfRecht-Systems optimal für Ihren persönlichen und unternehmerischen Erfolg nutzen. Sie erfahren beispielsweise, wie Sie

☐ Wünsche und Ziele als Lebensmagneten nutzen
☐ Ihre Stärken und Talente wirkungsvoll einsetzen
☐ stets die richtigen Entscheidungen treffen
☐ Mängel und Probleme in den Griff bekommen
☐ auch anspruchsvolle Aufgaben sicher bewältigen
☐ Ihr Selbst- und Zeitmanagement optimieren
☐ zielstrebig Ihren eigenen Weg gehen
☐ Ihre Zukunftsziele Schritt für Schritt erreichen
☐ kurz: **wie Sie ganz gezielt Ihren persönlichen, beruflichen oder auch unternehmerischen Erfolg verursachen**

Lebendig geschrieben, übersichtlich gegliedert, mit vielen Anleitungen, Praxis-tipps, Checklisten und Anregungen, die das Umsetzen leicht machen.

Werner Bayer/Christoph Beck: **„Ziele erreichen – Zukunft gestalten. 37 Erfolgs-bausteine für das Selbst-, Ziel- und Zeitmanagement"**, mi-Fachverlag, München 2008, 270 Seiten, Hardcover, Euro 39,90.

Direkt erhältlich über das HelfRecht-Unternehmerzentrum:

Telefon +49 (0) 92 32 / 60 10
bestellung@helfrecht.de
www.helfrecht.de

Strategie und Planung:
So beflügeln Sie sich und Ihr Unternehmen

Unternehmen sind dann erfolgreich, wenn sie ihre eigene Strategie entwickeln, wenn sie ihren eigenen Weg gehen, wenn sie das Spiel bestimmen und gestalten, wenn sie sich somit Ihre Konjunktur und ihren Erfolg selber machen. Dieses Buch der HelfRecht-Autoren Werner Bayer und Christoph Beck gibt Ihnen hierfür vielfältige Anregungen. Es kann Ihnen dabei helfen, Ihren eigenen Weg für Ihr Unternehmen zu finden:

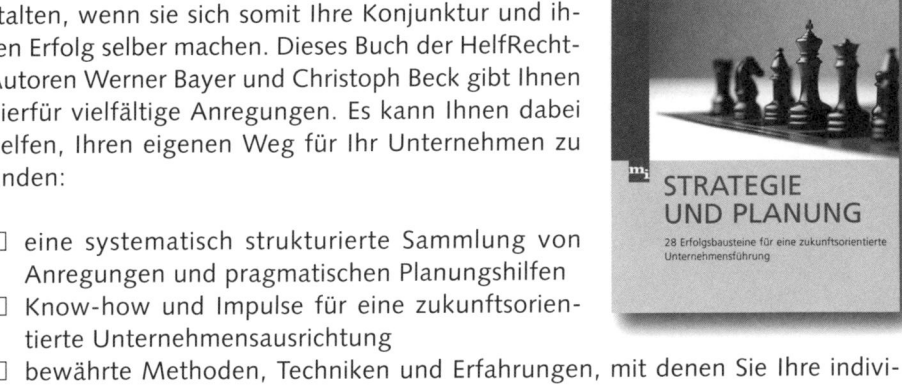

☐ eine systematisch strukturierte Sammlung von Anregungen und pragmatischen Planungshilfen
☐ Know-how und Impulse für eine zukunftsorientierte Unternehmensausrichtung
☐ bewährte Methoden, Techniken und Erfahrungen, mit denen Sie Ihre individuelle Firmenstrategie aufbauen und nachhaltig umsetzen können

Aus dem Inhalt:

☐ So entdecken Sie Reserven und Chancen Ihres Unternehmens.
☐ So richten Sie Ihr Unternehmen wirksam auf die Zukunft aus.
☐ So nutzen Sie systematisch die Kraft von Visionen und Zielen.
☐ So machen Sie Ihr Unternehmen zur unverwechselbaren Marke.
☐ So nutzen Sie Trends frühzeitig für Ihren Unternehmenserfolg.
☐ … und vieles mehr

Werner Bayer/Christoph Beck: **„Strategie und Planung. 28 Erfolgsbausteine für eine zukunftsorientierte Unternehmensführung"**, mi-Fachverlag, München 2007, 192 Seiten, Hardcover, 39,90 Euro.

Direkt erhältlich über das HelfRecht-Unternehmerzentrum:

Telefon +49 (0) 92 32 / 60 10
bestellung@helfrecht.de
www.helfrecht.de

Das HelfRecht-Unternehmerzentrum im nordbayerischen Bad Alexandersbad

Im HelfRecht-Unternehmerzentrum, idyllisch gelegen im grünen Fichtelgebirge, lernen Chefs und Führungskräfte aus dem Mittelstand seit 1974 ein Planungs- und Managementsystem kennen, das ihnen dabei hilft, sich selbst optimal zu organisieren, ihr Unternehmen erfolgreich zu führen und somit ihre persönlichen wie ihre beruflichen und unternehmerischen Ziele zu erreichen.

Das HelfRecht-System stärkt also sowohl Menschen als auch Unternehmen. Schwerpunkte des Systems sind auf der einen Seite der Bereich Selbstmanagement/Zeitmanagement, auf der anderen Seite das Thema Unternehmensführung mit all seinen Facetten. Vermittelt wird das System in Planungs- und Trainingstagen, in Workshops und individuellen Coachings sowie durch Fachbücher, eine Fachzeitschrift für Unternehmer und Führungskräfte („methodik") oder den Online-Newsletter „Chefbrief" (Anmeldung über www.helfrecht.de).

„Grüß Gott!" im Gästehaus St. Joseph der Zisterzienserinnen-Abtei Waldsassen

Wohlfühlen. Genießen. Erleben. Golfen. Urlauben. Tagen. Zur Ruhe kommen.
Das 2008 eröffnete Gästehaus St. Joseph in Waldsassen (Nordostbayern) verbindet die Tradition der über 875 Jahre alten Zisterzienserinnen-Abtei mit modernem Komfort sowie schlichter Noblesse und einer hervorragenden Klosterküche. Das Eintauchen in eine Jahrhunderte alte Kultur an einem besinnlichen Ort spricht Körper, Geist und Seele gleichermaßen an. Für einen rundum gelungenen Urlaub ebenso, wie für eine kurze Auszeit vom Alltag. Abgerundet wird dieses sinnstiftende Erlebnis durch die klösterliche Atmosphäre und die beeindruckende, weltberühmte Stiftsbibliothek. Der moderne Seminarbereich des Gästehauses erfüllt alle Ansprüche, die heute an innovatives Tagen gestellt werden.

Haus St. Joseph, Zisterzienserinnen-Abtei Waldsassen, Basilikaplatz 2, 95652 Waldsassen, Telefon +49 (0) 96 32 / 92 38 80, www.haus-sankt-joseph.de

Planungstage für Unternehmer und Führungskräfte

Erfolg ist kein Zufall. Erfolg lässt sich planen. Dies gilt für unternehmerische und berufliche Herausforderungen ebenso wie für ganz persönliche Aufgaben und Ziele. Wie es geht, erfahren Sie in den Planungstagen bei HelfRecht: Hier lernen Sie ein seit Jahrzehnten bewährtes Planungs- und Managementsystem kennen und anzuwenden, mit dem Sie Ihre Zukunft aktiv und vor allem erfolgreich gestalten können.

Durch eine Teilnahme an den **persönlichen und unternehmerischen Planungstagen** steigern Sie Ihre Erfolgsfähigkeit. Sie lernen Ihre individuellen Stärken optimal einzusetzen, Ihre Chancen ganz gezielt zu nutzen, Ihren Alltag ökonomisch zu organisieren, Herausforderungen souverän zu meistern, Höchstleistungen zu erbringen, Ziele sicher zu erreichen – kurz: Ihr Leben nicht einfach geschehen zu lassen, sondern systematisch anzugehen, sorgfältig zu planen und somit aktiv und erfolgreich zu gestalten. Ihr Nutzen: mehr Arbeitsfreude und mehr Lebensqualität.

Hierauf aufbauend legen Sie bei den **Planungstagen für Unternehmensführung** den Erfolgskurs für Ihre Firma fest und richten das Unternehmen konsequent in Richtung Zukunft aus: konkrete Ziele, klare Strategien, optimierte Organisation, effizientere Abläufe, motiviertere Mitarbeiter, besseres Betriebsergebnis, funktionierendes Innovationssystem, wirkungsvolles Controlling ... – kurz: eine ganzheitliche Unternehmensführung am Puls der Zeit!

Die anspruchsvollste Herausforderung für jeden Unternehmer – und zugleich der zentrale unternehmerische Erfolgsfaktor – ist eine gekonnte Mitarbeiterführung. Bei den **Planungstagen Mitarbeiterführung** arbeiten Sie zwei Tage lang ausschließlich und sehr intensiv an diesem so wichtigen Thema: Sie entwickeln Ihr individuelles Führungskonzept, das sie schon ab dem nächsten Tag konsequent umsetzen können.

In den Planungstagen lernen Sie zudem eine Planungsmethode, die es Ihnen leicht macht, erfolgreich zu sein. Doch nicht nur das – Sie wenden diese Technik auch sofort praktisch an, um Ihren persönlichen und unternehmerischen Erfolg zu planen: Schritt für Schritt erstellen Sie umsetzungsreife Pläne, wie Sie aktuelle Probleme in den Griff bekommen, wie Sie anstehende Aufgaben und Projekte erfolgreich bewältigen, wie Sie Ihre individuellen Ziele erreichen.

Bei HelfRecht-Planungstagen arbeiten Sie ausschließlich an Ihrem eigenen Erfolg: Maßgeschneidert auf Ihre Situation und Ihr Unternehmen entwickeln Sie (unter methodischer Anleitung, aber ohne jegliche Fremdbeeinflussung) passende Strategien und konkrete Pläne. Und bereits während der Planungstage beginnen Sie mit der Umsetzung Ihrer Planungen. Dieser Sofortnutzen mit Langzeitwirkung macht Planungstage bei HelfRecht besonders wertvoll.

Gerne informieren wir Sie detaillierter über das HelfRecht-System:

HelfRecht-Unternehmerzentrum
Markgrafenstraße 32
95680 Bad Alexandersbad
Telefon +49 (0) 92 32 / 60 10
info@helfrecht.de
www.helfrecht.de